站 城 一 体 开 发

新一代公共交通指向型城市建设

INTEGRATED STATION-CITY DEVELOPMENT

THE NEXT ADVANCES OF TOD　日建设计站城一体开发研究会 编著

中国建筑工业出版社

序 言

　　21世纪是城市化的时代。目前全球一半以上的人口都居住在城市里，预计到2050年，10人中至少有7人会居住到城市里。如此急速的城市化展开，90%要归功于发展中国家。通过预测，从2000年到2030年，在发展中国家新生成的城市化区域的面积，可达到2000年全球城市面积的总和。例如，在中国，每年都有相当于整个纽约大城市圈的人口量（1800万人）流入城市地区。这种人口向城市集中的趋势，形成了企业、劳动者，以及包括消费者在内的市民共存于同一区域的模式，促进了经济效率的提高及城市的成长。据统计，全世界的国内生产总值（GDP），至少有75%是由城市化地区所提供的。另外，根据美国城市经济学者爱德华·莱泽（Edward Glaeser）的论述（《城市的胜利（The Triumph of the City）》），城市中存在的贫困问题，并不是城市造成的，而是城市(以及其所附带的经济上的机会)吸引了贫困阶层的到来。当然，在另一方面，人口向城市的集中也伴随着大量资源消耗产生的环境问题，以及贫民窟增加等社会问题。城市不仅消耗着全球70%的能源，还释放出70%的温室气体。再加上全球大多数的城市都位于沿海地区，因此城市还面临着由地球温室效应所带来的海面上升的严峻现实。另外，伴随着人口的急速增长，预计到2025年，占据亚洲发展中国家城市人口三分之一的贫民窟居民总数也将达到20亿。

　　综上可见，由于现今的城市面临着以上种种严峻的环境问题和社会问题，城市的可持续发展成为非常重要的课题。而作为其中一个重要环节的城市交通，也急需从经济发展、环境保护及社会公正性等角度出发进行探讨。哥伦比亚首都波哥大市前市长恩里克·佩纳洛萨（Enrique Peñalosa）曾以"交通问题与经济发展各个阶段所遭遇的其他问题都不一样。比如说卫生问题或者教育问题等会随着经济的成长逐渐改善，而交通问题往往是随着经济成长逐步恶化"的说法，提示交通在城市建设中的重要性。展望目前的发展中国家，随着急速的经济成长，机动车的使用量也急剧增长。特别在中国及东南亚诸国，随着人流、物流量的急剧增长，以往通过步行或自行车代步的城市居民，开始使用更为迅捷的摩托，或者更快速的小汽车等作为出行的交通工具。但由于道路面积的有限，造成了极为严重的堵车现象。虽然说道路阔幅等造路手段可以缓解一时的堵塞压力，但拓宽后又会有更多的机动车进入，结果往往造成无解的恶性循环。据不完全预测，到2050年，仅中国一国的机动车拥有量，就将达到相当于目前全世界机动车总量的9亿辆之多。如果不扭转这种发展趋势，依赖机动车的城市将不断扩张，温室气体排放量将不断增大，大气污染也将面临更为严重的局面。同时，道路阻塞带来的能源浪费也将导致城市的竞争力低下。另外，考虑到城市扩张所导致的上班及上学距离的增大、时间的变长，对发展中国家大部分无法购买汽车的城市居民来说，工作和受教育的机会受到了很大的制约，也因此产生了社会不公的问题。

鉴于交通在城市可持续发展方面的重要性，世界银行针对公共交通与土地的一体开发的案例进行了调查研究，并将成果汇集出版为"通过公共交通改造城市（Transforming Cities with Transit）"的报告书。作为研究调查的结论，哥本哈根、中国香港、新加坡、东京、库里蒂巴（Curitiba）作为可持续发展城市，几乎都有公共交通与土地一体开发的案例。这些城市都针对"要将自己的城市建设为怎样的城市"这一问题制定了长期的远景，并将这些远景切实地反映到城市规划中，并通过土地利用及作为支撑的社会基础设施建设来实现。在基础设施建设中，公共交通是实现城市可持续发展的一项重要手段。公共交通不仅保障了土地利用产生的既存交通需要，同时也促进了沿线的土地开发，从而产生新的交通需求。因此为达成可持续的城市开发远景，致力于公共交通与土地的一体开发显得十分重要，其中通过在公共交通沿线设置住宅、办公、商业设施、公共设施等诱导开发的公共交通指向型城市开发（Transit Oriented Development, TOD）是有效的手段之一。城市人口集聚于公共交通的车站附近，通过绿色交通（步行、自行车、公共交通）的移动方式，展开居住、工作、购物、休闲等活动，有利于减少空气污染和温室气体排放。进一步还可以通过高效及多用途的土地利用、保护绿地、增加公园和文体设施等手段来创造出适宜居住的环境和公共空间。TOD使得紧凑城市空间成为可能，使得公用设施的投资以面状而非线状的形式展开，此举不仅有利于提高投资效益，也有利于降低维持运营的费用。集约的城市空间还有利于该地区导入制冷供暖设施及太阳光智能发电网络的建设等节能设备。同时，也有利于改善市民利用保健、医疗、福利、养老等设施的便利性，从而减轻财政负担。这些都是发展中国家在今后进入老龄化社会时，城市设计中必须考虑的要点，也是今后推进以第三产业为中心的城市经济改革和市场创新的要点。特别是从事革新创造的人才往往选择环境良好，文化气息浓厚、周边居民友善的城区居住。虽然以往总是根据工作地点选择居住地，但今后的趋势则是首先选择居住地然后选择工作。通过改善城区整体品质，聚集人才，吸引创造产业的进驻，有利于城市整体的经济增长。

世界银行通过"公共交通改善城市"的构想，首先总结了中国香港地铁、日本东急电铁以及日本旅客铁道（JR）各下属公司、东京地铁等公共交通指向型的城市开发经验。中国香港与日本案例的共通点是大规模地建设高速城市轨道，并推进车站周边房地产的一体化开发，通过住宅等开发获得利益回收，以平衡在轨道建设上的巨大花费。当然房地产开发不只是回收轨道投资的资金而已，通过在终点站（枢纽站）设置百货店、宾馆、郊外车站前的超市等商业设施或者娱乐设施，逐渐创出经济活动的需求，在确保收益的同时也为轨道交通创造了需求。也就是说，中国香港和日本的轨道交通建设事业，通过在车站周围及沿线的开发，对城市整体发展作出了贡献。而且在这两个地区，无论是开发规模，抑或是在获得开发利益回收手法上的创新，规模上，都是史无前例的。对处于急速城市化、现代化影响下的发展中国家，提供了一种城市发展的方向。

也就是以上述为出发点，日建设计筹划并出版了这本旨在介绍日本"站城一体开发——新一代公共交通指向型城市建设"的书籍。为读者提供深入了解历史上日本的铁道公司、开发商、国家、地方政府是如何携手展开公共交通与土地一体开发的经验与方法的宝贵素材。本书通过时间及空间两条线索展开。时间上，可以分为第二次世界大战前后日本的人口增长及经济成长期，以及1990年后经济低迷期两个不同特征的阶段。在人口增长及经济成长期，由于城市的土地供给有限，因此地价呈上升趋势，尤其是交通便利的土地的价格上升幅度更大。阪急、东急等公司通过在尚未开发的郊外铺设轨道并同时卖卖住宅用地，高度利用副都心的终点站（枢纽站）建设百货店和宾馆等商业设施来回收投资。发展中国家的城市，特别是中等发达国家的城市正是处在这个人口增长和经济成长的时期，可以预见对办公、商业、住宅等需求的增长。这些城市也完全有可能采用公共交通与土地一体开发的形式，通过开发的获利负担部分或者全部的轨道建设费用，并通过相关商业的运营保证收入持续。

其次，从空间上看，大概可以分为被称为"绿色场地开发"（green-field development）的郊外城市化，以及既有城区的再开发。发展中国家在进行新的郊区开发时，兴许就可以借鉴日本铁道公司利用区划调整的手段和进行沿线开发的经验。或者在进行既有城区再开发时，也可以借鉴日本高度成长期结束之后的经验。无论是郊外新开发还是既有街区再开发，由于公共交通提升了车站及周边地区的经济价值，通过区划调整，或者提升容积率的方式，促进了土地的高度利用，增加经济收益，从而调节了在公共交通事业主体、开发商、地方公共体（包括住民利益）等不同主体之间的利益关系，这些在城市建设方面都是非常重要的。尤其是调整不同利益主体及官民之间的关系，是十分复杂而困难的过程。日本早期的一体开发，都是私有铁道公司一并实施轨道建设和房地产开发。到后期城市内部再开发阶段，由于开发耗资巨大等原因，除铁道公司以外，还包括了国家、地方公共体、土地所有者等相关利益者的参与，出现了为完善调整利益分配的机制而出台相关法规制度的需求。

在西欧，进入机动车社会之前，城市经历了很长一段由城墙包围，以教堂和城堡为中心建设的时期，因此本身就具备了建设与轨道公共交通取得平衡的紧凑城市的可能性。在美国，虽然在现代化的过程中全面建设了高速公路网络，以及与之相适合的以机动车为中心的扩散型城市，但近年逐渐意识到了保护地域环境、降低温室效应的必要性，也在积极推进TOD的导入。在日本，国土狭小、人口密度极高，是亚洲中最早经历了高速经济成长和急速城市化的国家。在战后现代化的浪潮中，日本的大城市圈走出了一条独特的道路，通过公共交通与土地的一体开发，建设了对机动车依存度较低的城市。放眼世界范围，每个国家、每个城市都有自己特殊的历史、文化、地理自然条件、经济社会状况、政治法律制度等，因此将日本经验直接拿来就用是不现实的，需要考虑各国国情作出调整。但是，由于亚洲发展中国家或者中等发达国家的大城市人口密度之高（通常超过1千万），与日本有很多近似之处，因此应该能从日本的这种公共交通与土地一体化开发模式中汲取一些宝贵经验的吧。

在全球城市时代的到来之际，应该将在中国香港或者日本等地取得成功的公共交通与土地一体化开发的成功模式，分享给正在经历增长期的发展中国家。因此，提供解决发展中遇到问题时的经验，就显得十分重要而且有意义。而这本名为"站城一体开发——新一代公共交通指向型城市建设"的书也就因此应运而生。我在此对收集分析大量资料，从专业且实际的角度出发撰写本书的日建设计执笔团队表示由衷的敬意及感谢，并恳切地希望在本书中介绍的日本经验可以为发展中国家城市的可持续发展作出贡献。

前世界银行主席城市专员
铃木博明

目前，亚洲地区的发展正越来越获得全世界的瞩目。根据2011年版的联合国人口白皮书（World Population Prospects, the 2010 Revision）介绍，到2011年为止，世界人口估计已达到70亿。其中亚洲地区约占60％，对全球经济活动、地球环境有着越来越大的影响。这种影响的扩大，也意味着承担更多的责任。

根据亚洲开发银行（Asian Development Bank，ADB）的统计，到2022年年中，亚洲地区的城市人口将超过农村人口。亚洲城市人口的急速增长，在世界范围内看来尤为显著，因而可以预想今后将有更多的大城市出现。

为形成健全的大城市结构，必须探索并实现以亚洲特色城市交通系统为保障的城市蓝图。

城市规划与设计必须适应经济增长带来的人们生活习惯的改变，适应未来的设施更新需要，具备前瞻性、可变性和灵活性。即便是处于经济成长期的发展中国家，目前世界的形势也不容许其忽视地区环境问题。如果想成为引导世界发展的新势力，就必须认真考虑其自身发展对地球环境的影响。另外，随着全球化进程的推进，世界范围内的交流往来日益频繁，城市的个性及令人印象深刻的城市名片，成了增强城市竞争力的重要一环。

近现代一直追求的以机动车为主体的城市模型并不能完全适用于亚洲，这一看法已经成为近年来的共识。同时，先于其他各国迈入现代化时期的日本大城市的发展模式和经验，也能给亚洲地区的其他城市带来启示。

超高密度和拥有庞大人口的都市圈在面临灾害时的危险性是极高的，气候的挑战也同样严峻，这是亚洲固有的现象。日本的大都市圈拥有世界罕见的轨道交通网络，并确立了精确准时的交通设施系统。轨道交通根植于市民生活，不依赖汽车的生活成为一种富有魅力的生活方式——这种全民认知可谓是日本大都市圈最重要的一个特征。

在此背景下，本书将通过对日本的城市开发、社区建设、作为基础交通的轨道及车站空间的关联性等进行分析考察，并在整理近年日本实际的成功案例的基础上，提出一种适合亚洲城市开发和社区营造的站城一体开发模式。

本书的结构

本书大致由以下几个部分构成。

第1章从概念导入开始，介绍何为"站城一体开发"，指明站城一体开发以构建车站与城区共同发展为目标，大致可以分为两种类型的开发模式，并且按类型逐一梳理其特征中的要点。

第2章主要围绕以轨道交通枢纽站为中心的高度复合·集聚型开发模式。

第3章主要围绕轨道建设与沿线开发并行模式，展开实例介绍，并整理开发的要点。

第4章则主要就推进"站城一体开发"的运营方法展开讨论，对日本的相关制度进行整理。

第5章总结以上几章的要点，针对中国等国家导入"站城一体开发模式"提出建设性的见解。

第6章则作为辅助理解本书的背景知识，整理了有关日本轨道交通建设的历史及轨道交通运营主体的特征等资料。

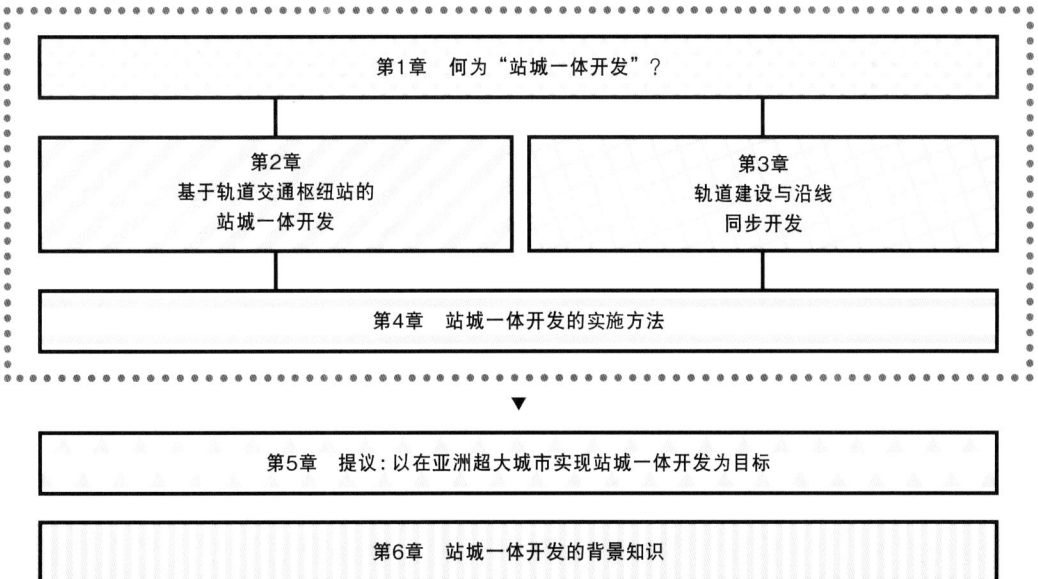

第1章　何为"站城一体开发"？

第2章
基于轨道交通枢纽站的
站城一体开发

第3章
轨道建设与沿线
同步开发

第4章　站城一体开发的实施方法

▼

第5章　提议：以在亚洲超大城市实现站城一体开发为目标

第6章　站城一体开发的背景知识

目　录

1

何为"站城一体开发"？

——轨道与城市·房地产开发协同
作用下的价值最大化

本章主要针对作为本书主题的"站城一体开发"诞生的背景，及其对日本现今的城市结构产生的影响进行概括性的说明。

以轨道交通车站为中心形成集约化的城市是日本城市结构的特色。尤其是在像东京、大阪这样具有代表性的城市圈内，轨道交通利用率之高、机动车利用率之低是世界其他城市所不能比拟的，城市在以轨道交通车站为中心的750～800m步行圈范围内发展了起来。

在这样的背景下，以阪急电铁、东急电铁为首的私营轨道交通企业开始对与轨道铺设同时进行的沿线开发做出了很大贡献。尽管世界上的很多都市都建立了轨道交通线路，城市中心也有轨道交通车站，但是在日本开始大力发展轨道交通的19世纪后半叶至20世纪初，车站是一种城市权威的象征。随着时代的变迁，私营企业参与轨道交通的运营管理，轨道交通车站的商业色彩变厚，逐渐具有了城市活动中心的性格。同时，不仅是轨道交通之间的换乘，也是轨道交通与出租车、公交车等其他交通模式的换乘中心，使得车站的地位变得日趋重要。

本章着眼于上述背景下逐渐发展起来的日本轨道交通沿线开发体制，并聚焦于东京大都市圈中轨道交通建设与城市建设、房地产开发之间的关系，从两种模式上其结构进行分析——即"以枢纽站为中心的高度复合·集聚型开发模式"来建立城市活动中心的模式A和通过"与铁道建设同步的沿线型开发"来实现轨道交通经营效率最大化的模式B。同时，这两个模式并非各自单独成立，它们之间的相互组合，使得轨道交通建设和城市开发的可以取得相乘的效果。

在对这两种模式建立的背景和思路进行回顾的基础上，针对其产生的效果从"效率性"、"便利性"、"舒适性"以及"收益性"四个方面进行了分析。

"效率性"方面，模式A通过枢纽开发实现了车站周边土地的高度利用、提高了社会资本投资效益的同时，一体化开发也提高了设施规划的效率；模式B的沿线开发促进作为社会资本投资的交通、居住环境基础设施建设的一体化，提升了房地产商品的附加价值。

从"便利性"和"舒适性"的方面看，模式A的枢纽开发中城市功能的复合化使得商业、文化功能的集聚成为其显著的特征，明快而且无障碍的空间和流线规划是其很大的优势。模式B的沿线开发中，开展广泛的关联业务有利于在沿线住宅区配置生活便利设施，医疗、福利等生活配套设施能够得到不断充实。

同时，从"收益性"的角度来看，上述两种模式均使得车站周边地区成为高质量的功能性空间，有利于轨道交通企业的轨道交通业务收益增加。

本章的最后一部分对轨道交通建设历史中最早着眼于沿线开发并在以大阪为中心的关西都市圈取得成功的阪急电铁的业务模式进行了介绍。阪急电铁的创立者小林一三所树立的城市营造理念以及充分体现该理念的业务体制成为前述模式A和模式B的原型，而此后东急电铁则在东京都市圈进一步发展这一原型了。本书在此针对仍旧处于现在进行时的"站城一体开发"进行一个历史性的回顾。

站城一体开发的重要性

以日本为代表的发达国家，在人口减少的同时，对地球环境的考虑等社会性的要求变得越来越高，人们强烈地意识到城市开发的潮流趋势正在被"选择"和"集中"等关键词所引导。

其中，作为公共交通系统集聚点的车站周边地区，形成紧凑城市的潜力极高，也具有实现"环保""混合利用"等概念的可能性。

同时，紧凑城市在经济上的高效性也值得瞩目——高密度、多用途、大人口流动量的城市空间极易萌生商机。对于开发者来说，提高盈利、回收成本等都不是难事，开发优势是显而易见的。

此外，对于开发者有利的因素在国家行政方面也是有利的——这一观点也应当充分被意识到。在日本，由于地方自治的实行，大多数地方政府都苦于财政困难的问题，人口减少更使得这一问题的未来不容乐观。官民协同推进建设，并通过私营开发者将部分利益还原给社会公共事业，构筑双赢的关系，也是目前一个重要的课题。

紧凑城市与TOD（Transit Oriented Development）

使用"紧凑城市"（Compact City）这一概念作为日本城市的目标由来已久。这一目标的侧面则是日本对经济高速成长期形成的大城市郊外无秩序扩张的反省。

紧凑城市是指从不同角度出发将城市尽可能紧凑化、集约化，其具体的实施方法之一为公共交通指向型开发（Transit Oriented Development）。该方法以公共交通为基础，通过将办公、住宅等功能安排在距离车站徒步可达的范围内，来减少日常生活和经济活动对机动车的依赖，以此实现二氧化碳减排，降低大城市对地球环境的压力。另外，将城市服务设施聚集在车站周边，并通过无障碍设计满足老人小孩及行动不便者的出行需求，使城市更加人性化，这一点也是值得注目的。

由此，以车站为中心的紧凑城市成为当今日本以及欧洲等发达国家解决"低碳""老龄社会，全民社会（Universal Society）"等具有代表性的社会新问题的最佳方法之一。

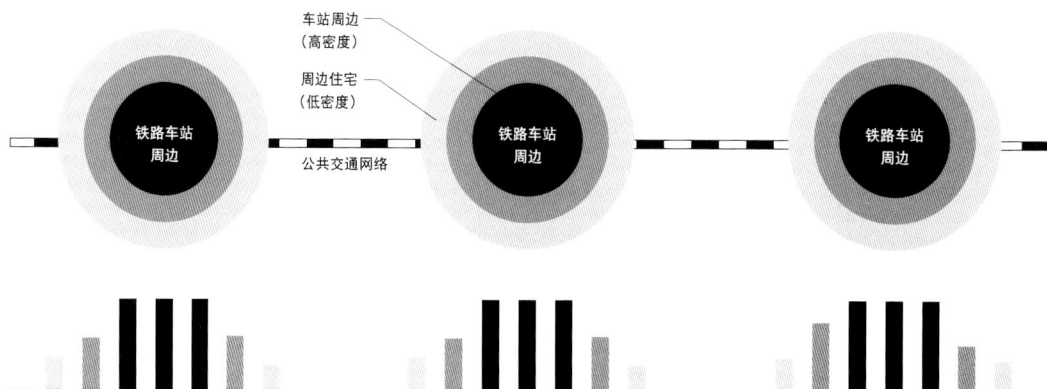

图表1-1 以车站为中心的紧凑城市规划的概念图

车站周边
（高密度）

周边住宅
（低密度）

铁路车站
周边

公共交通网络

铁路车站
周边

铁路车站
周边

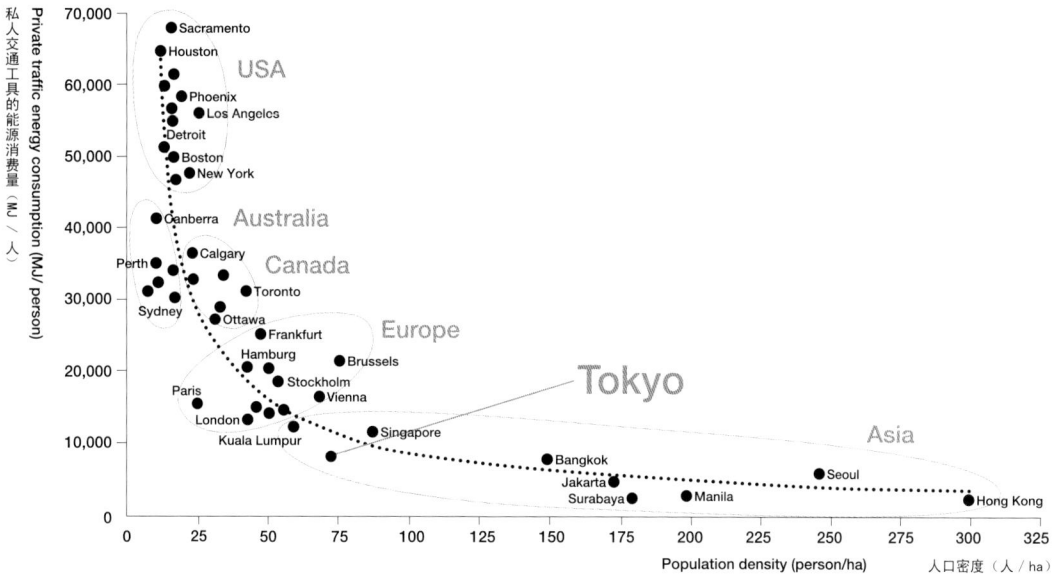

图表1-2 人口密度高的城市相对汽油消费量较低　　　　　　　　　引自：P. Newman and J. Kenworthy, Sustainability and Cities. Island Press, 1999.

以车站为中心的日本城市的形成 ——唤起轨道交通利用的需要

　　日本的大城市，尤其是以东京、大阪为中心的特大城市圈，轨道交通利用率之高、机动车利用率之低，在世界范围内都是屈指可数的。

　　图表1-4是阪神（大阪－神户）之间的车站周边徒步圈（半径750～800m，徒步10min以内）的示意图，不难发现徒步圈几乎覆盖所有城区。

　　这是在以提升轨道交通利用率为主要目的，轨道铺设和沿线开发有计划地同步进行的背景下形成的。比如不论平常假日、白天黑夜，最大限度地提升铁路利用效率的同时，形成私铁沿线的文化圈。

　　阪急电铁的创业者小林一三的名言"乘客创造列车"，即在轨道交通沿线拓展住宅地、学校、主题公园开发等的同时，在城区主要转换点的车站，一体建设和经营百货店等设施，推进沿线各重要站点的复合型开发，获得社区营造与轨道交通营运的综合叠加效应，从而创造出了如今私铁经营的经济模式的原型。

　　虽然这种做法与为解决地球环境问题出现的欧美TOD思想的出发点完全不同，但是阪急模式的结果，正好形成了以车站为中心的紧凑城市的集合体，这种日本特色的TOD城市结构的形成，也是本书特别强调的一个事实。

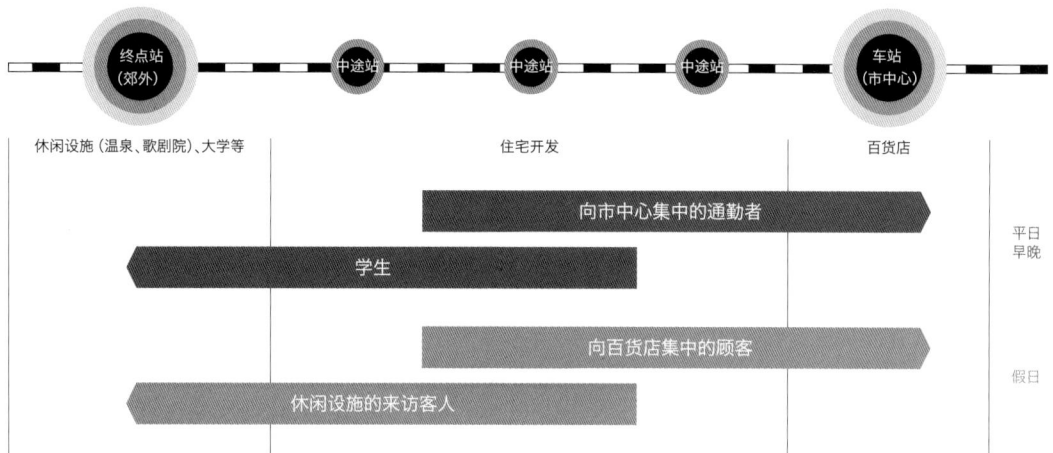

图表1-3 阪急、东急等私铁沿线开发的模式

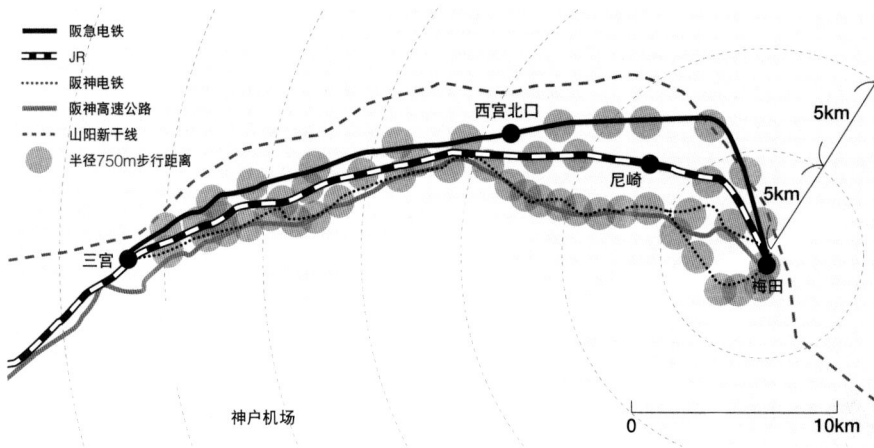

图例：
- 阪急电铁
- JR
- 阪神电铁
- 阪神高速公路
- 山阳新干线
- 半径750m步行距离

西宫北口
尼崎
三宫
梅田
5km
5km
神户机场
0   10km

图表1-4 阪神间一连串以车站为中心的徒步圈

以轨道交通为中心的紧凑城市的重要性

如前所述，以东京、大阪等为代表的日本特大城市圈，轨道交通网高度发达，城市活动对于轨道交通的依存度很高。由此，以车站为中心的、集聚各种城市机能的徒步圈在轨道交通沿线连续，形成大城市圈的面状展开。城市居民的生活节奏，基本建立在轨道交通和徒步两种手段之上。

如果从对地球环境的影响和经济效率等方面来评价紧凑城市的话，现在的东京圈和大阪圈可以说是极具潜力的。

此外，由于本身所具备的高运输效率及低能耗消费，轨道交通一直被视为对地球环境十分友善的交通方式之一。

根据NTT数据经营研究所的统计，轨道交通每运输一人通过1km而需要消耗的能量，约为巴士的二分之一、私家车的六分之一。同时，二氧化碳的排出量约为巴士的四分之一、私家车的九分之一。因此，以轨道交通为基础的重视公共交通的城市结构，是实现紧凑城市的必

要条件之一，这一说法是毫不为过的。

再者，日本及亚洲的其他城市拥有世界其他地方所没有的人口集聚、高密度的城市环境，如果将这些列入考虑因素，那么以轨道交通为中心的城市结构将更加意义非凡。

换言之，轨道交通的运送密度对城市未来扩张是非常有利的。使用轨道交通时乘客一人的空间占有量相当于巴士的二十五分之一、私家车的一百二十分之一。机动车与轨道交通相比，显然空间利用效率极低，因此以机动车交通为主的城市与以轨道交通为主的城市相比，只能形成较小的城市圈。城市的容量（人口）越大，道路密度就越高，可以利用的宅基地相应缩小，空间上的制约最终使得城市容量（人口）受到限制。

欧美国家，尤其是在美国，数百万人口的小规模城市圈四散存在的现状，已经展露了以机动车为中心的城市结构的局限性。因此要解决数千万人口规模的亚洲大都市圈的问题，必须借助以轨道交通为中心的城市结构。

车站的多功能复合化 ——应对多样的需求

聚集了大量过往乘客的轨道交通车站，占据着带来绝好商机的地理位置。19世纪后半叶开始到20世纪初叶，轨道交通刚刚出现的时期，车站曾作为中央集权国家的象征，之后才开始渐渐出现商业使用。从阪急、东急电铁的枢纽站百货大楼开始，1950年后，矗立在日本的轨道交通车站上方，容纳各种商业设施的车站大楼变得普遍起来。

此后，1987年的国有轨道交通的私营化改制（现在

的JR的由来）所带来的轨道交通公司的事业多样化趋势，以及在2001年国土交通省的诞生（即合并建设省和运输省。译者注：省为行政单位级别编制，相当于合并建设部和运输部，改组为国土交通部）的影响下站城一体化组织结构的更新，都使得车站大楼的多样化发展得以进一步实现。

车站周边交通基础设施的变化，例如以东京站和新宿站为代表的车站周边地下停车场的发展，由地下通道

和人行天桥等设施构成的与周边城区多层次的流线连接及商业空间的连续化，巴士和出租车等交通停留及广场等滞留空间的扩大，将连接地铁站的流线空间作为建筑大空间进行一体化设计等，这些变化都促进了车站大楼与交通基础设施的复合化。

从车站大楼内部的功能导入来看，则产生了从车站内的kiosk等小型店铺的出现到不亚于购物中心的大规模商业、餐饮店铺的形成等一系列变化，直至枢纽站百货这一百货业态得以确立。发展到近年，车站大楼本身已不只是商业设施，还综合了办公、旅馆、文化甚至行政服务、育儿服务机构等，复合了各种生活所需的城市机能。

JR相关的复合式车站大楼（名古屋、札幌、大阪、博多等）均可以作为以大城市车站为中心，轨道交通车站和多功能复合设施相结合的案例。地铁站及其复合设施所构成的具有特色的连续空间，则可以在横滨皇后广场、泉公园大楼等案例中看到。

图表1-5 Queen's square 横滨：地铁车站上方形成了集办公、商业、旅馆、音乐厅等复合性城市活动的聚集点，并成为知名观光景点

图表1-6 品川 ECUTE：地铁车站内集结了饮食、零售店铺等。既能满足旅行、出差的乘客购买土特产的需求，也成为附近居民和上班族平日购物休闲的场所

从车站大楼开发到社区营造 ——车站与城区的交融

在宏观尺度上，东京、大阪等日本的大城市圈，已经形成了独特的以轨道交通车站为中心的紧凑城市的集合体这一城市结构。这种区别于欧美TOD、适应日本乃至亚洲城市特质的城市形态模式具有很高的研究价值。

通过这种模式在日本的实践，诸多课题也得以逐渐明朗。

从宏观角度来看，与轨道交通建设同步进行城区开发不断展开的同时，以郊外车站为中心的无序城市化扩张也是不容忽视的。

其次，在微观尺度上，则有着更加具体的课题。由于车站（轨道交通）、站前广场空间、车站周边城区等不同领域之间出现的无法跨越的界限[注1]，以及高度经济成长期重视供给量和供给速度的社会背景，下述问题逐渐浮出水面。

· 日本大部分的站前空间设计趋于雷同，缺乏地域特征或者作为城市名片的空间特质。
· 重视交通功能的制度和政策，使得站前缺少人性化尺度的休憩空间或者公共空间。
· 因规划多偏重于交通功能、便利性及商业潜力，交通设施以外的公共公益设施较少。
· 设施老化、功能陈旧等导致的设备更新的需求逐渐明显的同时，相关利益调配和意见调和困难重重，
  使得设施更新和重组无法顺利实施。

注1）在日本，轨道交通公司（半官半民）、国家或地方政府（官）、城市开发商（民）
一直就是各自独立地进行土地购买和建设，各划领域，即便到了最近几年三者间的协作也未必进行得很顺利。

为攻克这些课题，使日本的城市尤其是东京、大阪成为世界瞩目的模范城市，必须在尽可能发挥日本公共交通基础设施优势的基础上，持续并强力地推进与都市再生事业等相关的以车站为中心的"社区"再生（站城一体开发）。也就是说持续提高日本版集约城市、日本版TOD的质量。

具体手法可以是多种多样的，比如形成跨领域的公共空间、步行网络，导入对使用者来说更便利的包含公共公益性质的城市功能，构筑并提升有到达感的空间意象等，而这些都是在"站城一体开发"这一理念的基础之上得以实现的。

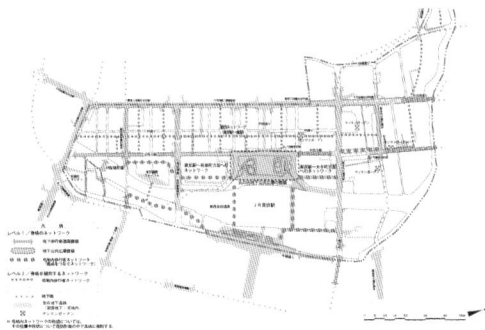

图表1-7 以东京站为中心的，连接各车站间及各周边建筑的地下步行网络示意：
这是以车站为起点的地面架空天桥、地下等步行网络的构建为手段，保证步行者的通行便利及集聚性能的案例。对于偏重商业功能的车站建筑及站前空间，创造面向市民的公共空间也尤为重要。

图表1-8 伦敦·圣潘克拉斯站的站房空间：
此为欧洲常见的大空间站房，但是这种乘客可明显感受到"到达"的气氛，以及形成城市"脸面"的标志性意象的设计手法，还是非常值得学习的。

站城一体开发成立的基本背景

为有助于读者对于站城一体开发模式的理解，此节简略整理东京地区轨道交通的基本背景及轨道交通利用相关的市民意识。更详细的内容可参见第6章的内容。

东京都市圈的城市基础交通为轨道交通

日本的首都东京构成了以东京都为中心的70km半径的经济圈，居住人口达到3700万以上，是世界上经济规模，居住人口最大的巨型都市圈。

东京都市圈内的轨道交通大概可以分为以下几类。

1.城市间高速铁路（新干线）

2.城市间轨道交通
[JR线（原国营轨道交通）]

＊JR：Japan Railway Company

3.郊外连接轨道交通
（主要为民营轨道交通）

4.市中心地铁

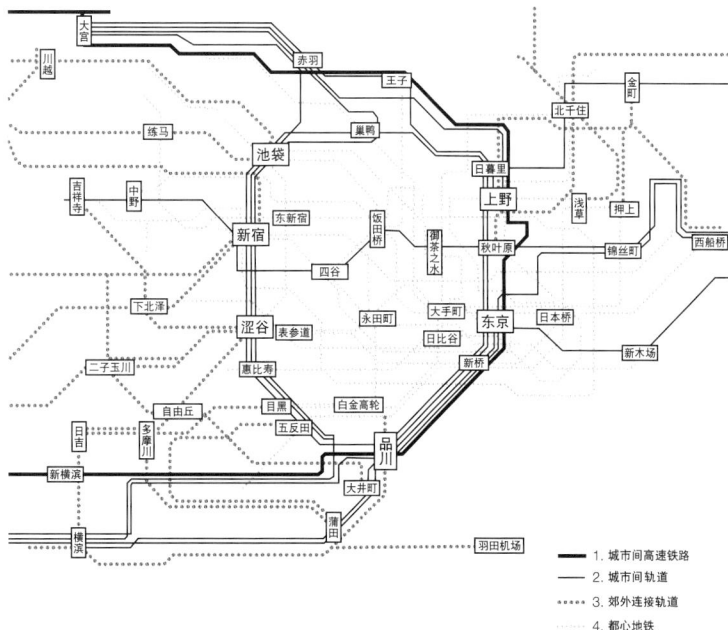

图表1-9 四类轨道交通交错连接的东京都市圈

这四类轨道交通在城市中担当着不同的作用，并通过密切的联系提供便捷的运输服务，在东京都市圈内生活和工作的人可以正确预计出行所需时间并自由换乘，在熙攘城市中来去自如。

压倒性的车站使用人数，提升了车站周边地区的不动产潜力

都心（城市中心）和副都心（城市副中心）的交通便利促成了人群的易聚集性，因此形成了办公、商业、娱乐、交流、文化等复合集聚的城市机能。对商业等从业者来说，人流就意味着商业潜力，人的集聚会促使商业集聚，而商业的聚集又会带来人的聚集，这就是所谓的聚集螺旋效应。支撑这种螺旋效应的，就是之前所说的紧密联系的轨道交通网络。

以车站为中心的人流多少，可以从图表1-10一目了然地看出。世界上最大的新宿站，每天有远超300万的人流往来，其他排在前列的车站也是一天大约有200万人次在此上下车。轨道交通输送系统的便利性对于提升经济潜力及控制城市拥挤所起的作用是不容忽视的。

01	新宿站	约350万人次/日
02	涩谷站	约300万人次/日
03	池袋站	约250万人次/日
04	横滨站	约215万人次/日
05	大阪站，梅田站	约190万人次/日
06	北千住站	约150万人次/日
07	名古屋站	约110万人次/日
08	东京站	约110万人次/日
09	品川站	约95万人次/日
10	高田马场站	约90万人次/日

图表1-10 不同车站乘降人数（每日平均量，2010年）
注：表中数据包括不同线路的换乘，以及直通运行线路的通过人数。

通过放射（network）、环状（ring）轨道交通网连接都心与副都心

在东京，市中心环线——JR山手线（地面）和地铁大江户线（地下）连接着都心（东京：大手町、丸之内，有乐町地区）及副都心(涩谷、新宿、池袋等地区)。

这些环线上的主要车站也作为地铁和私铁等复数的放射状轨道交通的起点和终点，将民间资本建设的郊外轨道交通系统与城市中心部的地铁网相衔接。而且这些车站也承担着与车站近郊公共巴士，出租车衔接的功能。

这样的车站，在之后的章节中将统一称为"枢纽站"（日本一般也称为"终点站"）。

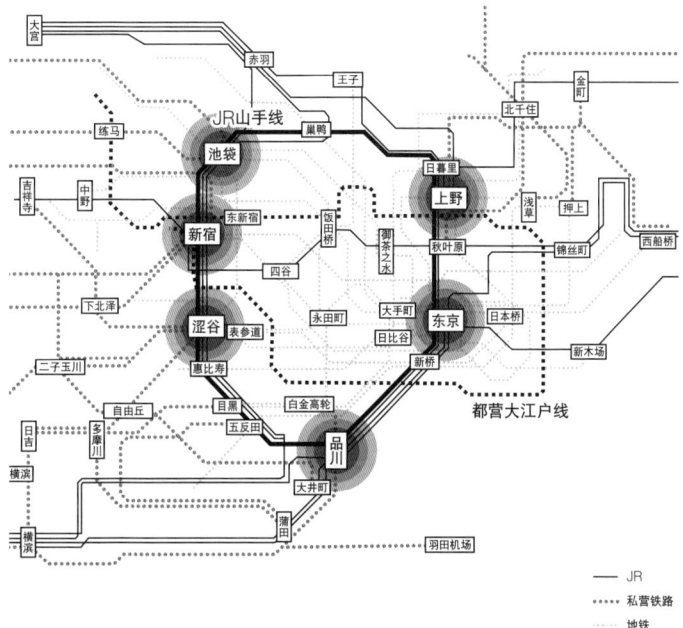

图表1-11 东京轨道交通网的环状连接与网络构造

19

郊外居住者可以直达都心与副都心

东京都市圈的另外一个特征是，覆盖郊外居住区域的郊外连接轨道交通与都心地铁的高度连续性。之前提到的副都心，就是这些郊外轨道交通与都心地铁的连接点。

近年多数的线路，也正在推进相互直通化运行（郊外连接轨道交通与都心地铁共用同一车辆，使得乘客无需换乘直接到达都心）。虽然对于生活在东京都市圈的人们来说，这已经是很平常的事情，但是不同轨道交通公司的直通化，不仅有硬件方面技术改善的需要，同时也是与运行管理和合作等软件上的系统建设密不可分的。

也就是这样，从都心出发，轨道交通运送系统（途中经由某个副都心）呈放射状扩张，沿线开发以住宅、商业为中心展开。通过轨道交通公司之间的紧密合作来提高轨道交通的便利性，也是日本轨道交通系统的一个很大的特征。

森林公园
川越
东武东上线
和光市
饭能
练马
小竹向原
西武有乐町线·池袋线
西武铁道
东京Metro副都心线
西新宿
东京Metro丸之内线
池袋
东京Metro有乐町线
新宿三丁目
四谷三丁目
东京Metro半藏门线
涩谷
中目黑
东京Metro银座线
东京急行
东急东横线
自由丘
东京Metro日比谷线
武藏小杉
JR南武线
日吉
横滨市营地铁绿线
菊名
JR横滨线
横滨
港湾未来线
みなとみらい線
Minatomirai Line
元町·中华街

东武东上线
西武有乐町线·池袋线
东京Metro副都心线
东急东横线
港湾未来线
2013年3月16日起上述5条线路实现直通运行

图表1-12 东京都市圈的相互直通化路线实例

以年轻人为首的生活方式日趋多样化

日本经历了高度经济成长，泡沫经济的崩溃，已经过了普遍追求物质享受的时代。民众生活方式日趋多样化，特别是年轻人对出行手段的追求也大幅变化。

过去谁都梦想拥有一辆自己的车，开着时下流行的车似乎是身份的象征。但是现今，更多的年轻人兴趣已转向别处。为拥有一辆自己的车而放弃其他兴趣、社交等活动，这种极端的做法已经贴上了"不酷"的标签。对他们来说，从买车的怪圈中解放出来，使用轨道交通、自行车在城市里自由地行进，低碳减排，实实在在对地球环境做出贡献，抑或是在需要时租车或拼车，轻松出游，这才是"酷"的新定义。

根据日本汽车工业协会的数据，日本国内的机动车销售量每年都在下降。从高峰期的1990年约778万辆下降到之后约580万辆，到了2008年则降至508万辆（与前一年相比减少5%）且连续4年持续减少，直降至高峰期的65%。日本国内机动车的新购和换购需求确实处于减少趋势。

800 万辆

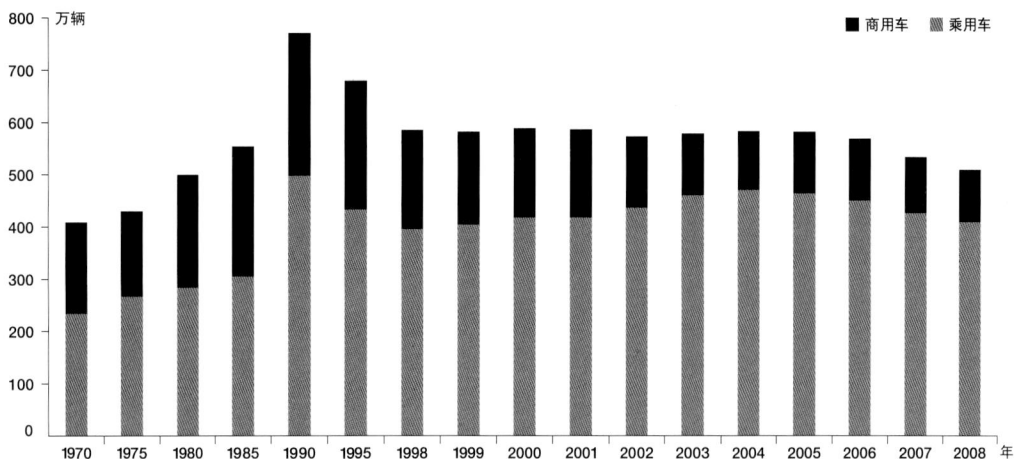

图表1-13 日本国内不同车种的机动车销售量的变化 【出处:《日本机动车工业协会资料》】

丰田汽车公司的报告（2010年7月，关于"年轻人远离汽车"）指出了导致市场低迷的五大要因：①年轻人持有驾照的比例减少；②对汽车需求小的人群的增加（单身，丁克家庭等）；③人口向机动车拥有率偏低的城市流动集中的倾向；④年收入400万日元以下的家庭的增加（收入上不足以负担私家车）；⑤汽车使用年限的增加（汽车不容易坏）。除此之外，人们对待汽车的价值观的变化、个人支出上优先顺序的变化（汽车的顺序下降）等生活方式上的变化也是重要的原因。

图表1-14所示为，2010年9月奔驰汽车在日本举行的"年轻人远离汽车"的实际情况调查所得到的一部分结果。调查对象是居住在首都圈（东京、神奈川、琦玉、千叶）的年轻人（18～30岁）258人、过去的年轻人（现在50岁以上）的258人，共计516人。

调查显示，年轻人远离汽车的现象已非常明显，如"希望拥有自己的车吗（曾经想）？"这一问题的答案，选择"不希望"的人中，年轻人占45.5%几乎达到一半，过去的年轻人则只占30.2%，两者已有很大的差别。

这也如实反映了与时代的变迁相对应，年轻人的思想和生活方式也发生了变化。

问题	年轻人	过去的年轻人
怎么样都想要买车（曾经想）	18.2%	27.9%
非常想买车（曾经想）	21.7%	27.9%
想买车（曾经想）	14.8%	14.8%
也不是很想买（曾经想）	19.5%	12.8%
一点都不想买（曾经想）	26.0%	17.4%

图表1-14 汽车所有、使用相关的年轻人意识的变化

序号	问题	比例
第 1	现在的生活中也感觉不到需要	74.1%
第 2	汽车的维持费、税金太贵	52%
第 3	使用其他交通手段也够了	51.9%
第 4	想把钱花在汽车以外的其他方面	43.9%
第 5	没有购买汽车本体的钱	36.9%

图表1-15 M1・F1年龄层不想买车的理由
M1・F1综合研究所：由Media Shakers运营的面向年轻人市场的调查机构。补充说明，M1・F1是基于电视视听率统计的区分方式，男性20～34岁为M1年龄层，女性20～34岁为F1年龄层。

另外，根据M1・F1综合研究所在2007年1月进行的，以居住在首都圈（东京都、琦玉县、千叶县、神奈川县）的18～49岁的男女共3000名左右为对象的调查结果（图表1-15），年轻人远离汽车的主要原因还是经济原因、城市固有的因素（公共交通的充实）、兴趣的多样化等。

在现代化大都市日益成熟，城市活动与生活方式日趋多样化的背景下，以轨道交通为首的公共交通基础设施的充实与完善可谓必然趋势。

站城一体开发模式

在日本，至今为止已经进行了无数次以轨道交通为中心的城市开发。最早以轨道交通为中心的开发可以追溯到明治时期的东京站·丸之内的开发，其后，二战后高度经济成长期的新城开发，乃至最近，新宿、涩谷等城市副中心的再开发，长久以来城市开发和轨道交通建设可谓息息相关，共生共荣。这些开发同时也给城市构造和人们的生活方式带来巨大影响，并进一步促进了城市的发展。

我们可以在解读这些开发的原理的过程中，了解到当今的日本型城市模型（轨道交通中心型的城市构造、生活方式）是如何实现的。

轨道交通和城市的共同发展结构

站城一体开发究其根本，是轨道交通和城市相辅相成，实现共同发展结构的开发模式。"共同发展结构"这一理念由土井勉（现京都大学特任教授）提出，从社会学和经济学的角度简明易懂地对本书所提出的站城一体开发的诞生背景进行了说明。

根据土井的研究，工业革命后期，在英国出现的轨道交通将大量的物资和人口运向城市，从而带来了城市产业结构的变革，重新形成了新的坚实的城市构造。

城市突破了"城墙"的限制，向郊外扩张，从而产生了所谓"市中心和郊外"的新的城市形态。轨道交通的出现，对这种通过市区和郊区之间日常的交通联系而形成的近代城市生活方式的产生起了重大的作用。正是由于轨道交通这种大众运输方式的产生，才促成了城市和轨道交通车站共同发展模式的形成。

土井针对当今由城市和轨道交通形成的共同发展结构作出了下列整理。

· 随着轨道交通的建设，都市圈的扩大成为可能，于是产生了大量的定期流向城市的人流。

· 随着城市人口的增加，新增加的大量人口，促进了大量服务设施的建设，同时由于人口的集聚效应，城市也更加繁荣。

· 另一方面，由于城市空间的有限性，导致了城市地价的上涨。

· 随着城市的进一步扩大，为了寻求投资机会和生活的便利性，使得更多的投资者和人群向城市集聚。

· 另一方面，由于城市空间的有限性，导致了城市地价的上涨。

· 虽然城市人口的增长带来了各种各样的城市问题，但是从行政上看，城市活动带来了税收增加，地价上涨也使固定资产增值，这些都丰富了城市的财政收入。

· 随着城市财政收入的增加，就可以更好地建设城市基础设施，优化产业政策、福利政策、文化政策等各种行政服务。

· 另外，对于企业来说，城市的人口聚集也意味着消费者和劳动力的增加，这里面蕴含着大量的商机。这不仅促进了当地商业活动的发展，同时也带动了该地区社会、经济、文化等活动的全面展开。

· 随着这些活动的展开，城市也变得更加繁荣。

· 市民生活也随着城市的持续发展而变得富有活力，变得更具多样性。大量的市民活动使得轨道交通乘客随之增加，轨道交通服务也因此变得更为完善。

如上所述，轨道交通所带来的运输能力增长，促进了城市的发展。同时，城市的发展又进一步促进了轨道交通的发展。

"共同发展"意味着生物体之间通过相互依存而取得持续性发展，对于轨道交通和城市来说也是如此。通过轨道交通和城市两者之间的相互作用，促进了城市综合实力的螺旋上升。

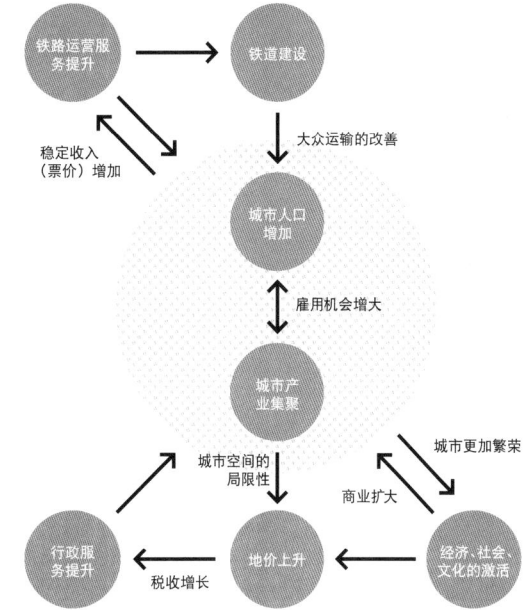

图表1-16 轨道交通和城市的共同发展结构（根据土井的图纸制成）

站城一体开发的两种模式

本书向读者提出了着眼于轨道交通建设和城市·房地产的关联性的两种开发模式。这两种模式以前面所述的"共同发展结构"为基础，根据选址和轨道交通车站性质的不同，可以进行如下整理。

【模式A】
以枢纽站为中心的高度复合·集聚型开发模式

城市中心地带的车站及客流量较多的车站，往往会形成站前商业区、商业街，而这些商业区和商业街又会吸引来更多的人流。针对这一现象，提出了开发模式A——以轨道交通车站为中心的集约型城市开发模式。

【模式B】
和轨道建设同步的沿线型开发

轨道交通沿线的大量人口，为枢纽站周边商业区、商业街形成和发展奠定了基础。轨道交通沿线的开发向着城市郊外呈放射状展开，轨道交通建设不得不将资本利益和沿线人口的因素纳入考虑之中。针对这一现象，提出了开发模式B——轨道交通建设和沿线城市进行一体开发的模式。

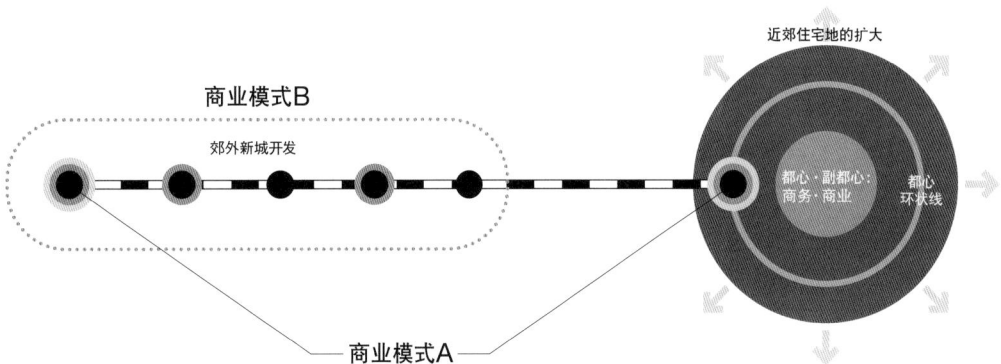

图表1-17 站城一体开发的两种模式

将这两种模式结合可以构筑表里一体的开发计划，并产生相辅相成的效果。也就是说，以轨道交通建设为契机，在轨道交通使用者的产生方（住宅）和吸引方（办公、商业·娱乐、大学等）进行综合性的建设活动，随着这个具有广大范围的都市营造活动的开展，可以为开发商（轨道交通运营商）带来开发利益，为地方自治体（地方政府）提供高品质的城市和公共服务，为市民和乘客带来更加便利和舒适的享受。这也可以说是一个一举多得，皆大欢喜的开发计划。

实际上，在日本，阪急电铁、东急电铁等轨道交通运营商（兼开发商）有意识地将"模式A"和"模式B"相结合，通过郊外沿线和郊外优质城市、住宅的开发，在取得资本利益的同时，实现了节点站（枢纽站）周边的集聚效应的增大和城市魅力的提升。同时，轨道交通的建设扩大了支撑轨道交通沿线节点的沿线居民的出行范围，也为轨道交通业本身带来了稳定的收益。这些开发实践将站城一体开发模式进行了最大限度的活用，并产生了很好的收益。

另外，必须说的是，通过由阪急电铁和东急电铁所进行的范围广且持续性强的都市营造活动，至今，沿线的城区、居住区仍然是具有很高价值的、被大多数人所憧憬的区域。正是通过这些有计划的、战略性的都市营造活动，以及当地居民们持续地管理和经营，才使得该地区得以在很长时间内仍然维持着高品质地区的形象。

本章将对站城一体开发的两个模式进行概述，使读者能先对这两个模式产生一个初步的印象。本章将以阪急模式为例，在列举两个模式的具体事例的同时，还将对两个模式相结合的一体化开发方法及所能取得的相辅相成的开发效果进行说明，希望读者能通过本章更好地对全书进行理解。

各模式的详细内容及在日本的具体实践，请参照另外的章节。

【模式A】以枢纽站为中心的高度复合、集聚型开发模式 →在第2章进行详细叙述

【模式B】轨道交通建设与沿线开发同步模式 →在第3章进行详细叙述

2012.05.24 08:0

模式A：
以枢纽站为中心的高度复合、集聚型开发

本节将对站城一体化开发模式A"以枢纽站为中心的高度复合·集聚型开发"进行概述。将从以下这五个方面进行整理：（1）基于城市规划角度的"效率性"；（2）基于轨道交通和城市使用者角度的舒适性；（3）便利性；（4）基于轨道交通开发商和城市开发商视角的业务性；（5）象征性。另外，对这个模式的详细介绍和具体案例将在第2章进行介绍。

通过本节的介绍，希望读者能够理解本书所要传达的主旨。

以枢纽站为中心的高度复合、集聚型开发简介

该开发类型主要指的是，位于大城市中心区的轨道交通枢纽站（可以进行多个轨道交通线路换乘的车站）和周边的城市街区进行一体化开发的模式。

由于枢纽站的选址接近历史悠久的城市商业区和中心区，因此大部分土地都已经建设完毕，能够用于城市再开发的土地很少。因此，需要通过高度、复合的土地利用及政府和民间的联合开发方式开辟出枢纽站建设所需开发用地。

历史背景

提供交通服务是枢纽站的基本功能，但随着轨道交通的发展，枢纽站在功能及空间方面逐渐复合化、复杂化。 这里所提到的模式A，是指近几年来的枢纽节点再生期阶段非常流行的开发过程。下面将对枢纽站形成和发展过程进行大致的介绍。

1 轨道交通黎明期：象征性的·西洋风车站
象征着日本向近代国家和中央集权国家转变的车站

2 私有轨道交通发展期：私有轨道交通枢纽站百货公司
服务于以阪急电铁、东急电铁为首的沿线开发战略的车站

3 战后复兴期：民众站一车站大厦
由于资金不足而由民间注资而建设的国有轨道交通车站

4 车站前再开发期：站前再开发工程
基于《都市再生法》的车站前城市再开发和车站翻修建设

5 枢纽节点再生期：枢纽站开发
为迎接城市更新期而进行的，车站大厦的更新及周边
枢纽节点地区的一体化建设

基本思路

该模式的基本思路可以概括为以下几点：

· 枢纽站点作为人流集聚的原发地，成为城市的核心地区或交通节点，所在地区房地产价值较高。
因此可以通过高度和综合一体化开发，将枢纽站点所在地区土地开发价值最大化。

· 通过改善交通枢纽的站点功能，增加步行空间和停留空间，聚集在这里会有宾至如归的感觉
（sense of arrival），成为展示城市形象的一个窗口。

· 通过建设连接车站和周边地区的道路网络系统来增加乘客在市区内的回游性，从而提升车站
周边地区的价值。

· 通过城市功能和交通设施的高度复合化，使城市的主要交通方式转向以轨道交通为首的公共
交通系统，从而达到减少环境负荷的效果。

· 作为城市经济引擎的象征来吸引投资，形成城市对内外宣传和形象展示的窗口。

Before

After

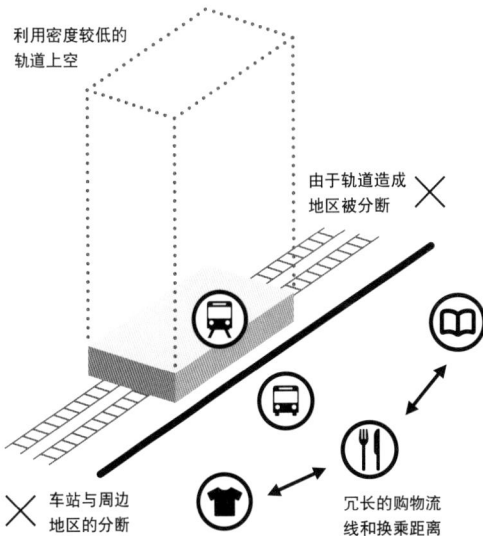
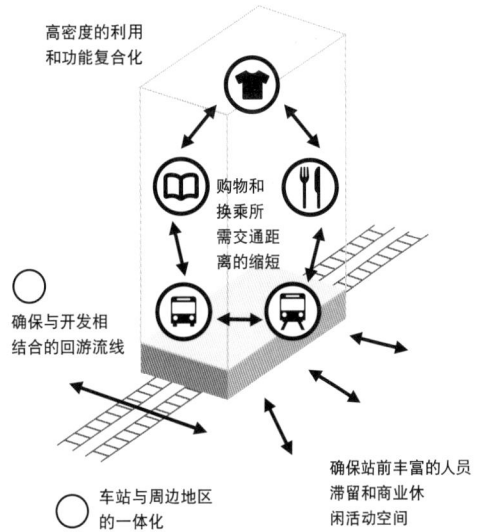

图表1-18 模式A的概念图

以枢纽站为中心的高度复合·集聚型开发的作用

效率性

（1）通过车站步行圈内土地的高度复合利用，促进城市建设（社会资本投资）的高效化

自日本引入城市规划以来，高度利用车站周边地区的土地一直是其城市开发的先决条件，但是轨道交通用地（轨道交通上空）本身的利用效率比较低。城市中心的枢纽站是多条线路互相联系的站点，因此轨道交通用地的面积就变得很大。假设站台长300m，有5条线路总共宽100m，这样轨道交通用地就有3万m²，如果容积率为9.0的话，就有27万m²的潜在面积。

充分利用轨道交通用地的容积，就能全面提高车站步行圈内具有高度附加值的容积率。同时，将城市活动集中在便利性较高的场所，还可以提高城市建设的效率（=提高社会资本针对轨道建设的投资效率）。

车站步行圈内的高容积率地区将成为地域的枢纽节点，具有业务、商业、文化交流、娱乐功能等多种城市功能。高度的集聚及复合化能提升城市的魅力，并且能增加开发商的收益，加快房地产项目的投资回收。

图表1-19 东京站用地和其周边用地的指定容积率为9.0，轨道交通用地（轨道交通上空）存在着巨大潜在使用面积

（2）通过车站和其他交通设施的一体化建设来提高空间利用率

通过将多条线路和多部车辆集中在一个枢纽车站，使得乘客们的换乘动线变得更加紧凑，提升车站的换乘效率。同时，还可能减少换乘本身所需的空间。

另外，轨道交通车辆及车站的各类设施（步行通道、步行广场、交通广场等）都可以共用，从而避免重复建设。这从车站空间整体来说，可以提高空间利用率。并且还可以对其他的交通设施（一般路线巴士、长距离巴士、社区巴士、出租车、一般客车等）所需要的空间进行集约配置，以达到利用效率提升的目的。

通过整体规划确保以上多种交通设施之间的换乘，不仅可以提高乘客的出行效率，还可以实现枢纽站作为综合交通枢纽站点的功能，确保空间的高质量化。

便利性

（1）以车站及周边地区的多功能化，来提升轨道交通利用者生活的便利性

通过将高度复合化的城市功能聚集在交通便利的区域或建筑物内，在车站聚集的乘客向附近区域移动的步行距离得到了缩短。这样一来，轨道交通乘客的购物活动将变得更为便利。此外，这样的车站周边开发通常规模都比较大，因此会吸引各等级及各类型的承租商入驻，从而吸引更多的乘客。比如，在以上班和上学等为目的出行中，顺便会去咖啡厅休憩、去餐厅品尝美食、去图书馆查阅资料等。在下班之后，还可以方便地在车站及周边地区购物、看电影、听音乐、健身、商务学校学习，并且在此之后，还可以赶上回家的列车。这些服务贴心且商品优质的消费场所，提高了轨道交通使用者的生活便利性。

除此之外，这一系列功能上的充实与提升还增加轨道交通这种出行方式的魅力。

（2）通过简洁的空间、流线规划使得交通设施的使用更加便利

多轨道交通线路跨越地上地下的换乘流线与巴士、出租车等交通设施的换乘流线经常相互阻碍，从而影响换乘流线的畅通。这可以通过将其他交通设施移动到轨道交通用地以外的周边地区，或轨道交通的上空及地下等规划手段来对流线进行整理，从而促进这些流线的畅通，使车站成为便捷的交通枢纽设施。

另外，通过对以交通换乘为目的人流线路和以购物散步为目的的人流线路进行整体设计，可以减少由错综复杂的交通流线所带来的通行压力。同时，换乘大厅等大型空间及丰富的流线空间能给使用者带来富有魅力的空间体验，并促进其对设施的充分利用。

特别值得一提的是，对初次到访该地区的观光人群来说，这种简洁明快的空间体验使他们对该地区留下了良好的印象，再次到访的概率也会进一步增加。

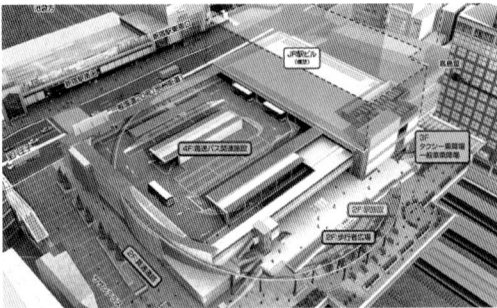

图表1-20 与巴士、出租车站点等其他的城市功能无缝衔接的车站

舒适性

（1）复合化开发提供第三滞留空间（Third Place），提升使用者的生活品质

通过在轨道交通的车站内部及附近建设生活便利设施（生活用品零售店、流行商品信息宣传栏、托儿设施、公共服务站点等），使日常生活时间可以被更为有效地利用。举例来说，促进女性进入社会就业，丰富轨道交通使用者的生活，提供新的生活方式。如此，车站从单纯提供出行服务的场所转变成了便利、舒适的生活空间的一部分。

另外，车站周边地区还提供餐厅及音乐厅、美术馆等文化艺术设施，这些都是能够促使人们驻足停留的城市生活空间。该地区作为家（第一停滞空间First Place）和办公室（第二停滞空间Second Place）之外的市民停留、休闲的空间，将其称为"第三停滞空间（Third Place）"，极大地提升了站城一体开发的潜力。

图表1-21 车站内的商业设施及哺乳室

（2）通过连接车站和其他交通设施等目标设施，为使用者的出行遮风避雨

车站周边是城市中人口密度最高的地区，因此必须保证人群能通畅地流动。在雨天及其他需要撑伞的情况下，人流的畅通就会受到很大的影响，同时也会降低人们的活动欲望。

针对这个问题，可以通过将连接车站和目标设施的空间室内化来解决。这样不仅能够遮蔽风雨，而且预装的空调系统能够确保该空间全天候的舒适性，增强使用者的舒适感。

因此，即使在城市中，车站复合设施及与车站相连接的其他设施对于房地产开发来说也显得十分重要，从而开发商也更愿意在这些设施上加大投资。

可行性

（1）轨道交通开发商通过参与城市开发来获得开发投资的回收

在日本包括JR在内的轨道交通开发商基本上都有轨道交通部门和地产开发部门这两个部门。轨道交通项目通常通过车票收入来收回对与轨道交通相关设备的投资。而地产开发部门拥有车站周边的房地产，通过租金收入来收回投资。这两个部门分别都以保证资金的收支平衡为原则，而通过站城一体开发进行合作后，使用者的便利性得到提升，同时轨道交通的利用率也会上升，从而带来车票收入增加及周边地产升值等双赢效果。

为了能够达到更好的综合开发效果，开发商以最大化双赢效果为目的进行各种尝试。从而，产生了对使用者来说极具魅力的（能满足大多数使用者要求的促进消费活动的）空间和服务。

这里，对近年来日本轨道交通公司的业务进行整理。其内容可以分为如下五大类。

①轨道交通、巴士、出租车等交通业务。
②房地产业务。
③商贸、零售业务（百货公司，购物中心，大卖场）。
④休闲、宾馆业务。
⑤文化业务。

轨道交通公司经营的这些业务，直观上来说，"①交通业务"和"②房地产业务"对于公司的重要性是很容易理解的。

图表1-22对在东京上市的7家私有轨道交通公司的业务内容进行了比较。通过观察这几家公司的各项业务营收比例可以发现，商贸、零售业务营业收入正在超越轨道交通公司的基本业务——轨道交通和房地产业务的营业收入。而另外一方面，由于商贸、零售业务的利润率比较低，从对公司效益的贡献上来说，轨道交通和房地产业务还是具有压倒性的优势的。

公司	铁道线长度 (km)	铁道业务 (%)	房地产业务 (%)	休闲、酒店业务 (%)	物流、零售业务 (%)
东急	104.9	16 (32)	15 (48)	8 (3)	49 (11)
东武	463.3	37 (55)	10 (15)	13 (20)	36 (4)
小田急	120.5	31 (72)	12 (25)	19 (3)	45 (5)
京王	84.7	32 (32)	8 (33)	17 (15)	41 (19)
京急	87.0	32 (63)	11 (1)	11 (16)	31 (5)
京成	152.3	54 (55)	9 (12)	4 (1)	30 (4)

图表1-22 上市私有轨道交通公司的业务内容
业务内容的比例表示了各项业务占总公司的销售额的比例，括号里表示了各部门的营业利润率。

也就是说，轨道交通公司加入枢纽站周边地区的开发项目——站城一体开发，不仅可以把它作为自己的品牌建设项目，而且还可以掌控城市品牌形象。轨道交通公司通过商业服务设施的建设来吸引客流，从而增加轨道交通的运营效率，使得车票收入和地产收入同时增加。

（2）通过一体化开发来保证项目的顺利进行

以枢纽站为中心的高度复合集聚型开发，除了轨道交通开发商的参与之外，还有许多其他的机构参与其中。如果没有统一的规则和指导，开发商们各自独立开展项目，这样不仅很难保证作为城市门户的站前空间的形成，而且也很难制定该地区所需要的便捷流线及空间规划。另外，在开发过程中，各方面的互相协调也是一个非常重要的问题。事实上，这其中隐含了很多事项调整、时间调整等问题带来的风险。

因此首先需要所有相关的开发商之间进行联合，这样才有可能达成统一明确的城市开发目标。以这一目标为基础，各开发商就可以比较容易地在承担各自分工的同时进行相互协调，以此减少在开发过程中产生的各种浪费。

另外，在这个基础上，各开发商在将来还可以进行一体化运营维护（Area Management），这样就能进一步增加城市的魅力。

（3）车站周边的集约型开发与城市形象的提升

企业在选择办公地点的时候，通常会考虑交通便利性、客户距离、租金、办公空间等因素。另外，商业承租者还会考虑步行者的流线和店铺前通过的步行人流量，以及这个开发项目吸引客流的能力和项目整体的社会形象。因此只有车站周边地区的集约型开发才可能满足上述需求。相反地，车站周边的成功开发将会吸引优质的来访者、乘客和顾客。由此，车站周边地区设施使用者素质得到提高，从而提升车站、城市的整体形象。

另外，由于枢纽站具有大范围的通达性及拥有大量的腹地人口，在其所提供的服务内容和质量方面，可以通过对大量使用者进行直接调查，根据反馈来塑造更加良好的城市形象。

与此同时，在枢纽站地区强大的集客能力和良好的品牌形象之下，该地区的整体地产需求将获得增长，不仅仅是车站相邻地区，在其周边也会产生新的城市开发活动。

图表1-23 和轨道交通车站一起建设的涩谷Hikaie和泉水花园项目。这两个项目被称为"带动周边地区开发的项目"

象征性

以枢纽站为中心的高度复合·集聚型开发模式对提升城市的品牌也能起到非常大的作用。这是一个能够提高城市竞争力的有效模式。

城市的印象受到车站建筑及周边建筑物形象和氛围的很大影响。特别是由于每天有大量的使用者在枢纽站通过，说其是城市形象本身也毫不为过。由于使用者很多，自然而然车站（城市）的印象就很容易被认知，若将车站（城市）的形象打造得非常有魅力，那么对打造城市的品牌将起到积极的作用。

比如横滨市的港未来车站的设计理念是"巨大的城市地下管道空间《船》的跃动"，在全部的地下空间设置了能够观察到交通活动和城市活动的可视化装置，这里不只是一个具有等待乘坐轨道交通等功能的普通车站，还是一个能够给车站使用者带来轻松愉悦感的未来型车站。

另外，该车站与地上的复合型设施Queen's Square横滨进行了巧妙连接，通过车站核心（Station Core）的纵向延伸空间，对城市的动态人流进行引导。车站核心（Station Core）位于皇后购物中心（Queen Mall）的上方，由于暴露在外部，因此在市区中的步行者以及在皇后购物中心（Queen Mall）中的步行者都可以很容易地辨认车站。另外，能够看见连接4层的动态自动扶梯，此外轨道交通站台的通顶空间也非常具有特色，这些简洁明了的构造通过这里的人们留下了非常深刻的印象，被认为是城市形象的代表。

这样极具魅力且让人印象深刻的车站形象，对港未来地区城市形象的塑造起到了非常重要的作用。

图表1-24 Queen's Square横滨的station core将地铁、地上商场、办公楼入口动态联系起来

轨道交通站点不仅仅是一个具有交通功能的空间，而且是城市的门户。车站空间形象的塑造、车站内商业设施的配置、舒适空间的建设、车站相邻地区文化设施的导入等都有助于车站的公共性、文化性的提升。通过具有象征性的城市场景设计和引导，城市品牌形象塑造的效果将会得到大幅度的提升。

危険!!
立入禁止

模式B：
轨道交通建设和同步沿线型开发

本节将对站城一体开发模式B——轨道交通建设和同步沿线型开发的概要重点进行介绍。接下来会先从3个方面进行整理：（1）基于城市规划视点的"效率性"；（2）基于轨道交通和城市使用者角度的便利性和舒适性；（3）基于轨道交通公司和相关开发商视点的业务性。然后，通过"沿线价值"这一概念的界定，希望使读者能够理解本节的意图。该模式的具体细节及相关案例将在第3章进行介绍。

"轨道交通建设和同步沿线型开发"的概要

这是一个主要应用在郊区的，将轨道交通建设和沿线城市建设一体化进行的开发模式。随着轨道交通的发展和社会环境的变化，这种模式派生出了几种变形，根据开发主体制度手法的不同，可以大致分为以下3类。

· 以阪急电铁、东急电铁为首的私有（民间）轨道交通公司的沿线城市开发。

· 高度成长时期，国家和第三主体（政府）所主导的新城开发，以及与之相伴的轨道交通设施的建设。

· 以筑波快线为代表的近年来新线路的建设及新城市的开发。

历史背景

根据东京都市圈的发展状况，本开发模式的历史背景主要可以整理为以下几点。

1 东京都市圈扩大初期（1910年左右一）

· 产业结构的演变导致大量人口向城市圈集中，为了满足大量的住宅需求，需要在位于东京市中心枢纽站的外延地区建设居住区。

· 在市场机制的作用下，私营轨道交通公司申请建设通向郊区的轨道交通线路，在建设连接市中心枢纽站和郊区的轨道交通的同时，郊区农业用地逐渐转变成住宅用地。这个时期缺乏将轨道交通和城市开发相互联系的总体性战略规划。

· 在关西地区的以阪急电铁为首的项目持续进展，模式B的原型产生。

2 东京都市圈快速扩大期（1950年左右）

· 随着长期的经济增长，城市圈进一步地扩大。

· 位于东京的东急电铁采用并发展了阪急模式（模式B的原型），提出了新的开发计划。

· 以轨道交通建设、沿线的土地获得、住宅建设和销售为基础，通过规划将大规模的郊区城市开发项目和轨道交通建设同时推进。

基本思路

　　本模式的基本思路可以概括为以下几点。这其中的重点是以办公、居住和交通基础设施的一体化为目的的城市综合开发。

· 在郊区未被开发的土地上，轨道交通建设和城市开发（土地取得、住宅建设、销售）是同时进行的，将资本收益作为项目收益，用于轨道交通的建设和新城区开发项目。

· 通过轨道交通沿线整体规划来制定用地性质，从而促进双向轨道交通客流的产生。同时，通过在沿线提供就业和可持续的城市管理，使得居住人口增加，从而确保轨道交通的收益（确保一定的月票收入）。

· 通过沿线整体的开发控制，使得沿线地区能够顺应时代和流行的变化，维持和提升沿线整体价值（房地产价值、品牌效应）。

Before

After

郊外的未开发土地
（能够支持城市化的基础设施不足）

3 以沿线整体为对象的持续品牌战略
（沿线居民的确保、房地产价值的提升）

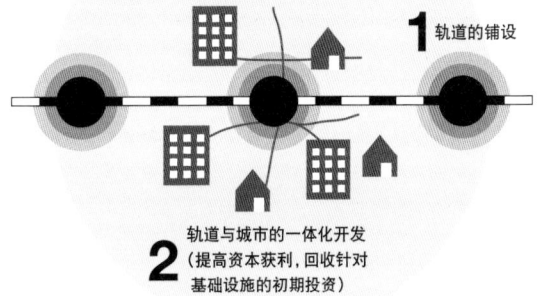

1 轨道的铺设

2 轨道与城市的一体化开发
（提高资本获利，回收针对基础设施的初期投资）

图表1-25 模式B的概念图

"轨道交通建设和同步沿线型开发"的效果

效率性

（1）轨道交通开发和与之一体的城市基础设施建设、分阶段的城市建设

以改善居住环境为目标的道路建设

随着轨道交通建设和与之一体的沿线开发的进行，在车站周边规划新的城市的时候，在规划制定的初期通过进行各式方案的讨论，使得在土地区划调整项目中的宅基地开发和道路同步建设得以进行。这样一来，不仅可以防止道路的隔断和交通的堵塞，而且还能创造出舒适的道路环境。特别是作为各种交通方式起点的轨道交通站点，在其周边的交通设施配置和道路规划中，根据规划和期望的人口密度及容积率制定交通规划方案，来实现高效的交通设施配置和路网建设。

另外，除道路等基础设施建设之外，该模式还通过规划对该地区的建筑物等进行一体化设计和功能控制来确保优质的城市景观的形成，从而提升以车站为中心的城市整体价值。

以提升居住环境品质为目的的公园、绿地规划

在居住环境中，公园、绿地是提升周边地区魅力的最为重要的因素。能在绿意盎然的住宅区中居住生活，对于追求舒适居住环境的人群来说具有非常大的吸引力。在一般个别的住宅区开发的情况下，进行城市尺度的公园，绿地环境建设是非常困难的。但是，在城市规划的指导下，在沿线城市开发中，以轨道交通为骨架，可以像进行路网建设一样，进行公园的配置和建设，这样就能形成由联系街区、城市的公园、绿地所组成的网络型城市空间。

另外，在多摩田园都市的绿地配置中，通过绿廊联系居住区内部的情况非常普遍。绿廊同时还作为步行系统网络使居民前往一些重要设施。即使到现在，该地还保留着丰富的绿化，随着植物的生长，良好的居住环境也得以保持。像多摩田园都市这样的地块，通过规划来导入绿地系统的方式，可以更高效地提升城市的价值。

（2）和轨道交通开发一体的价值创造型城市建设

根据建筑协定引导和维持美丽的街区

东急多摩田园都市线沿线地区从开发开始到现在已经经过了半个多世纪，这里发展成为了优质并且成熟的住宅区，是东京都市圈内少数几个高级住宅区之一。这里的大多数地区通过建筑协定[注1]和地区规划等的城市规划控制，使得美丽的街区景观及高品质的居住环境与功能得以保留至今。

这一地区是在轨道交通开发的同时进行一体化的城市建设，并有先见之明地对该地区进行了控制，这是一

个有意识地引导沿线地域价值提升的案例。在日本，特别是在东京，沿线不同地区的地价和地区形象有着非常显著的差异，因此，为了实现轨道交通及房地产开发的可持续发展，就需要以创造沿线整体价值为目标来进行综合性的城市开发。

注1）一般是指土地所有者之间，以及土地所有者和建设者之间，对改建的建筑所达成的协定。建筑协定的内容包括，在这个区域内建筑的占地面积、位置、构造、功能、形态、设计、建筑设备等相关的基准，以及协定的区域、协定的有效期、违反协定时的处罚措施等。

图表1-26 绿化丰饶的东急多摩田园都市沿线的风景

便利性、舒适性

（1）轨道交通沿线相关业务全方位地开展及沿线地区发展所带来的生活便利性的提高

作为轨道交通建设和同步沿线型开发的案例代表，东急多摩田园都市线沿线地区能够在当地居民和轨道交通设施使用者中具有很高人气的理由之一是，该地区拥有非常便利的生活环境。

作为开发主体的轨道交通，开发商将车站周边作为联系城市和轨道交通的重点地段，在这里进行了积极的生活服务设施建设，这同时还有助于轨道交通开发和居住区开发的一体化建设。于是，在随着沿线开发而出现的城市中，不但实现了街区品质的提升，并且为沿线整体品牌的确立做出了贡献。

比如，通过在车站周边建设比较高水准的购物中心等生活服务设施，进一步带动民间投资在周边建设新的娱乐文化设施、医疗福利等生活援助设施。随着城市的高强度复合开发，人口集聚趋势更加明显，从而引发更多的投资。与此同时，不仅城市的形象得到提升，沿线居民等设施使用者的便利性也得到提升。

（2）通过复线化及与地铁的连通来提高交通便利性

私营轨道交通建设弥补了现有轨道交通线路运输能力的不足，对解决东京都市圈扩张及人口增长的问题起到了积极而有效的作用。

JR和各私营铁道公司之间虽然存在着的激烈竞争，但是他们之间的相互协调与合作也在不断增加。比如，在类似区域内建设几乎平行的轨道线路，并组织相似的运行时间表，以求为使用者提供更多的选择，从而分散客流，缓解线路的拥挤现象，提高乘坐的舒适性。另外，通过各轨道交通公司的协作，在许多地方实现了线路的直通，从而形成了更加快捷、更加舒适的轨道交通网络体系，作为出行方式之一的轨道交通本身吸引了不少潜在客源。比如，通过线路的复线化及轨道交通和地下铁新线路的相互直通，通勤圈得以扩大。随着沿线的便利性的增强，乘客的数量有望继续增加。

由此，沿线的居民向东京市中心方向上班、上学的出行时间缩短了，换乘也变得更加方便。另外，在城市副都心——涩谷，随着2013年3月东急东横线和东京地铁副都心线（地铁新线路）的相互直通，该线路可以直接到达像新宿、池袋这样重要的其他城市副都心。通过轨道交通公司间的线路直通和复线化合作，不仅消除了轨道交通的拥挤现象，还使得出行更加的便利。

（3）通过巴士来扩大开发区域，突破车站步行圈范围的局限

多摩田园都市依据将轨道交通开发和住宅区开发一体化推进的商业模式制订了开发计划。因此，住宅区以东急田园都市线的车站为中心进行开发，住宅开发几乎都位于以车站为中心半径750m（徒步10min以内）的步行圈范围内。

但是，为了应对市场需求，需要突破这个开发范围的限制，在更广大范围的土地上进行开发。在这种情况下，就需要开展巴士业务及建设巴士线路。通过巴士，可以突破车站步行圈范围，保证其外围地区生活和交通的便利性，从而带动居住区的开发。目前，巴士在工作日的早晨以5～6min的班次间隔进行运行，从而确保其交通便利性。于是巴士成了许多当地居民上班、上学必需的交通工具。

巴士模式被认为是一种可以灵活应对城市发展不同阶段和城市发展变化的模式。该地区以轨道交通为骨架，通过与巴士的巧妙结合，实现了地域全体的可持续发展。

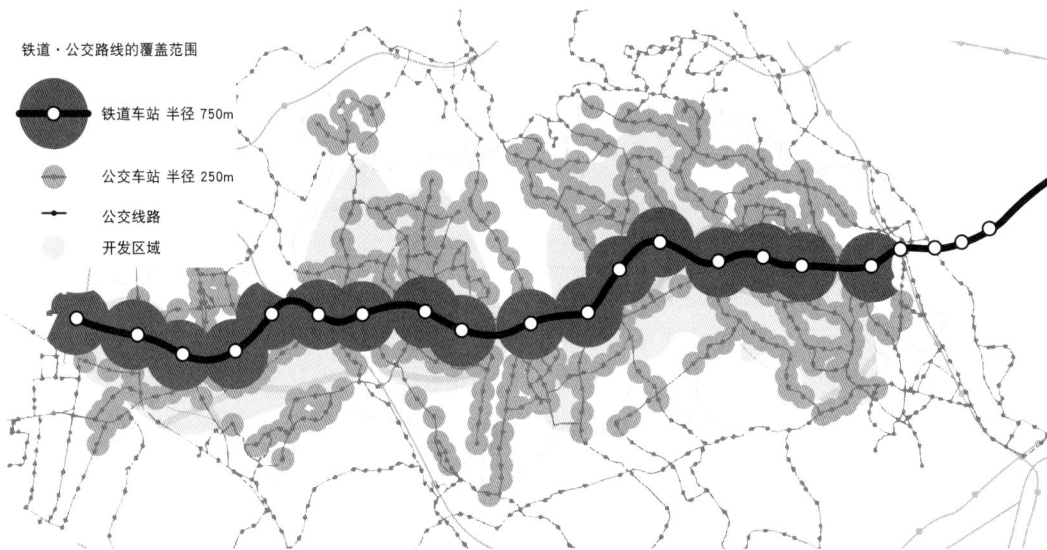

铁道·公交路线的覆盖范围

铁道车站 半径 750m

公交车站 半径 250m

公交线路

开发区域

图1-27 多摩田园都市的车站势力圈、巴士圈的分布（通过多个车站势力圈串珠状重叠，形成车站步行圈城市）

业务性

（1）确保稳定的轨道交通客流量，增加轨道交通的收益

对于轨道交通开发商来说，沿线各地通向城市中心的客流是可以保证的，因此制造通向郊外的客流是提升轨道交通收益的关键所在。

通常来说，随着以上班、上学为目的向东京市中心方向出行的居民的增加，如果可以确保那些持有月票的早上去往城市中心、晚上返回郊区的乘客数量，就可以确保轨道交通的收益。

在轨道交通建设和同步沿线型开发模式中，作为促进轨道交通设施反方向利用的一种手法，通过有计划地在终点站和中途车站设置可以成为出行目的地的设施，来创造出和上班、上学高峰时期相反方向的轨道交通使用者。比如说，通过吸引需要大面积土地来建设校区的大学及专科学校、私立高校，不但可以确保早晨去往郊区、夜里经由市中心返回另一郊外地区的定期、稳定的客流，还可以确保整日稳定的客流量，从而增加轨道交通的收益。

（2）随着轨道交通的开发，大量来自非轨道交通业务的利益产出

像前面所介绍的那样，在轨道交通和同步沿线型开发模式中，为了提升沿线城市的价值，采取了各种各样的尝试。这些举措使得地价得以维持、上升，这样就保证了房地产的收益。通过一些富有魅力的设施的设置，吸引来的使用者还带动了轨道交通客流量的上升。

从轨道交通开发商的角度来看，该模式最大的作用是，通过开发商自己所主导的和轨道交通建设同步进行的城市开发，开发商自身可以享受到轨道交通新线建设所带来的周边地区的地价上升。比如，用便宜的价格收购完全未被开发的土地，通过轨道交通的开发、新车站的建设，以及生活服务设施的配置，使得城市整体的附加值得以提升。于是，通过房产的销售，可以给轨道交通商带来更大的利益。也就是说，随着轨道交通的开发，开发商还可以开展除轨道交通业务以外的大量其他业务，并从中获利。

沿线价值概念的界定

在这里将对轨道交通建设和同步沿线型开发模式中的"沿线价值"这一概念进行界定。

创造沿线整体价值的开发手法

沿线价值这一概念，它是在以关西的阪急电铁、关东的东急电铁为首的开发手法中产生出来的概念，这与当时以节点和节点之间的交通联系为主要目的的国有轨道交通运营方式有很大的差异。沿线价值指在轨道交通沿线开展居住区开发、百货公司经营等多种相关业务，使其与轨道交通开发相辅相成，这一模式以阪急电铁的创始人小林一三命名，被称为"小林一三模式"。在沿线开展多元化经营，不但能给轨道交通开发商带来这些业务本身的收益，还能保证轨道交通经营的稳定性，同时确保社会的信赖感。

国有轨道交通模式：只进行轨道交通建设

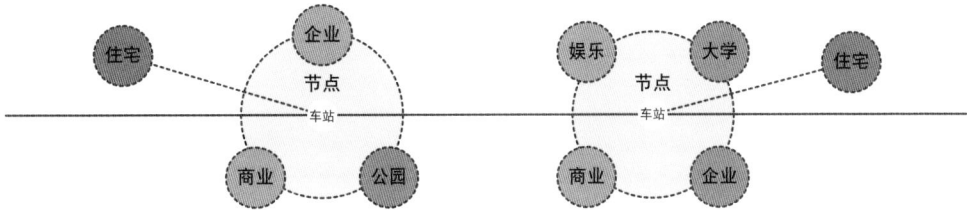

小林一三模式：与轨道交通建设同期进行的全部开发的先行导入

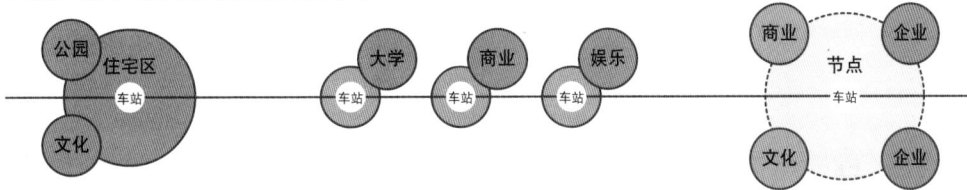

图表1-28 JR模式和小林模式的比较

轨道交通开发商 ———— 一般开发，已有开发 ----------

明确沿线价值的品牌战略和优质的居住环境建设

在多摩田园都市开发中，将沿线所建设的大规模高级居住区，以及所配置购物中心等生活设施纳入开发商自身品牌之下进行建设和运营。通过沿线品牌的提升，可以使自己的项目区别于其他轨道交通公司的沿线住宅，从而抬高住宅的销售价格，获得更大的开发利润。在多摩田园都市线沿线，形成了大约有60万人的新城，这样一来就保证了轨道交通票价收入的稳定。如今，在人们最想居住的区域排名中，该地区还处在较高的名次，成为东京都内首屈一指的人气沿线区域。另外，由于该地区的居住环境非常好，还是被评为"长寿街区"。在2008年厚生劳动省发表的"2005年各市区町村寿命表"中，大多数居住在多摩田园都市范围内的青叶区区民的平均寿命，男性居日本第一位，女性居日本第七位。多摩田园都市优质的居住环境和充实的医疗设施配置可以被认为是带来这一成果的几个原因。

以上，对轨道交通建设和同步沿线型开发模式的意义进行了说明。这一开发手法成功的最大关键点在于如何创造、提升沿线的整体价值。因此，轨道交通开发商进行了多元化的经营，不仅仅局限在轨道交通新线路的建设上，还通过住宅、生活服务设施等的配置，以及绿化、建筑协定等措施来提升城市的整体魅力，并且还通过和地铁线路的直通及与巴士公司的合作，使得沿线城市的便利性得到提高。除此之外，在城市建成后，为了防止人气的下滑，还从各个方面入手通过品牌战略来增加该地区的附加值。轨道交通建设和同步沿线型开发型模式对股权拥有者来说是一个能够获得利益、富有魅力、极具可持续性的成功秘诀。

"站城一体开发"古典模式
阪急电铁商业模式

　　大阪阪急电铁（小林一三模式）一直被视为成功的站城一体开发古典模式，本节将详述阪急电铁的变迁。阪急模式不仅可以解释"站城一体开发"这一日本城市开发的典型特征是如何实现的，并且作为模式A和模式B一体化推进的实例，也有助于读者对本书的理解。

轨道交通经营和沿线郊外型生活方式的提案

　　阪急电铁的成功应归功于阪急电铁创办人小林一三（1873~1957）的独创理念。小林可谓是日本企业家的代表人物，他除了拥有作为正业的大阪阪急电铁以外，还同时拥有百货公司、宾馆、剧场等其他产业，是尝试多种经营方式的一位先驱者。

　　阪急电铁的前身是"箕面有马电气轨道"，它开通于1910年，那时正是私铁沿线开发在日本的大都市全面推进的时期。但是，当时小林所建设的箕面有马电气轨道[注]，是通向大都市——大阪郊外的路线，而那时的郊外还一无所有，由此不难预见这是条几乎无人乘坐的线路。

　　然而，小林却反其道而行，他认为在还没有进行城市建设的便宜的土地沿线，如果能在建设轨道交通的同时，进行商品房的开发，那么轨道交通使用人数就会随着商品房的开发而持续增加。在这一想法的推动下，小林的轨道交通公司自行出资进行了车站周边的商品房开发，并首次尝试导入分期付款方式，使得日本的中产阶层——当时人数正在逐渐增长的工薪阶层，也成为购房一族。

　　就这样，郊外生活、轨道交通通勤等日本前所未有的全新生活方式应运而生。其结果是，那些在轨道交通沿线购买商品房的居民们的日常活动很难脱离轨道交通及其沿线，这种生活方式造成的"围城"效应促进了沿线人口的持续增加。这是日本轨道交通建设和沿线开发相结合的第一个案例。

图表1-29 大阪站（梅田站）的位置

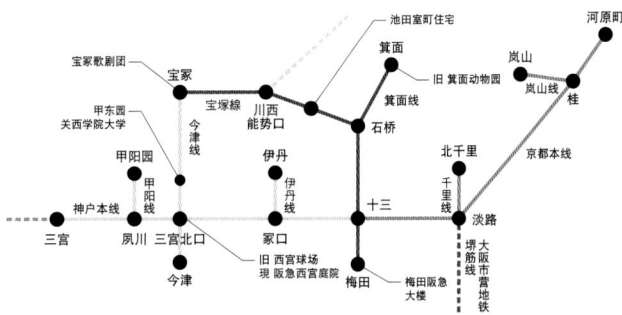

图表1-30 现在的阪急电铁路线图

　　为了能让轨道交通的客流量进一步增长，小林可谓颇费了一番功夫。1929年，位于当时的终端站梅田站的世界上第一家轨道交通枢纽百货公司开业了。他还在轨道交通沿线各站和终端站积极地开设了宝塚少女歌剧团、棒球场等大众娱乐设施，并积极引入了关西学院大学等教育设施。这样一来，轨道交通的使用人群不再局限于上班和上学族，前往轨道交通沿线的百货公司和各种娱乐设施的女性和儿童乘客也越来越多。

　　此外，小林还进行了轨道交通沿线的商业宣传活动。现在看来，为了提升沿线的商业价值，进行商业宣传活

注）当初的箕面有马电气轨道，现在是阪急宝塚本线、阪急箕面线。

动是理所当然的事情，但是这在当时却是一个非常大胆的尝试。通过商业宣传，具体形象地描绘轨道交通沿线全新的郊外生活方式，让世人心生向往、趋之若鹜。

"轨道交通并不是运输人类的工具，而是让沿线地区可居住的手段"，这不仅是小林一三的口头禅，同时也是阪急电铁的理念。在这种理念的传承下，至今阪急电铁沿线仍作为理想的居住街区备受推崇。

将位于郊区的轨道交通连同轨道交通沿线的近代家庭生活方式一起进行包装和营销的这种商业模式使阪急电铁取得了成功。在小林的建议下，以五岛庆太的东急电铁为首的东京各家私铁公司也采取了同样的商业模式，并最终取得了成功。至今，这种商业模式仍未丧失其价值。

下文将对阪急电铁在开发过程中各个项目的实施方法逐一进行详细的说明。

图表1-31 小林一三（1873-1957）　　图表1-32 阪急电铁沿线导游图（1931）

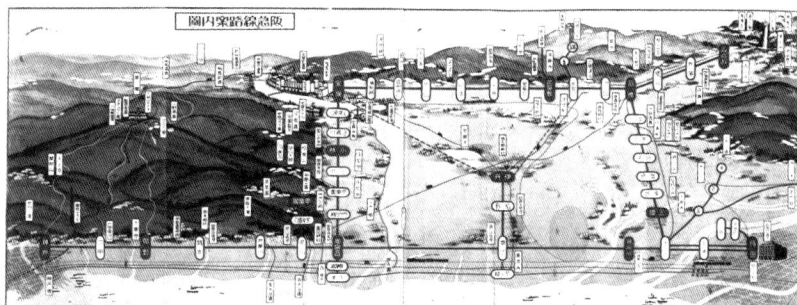

箕面有马电气轨道的开通和沿线的住宅开发

从1910年到1920年的10年间，日本轨道交通运送的人口公里数从5198百万人·公里，增长到14725百万人·公里，增长了2倍以上。运行公里数从8661公里增长到了15771公里，几乎增长了2倍。从轨道交通开通的历史来看，当时的轨道交通大多是连接神户—大阪及新桥—横滨等主要城市的国营轨道交通，或是以运送物资、军用品为主要功能的连接城市与军事基地的长距离铁道。在新的时代潮流的推动下，以运送人为主要目的的短区间轨道交通也应运而生。在大阪，1905年阪神电气铁道开通了从大阪·出入桥到神户·三宫的90分钟的线路。之后，作为大阪私铁的箕面有马电气轨道于1907年创建，并于1910年开业运营。

但是在当时，箕面有马电气轨道却不像国营轨道交通和阪神电铁一样连接不同城市，而是连接城市和郊区。因此，最初的时候几乎没有什么乘客。由于受日俄战争的影响，原计划连接大阪和舞鹤的轨道交通（阪鹤铁道）的规划也被变更，作为其支线设计的箕面有马电气轨道也变成了只是通向当时毫无人气的宝塚、有马、箕面等郊外地区的路线。在当时看来，这条线路是一条根本无法运营的线路，几乎不被任何人看好，还被嘲笑为"蚯蚓列车"。因为轨道交通建设的长周期，资金回收也成为一大难题。再加上日俄战争结束后的恐慌情绪，一时间陷入了资金运转困难的僵局。

当时的大阪市区被称为"东洋的曼彻斯特"，工业化的发展带来了人口的密集，同时也引发了一系列的公害问题。小林坚信，随着工业化的发展，越来越多的人将会追求舒适的田园型住宅。阪急电铁飞驰在山麓地域，从车窗望去，六甲山系的绵延绿色和神户的辽阔大海尽收眼底，这样优美的自然环境是其他线路所没有的，这在小林看来也正是阪急沿线住宅的卖点所在。

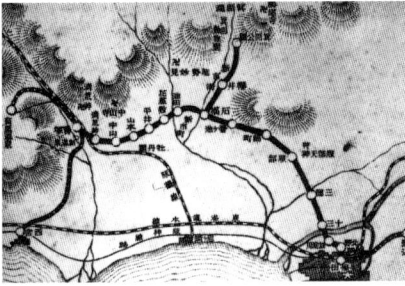

图表1-33 开业当时的线路图（出自1909年的开业预告广告）

图表1-34 梅田站开业日（1910年3月10日）

于是，小林开始向各方权势者筹措资本金，并最终说服了他们出资。在这些努力之下，在轨道交通开业运营时，小林已经确保了沿线约82.5万m²的住宅用地的所有权。

住宅销售

小林趁着轨道交通开通的时机，开始出售沿线的住宅用地。最先开发的是1910年的池田站前的池田室町住宅地开发项目。该住宅地保留了历史悠久的吴服神社，并采用了一种不同于市区和农村的全新的街区开发方式。

该地块的规模约为89100m²（约2万9千坪），规划了200户的独立商品住宅。每一户住宅用地为约330m²(100坪的正方形的地块)，木造的2层建筑，有5～6个房间，建筑面积为66（20坪）～99（30坪）m²，并附带庭院。

这些配备了电灯的新型住宅在当时引起了很大的反响。为了配合这一举措还成立了专门的电力供应公司[注]来负责供电。

另外，以服装的分期付款方式为样本，小林还导入了日本首次的贷款购房模式（分期付款销售模式）。首付50日元（2%），剩下的在10年之内还清。住宅的销售价格为2500日元，据说是当时银行职员年薪500日元的5倍。也许，贷款购房在现在看来是理所当然的事情，但在当时确实是一种全新的尝试。

注）该公司在这之后经历了合并和扩张，根据1941年颁布的《配电统制令》的相关规定，1942年被关西配电（现在的关西电力）所承接。

图表1-35 池田室町住宅

图表1-36 开业时的新淀桥铁桥和1形车辆

图表1-37 池田附近的轨道铺设工程

图表1-38 开业时的池田站（1910年3月10日）

宣传活动带来的沿线价值明确化和面向中产阶级的郊外生活方式的提倡

对于当时的生活方式来说，郊外这种新的居住环境，完全是一个全新的概念。虽然在阪神电铁的沿线也进行过一些住宅区的开发，但是这些住宅只能算是面向企业家和高级官员这样的有钱人的郊外别墅。那个时期，日本的中产阶级还没有开始在郊外居住。

因此，阪急电铁不仅需要建设商品住宅，还需要想办法来提升住宅街区的整体价值。为了向大众启蒙并普及郊外全新的生活方式，在完善硬件的同时，阪急电铁还进行了商业宣传活动。

首先，宣传活动以"模范的郊外生活"为口号，对新的郊外生活方式进行了广泛的宣传。宣传活动首次具体而生动形象地提出了居住于郊外独立式住宅的生活方式，这在现在看来，仍然是人们理想化都市型生活的一种类型。在开业之前，为了宣传土地经营的需要，阪急公司还率先发行了一本名为《如何择地而居。如何择屋而居》的宣传册。

这里摘录其中的一部分内容："如何择地而居——美丽的水都已经成为消逝的旧时美梦，天空灰暗、烟尘四散的城市里生活的是我们不幸的大阪市民们啊！（中间省略）与郊外生活相伴的最基本的条件是交通的便利。箕面有马电气轨道位于风光明媚的郊外，沿线拥有最适宜居住的30万坪土地，可以任由诸位选择。电铁公司众多，唯有我们，为您度身定制舒适郊外生活。""如何

择屋而居——（中间省略）那些每天在市中心没日没夜为了工作而绞尽脑汁的人们，那些需要家庭来安慰疲惫身心的人们，如果您在郊外居住，清晨的时候您可以在后院的鸡鸣中苏醒，黄昏的时候您可以听到院子里的虫鸣，您还可以享用自己亲手栽种的蔬菜，因此，我们需要的是充满田园趣味的生活，我们需要的是更加宽敞的庭院"，这种宣传被认为是鼓励人们逃离充满公害、卫生环境恶劣的大阪市区，倡导在郊外和大自然共处的健康生活方式。

除此之外，还有《最有希望之列车》《宝塚最新落成的"儿童乐园"》等宣传册，这些宣传使得轨道交通沿线的形象得以确立，也使沿线价值的概念变得更加明确。

为了实现其所宣传的生活方式，公司在车站的周边设置了公司直营的售楼处，拥有台球设施的室町俱乐部，公园、果园，以及以理发店、干洗店等日常生活所必需的店铺为主的商业服务设施。这样一来，沿线的居民们就可以在车站的周边满足所有的日常生活的需求了。

这样，到了新建住宅出售的时候，这些住宅几乎被抢购一空。除了池田室町之外，当时还开发了箕面市樱井等（18万m^2）比较有名的商品房地块。这种全新的郊外生活方式，就这样逐渐地被时代所广泛地接受了。代替了原有主要的运输业，阪急电铁公司作为副业开发的土地、住宅开发等部门营运得极其顺利。

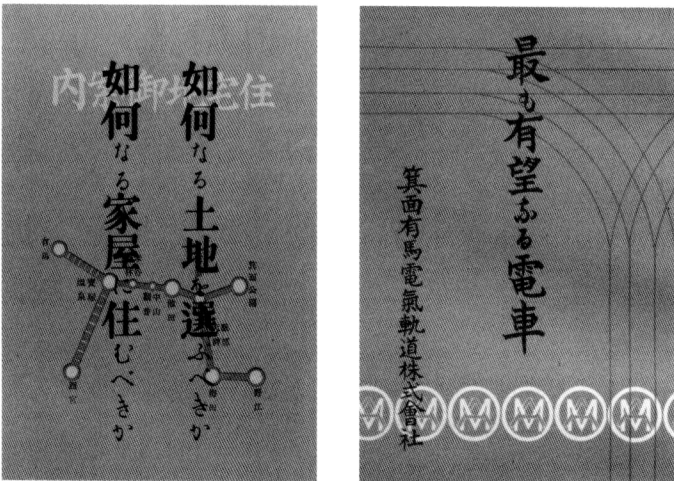

图表1-39 为公司未来发展和轨道交通沿线做宣传而制作的小册子（1908年）

大正、昭和时期的住宅地开发

此后，在大正时期阪急电铁还进行了神户线、伊丹线、西宝线（现今津线）的沿线地区的住宅开发。之后到了昭和时期，更是在伊丹、东丰中、塚口、千里山、桂、相川、高规等地进行了商品住宅的开发。在这之中比较著名的是在大正到昭和初期开发的，被称为"关西高级府邸街"的西宫七园。西宫七园由甲子园、昭和园、甲风园、甲东园、甲阳园、苦乐园、香栌园这七个园所组成。这七个园并不是全部由阪急电铁所开发的，为了吸引沿线的乘客，这七个园进行了整体的街区建设。即使是现在，这里还林立着许多商业界和文化界的名人府邸。西宫七园不仅是安静的高级府邸街区，同时也是身份和地位的象征。

之后，以战争结束后的住宅问题为契机，土地收购、设计监督、住宅金融公库[注]等一系列繁复手续皆由阪急一手操办的公库融资的计划商品住宅在日本成功出售。在1960年代的高速经济增长时期，伴随着日本最大规模的住宅都市——千里新城的开发、阪急千里线的延伸、北大阪急行的开通，都标志着轨道交通建设与沿线开发并行模式的完成。

注）1950年，随着战后对住宅需求的增加，根据《住宅金融公库法》，设立了住宅金融公库。如果满足居住条件差，可以支付一定额的首付，并有可供建房的土地的条件，就可以进行建筑资金的融资。该公库于2007年独立出来，现为独立行政法人住宅金融支援机构。

枢纽站及沿线的大众娱乐设施导入

世界上第一家枢纽百货公司和以车站为基点的开发

1920年，神户线30.3km，伊丹支线2.9km开通。在此影响下，同年，在以阪急为基础的终端（枢纽站）梅田站，建成了梅田阪急大厦。

虽然，阪急电铁终于建成了大阪·梅田和神户·三宫这些都市和都市之间的连接线路，但是和那些早前建成的，行走于都市和沿海的国有轨道交通和阪神电铁相比，阪急电铁的乘客数量却相对比较少。为了增加客流量，阪急电铁建设了这栋轨道交通枢纽大厦，并邀请了东京的老百货店白木屋来这里设置分店卖场，销售各种日用杂货。1929年，改为由阪急电铁直营，全新形式的阪急百货店就此开业，据说这是日本首家电铁百货店，也是世界首家轨道交通枢纽百货公司。

阪急百货店和以主要经营服装的传统百货店不同，以销售生活杂货和食品为中心，以"最好的品质和最优惠的价格"为理念。大厦的二层和三层是直营的大卖场，大厦的四层和五层是食堂。当初曾因为太过于前卫的理念而招致一些反对的声音，但是最后却非常成功。

顾客们可以先在餐饮区吃饭，然后去直营大卖场购物，最后乘坐轨道交通回家。另外，针对从枢纽站去沿线的娱乐地区的乘客，阪急电铁还推出了便当服务，这也是一项站在时代前沿的创新之举。这一系列的创新使得梅田阪急大厦成为现在的轨道交通枢纽百货公司的原型。

之后，梅田阪急大厦多次改建扩张后，2012年秋作为一座地上41层、建筑面积25万m^2、以枢纽百货和办公大厦相结合的复合型大厦重生。

图表1-40 梅田阪急大厦/梅田站

图表1-41 阪急百货店大食堂的状况

车站周边文化设施和商业设施的集聚

　　除了梅田站之外，阪急电铁也在其他车站的周围集聚了剧院、电影院等文化设施和商业设施。在第二次世界大战之后，随着梅田站扩建工程的进行，在JR高架线南侧，阪急电铁相继建成了梅田KOMA剧院、OS剧院、阪急Grand大厦、阪急FIVE（现在的HEP Five）、NAVIO阪急（现在的HEP NAVIO）等设施，不仅充分利用了车站前的良好的区位优势，也使得车站周边的土地得到了高度利用。随后，在被JR高架线所分割开来的JR高架线北侧地区，这块地区曾经被认为是最不适合商业发展的地区，阪急电铁建设了阪急三番街、古书街、河童横丁等商业设施，这些设施成功地引导并汇聚了人流，至今仍被认为是非常成功的城市更新活动，特别是像HEP FIVE和HEP NAVIO这样的设施，已经成为年轻人文化的发布中心，是非常具有人气的商业设施。

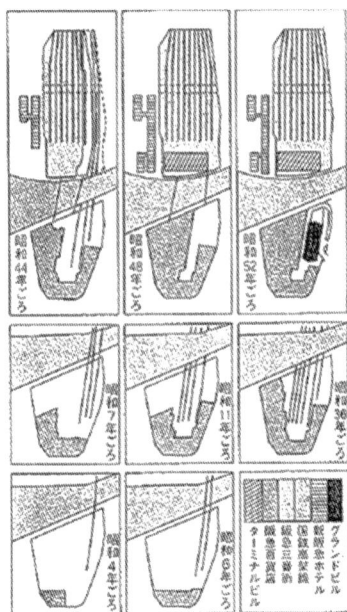

图表1-42 梅田站周边大厦的扩建历程（1931-1977）

图表1-43 现在梅田站周边与阪急相关的大厦群

沿线文化、娱乐设施的导入

　　阪急电铁不仅仅只限于住宅的开发，而且还开发了能够满足全家活动需求的大众型休闲娱乐设施，在文化，娱乐方面也投入了相当大的精力。于是，除了固定的通勤通学的乘客之外，儿童及女性群体也开始使用轨道交通，这样一来，轨道交通成功地吸引了沿线几乎所有的人群。

宝塚歌剧团

1913年，在箕面有马电气轨道的终点站宝塚站，成立了如今宝塚歌剧团的前身——宝塚唱歌队。该队从一开始就以排练"男女老少都喜闻乐见的国民剧"为目标，并作为日本第一个上演时事讽刺舞台剧的剧团而一举成名。1919年，该剧团开设了宝塚音乐歌剧学校，在校生与毕业生共同组织了宝塚少女歌剧团，成为一名宝塚歌剧团员逐渐成为大家的憧憬。1924年，可以容纳4000人的宝塚大剧院落成，从1925年开始，每年举办12次正式公演，这更加使得到访宝塚的人数不断地增加。在当时的宝塚，宝塚剧团公演的指定席门票、温泉入场券和咖喱饭各需要30钱，于是宝塚被称为是"只要有1日元就可以玩一天"的综合性娱乐场所。

随着交通设施的不断发展和城市机能的不断扩大，人们对于生活的梦想变得更为广泛，空余时间人们希望能离开家进行休闲娱乐活动。轨道交通，不仅仅满足了通勤和通学的要求，以休闲为出行目的的使用也在不断增加。所谓"外出文化"的出现，使得从前以通勤和通学为目的的男性为主的乘客群体中的女性和儿童的比例不断上升。宝塚少女歌剧团成功地培育了一大批非常忠实的女性粉丝。

图表1-44 开业当时的宝塚站（1910年3月10日）

图表1-45 宝塚第1次公演 "DOM-BRAKO（桃太郎）"（1914）

棒球场

小林的视线还投向了当时尚未流行的体育运动。棒球运动当时毫无人气，但是小林独具慧眼，认为棒球迟早都会成为全民性的人气运动。1913年，他在大阪府丰能郡丰中村建立了丰中运动场。1915年，在丰中运动场召开了第一届日本全国中学优胜棒球大会，这个具有历史意义的大会就是如今极负盛名的甲子园大会的前身。

1937年，小林在阪急神户线西宫北口站，又建设了阪急西宫球场。据说当时在这周围只是一片水田。在这之后，这个球场成为阪急电铁所拥有的职业棒球队——阪急Braves的主场。西宫球场还兼具举办自行车比赛、美式足球、音乐会等多种用途，可以说这是球场多样化经营的起点。

2002年，由于球场自身的老化和经营的困难，该球场被关闭，2008年在球场旧址新建的名为"阪急西宫庭院"的大型复合商业设施正式开业。

除了宝塚歌剧团、棒球场之外，阪急电铁还在终点站周边设置了游乐园、日本第一家室内游泳池——宝塚新温泉天堂、箕面动物园等设施，虽然并未大获成功，但都一定程度上提升了沿线价值，增加了轨道交通客流量。

图表1-46 阪急西宫球场

图表1-47 阪急西宫庭院

图表1-48 宝塚旧温泉全景

图表1-49 箕面动物园入口

站城一体开发和阪急电铁的商业模式

阪急电铁在轨道交通的枢纽站和沿线进行了站城一体化开发，并连同郊外的生活方式一起进行了倡导。沿线生活的高效性、便利性和舒适性，使得沿线的居住者和轨道交通的客流量持续增加。即使现在，沿线地区仍作为高级住宅街区、文教地区等保持了较高的水准，并孕育了独特的阪急文化圈。

虽然致力于多种经营的阪急电铁也在1988年和2003年面临过卖掉阪急球队和关闭宝塚家庭游乐园这样的困境，但是通过2006年与阪神电气铁道的合并，以及现在梅田阪急大厦周边的复合式再开发，阪急西宫球场转型为阪急西宫庭院这一新型商业设施等项目，阪急正经历着新陈代谢的转型期。

小林一三的阪急电铁一直被视为站城一体开发古典模式的萌芽，本章对该事例进行的详尽说明，相信能使读者更加具体形象地理解本书所倡导的"站城一体开发"的概念。

在本书所提出的两个模式中，阪急电铁的事例更偏向于轨道交通建设与沿线开发并行模式，这正是阪急电铁的强项所在（当然，以枢纽站为中心的高度复合、集聚型开发模式在阪急百货店和百货店周边的开发中也得到了体现）。

在阪急电铁的开发模式的启发下，东急电铁和西武

铁道等各家私铁也纷纷在东京圈内开展了轨道交通建设与沿线同步开发模式的大规模开发活动。在枢纽站的开发建设方面，面对更为复杂的JR线、地铁等高度复合的枢纽站，东急电铁和西武铁道的开发建设经验使得以枢纽站为中心的高度复合、集聚型开发模式有了更进一步的发展。

图表1-50 完成更新改建的梅田阪急大厦

参考文献
戸田清子「阪神間モダニズムの形成と地域文化の創造」 2010年
大阪日日新聞「なにわ人物伝」 2010年
阪急電鉄株式会社「75年のあゆみ」〈記述編〉〈資料編〉 1982年

基于轨道交通枢纽站的
站城一体开发

2

近年来，以地球环境为出发点的"脱离汽车依赖型社会"成为一个关于城市发展的重要课题。对此，美国、中国及其他发展中国家开始规划建设更大规模的轨道交通网络。其形态包括城市间的高速铁路及市区的地下铁。

在开展轨道交通建设的同时，许多站点及其周边地区也被陆续改造更新。从实现Compact City（紧凑城市）的观点来看，关于如何有效并高强度地开发那些作为高效投资对象的车站及其周边地区，受到广泛关注。正如之前非常流行的Waterfront开发那样，目前所谓的Stationfront开发作为城市开发的最前沿，可以说是相关领域内最热门的方向。

尤其是在作为轨道交通终点的终点站和作为换乘节点的枢纽站，各种人群来来往往、络绎不绝。因此仅从经济发展的角度来看，它们具有比一般车站大得多的发展潜力。而实际上更为重要的是，终点站和枢纽站对建设可持续发展城市（环境负荷低，经济独立性高，同时具有活力的城市）有着非常重要的意义。

日本在汽车普及之前轨道交通网络就已经相当发达。并且轨道交通终点站和枢纽站的Stationfront是城市中最重要、价值最高的区域，这一事实很早就已经被认识到。实际上东京的新宿和涩谷、大阪的梅田等位于车站周边的繁华街区就已成为日本的代表，而且整个城市的开发也都是以这些车站周边区域为核心来进行的。

此外，由于各私铁公司在经营方式上的创新，在位于市中心的私铁终点站区域，各种商业形式被积极引入。而国有铁道公司（以下简称"国铁"）克服了诸如战争、赤字增大等困难，并进行了分割民营化等改革，目前和各私铁公司一样正大力进行着站点高度复合化的改造。

如此，在日本，开展了众多的终点站及枢纽站周边地区多种形式的站城一体开发项目，而且直到现在还继续发展中。

本章主要介绍关于日本独自发展并持续进化的基于终点站、枢纽站的站城一体开发（以下简称"枢纽开发"）模式。首先概述其发展历程，然后详细介绍近年来典型的先进案例。

枢纽开发的
进化变迁及其类型

枢纽开发的进化变迁

日本的轨道交通建设始于1872年的新桥至横滨的铁路开业，比欧美晚了大约半个世纪。在这140年的发展过程中，日本的终点站、枢纽站的功能逐渐复合化，与周边地区一体化发展的可能性增大，之后就产生了各种形式的枢纽开发。这些都出自于各时代官方或民间的创意和想法，并且受到时代背景、法律制度、轨道交通运营主体特征及技术革新等影响。

在这里，我们把其进化过程分为以下6个阶段，然后分别做简要介绍。

1872～	**1** 具有象征意义的车站建筑及市区建设的时代 自1872年铁路开通以来，全国主要大站的站舍建筑均以体现中央集权国家的诞生和文明开化为宗旨，建筑壮观绚丽、威风凛凛。	1901 大阪站　1908 札幌站　1914 东京站丸之内站舍
1920～	**2** 私铁终点站百货商店的出现 大政后期开始，私铁各公司纷纷建设同百货店并置的世界首例的车站百货店。 在大恐慌的背景之下，依然取得成功，成为现在车站百货店的原型。	1920 梅田阪急大楼 / 梅田站　1934 东横百货店 / 涩谷站
1950～	**3** 民众车站的诞生——车站大楼的普及 战后复兴期间，国铁得到当地权贵的资金援助，将商业设施设置在一起的站舍建筑——民众站在各地纷纷涌现，这种形态即车站建筑在全国迅速蔓延。	1952 札幌站　1954 东京站八重洲出口（铁路会馆大楼）
1960～	**4** 地下街的扩张及发展 在进行国有铁路车站的站前广场建设时，将占据广场的露天商业收容到地下街内，正式进入立体化的车站城区开发的时代。	1963 大阪梅田地下街　1964 横滨站西口
1970～	**5** 站前再开发事业的振兴 1969年《都市再开发法》的制定，站前高密度街区的再开发风起云涌，站前广场、步行者平台等一体化的建设在此期间出现。	1973 柏站东出口　1979 藤泽站北出口
1990 ～现在	**6** 站城一体开发的新时代 迎来更新期的车站设施改良，新建设的同时，车站建筑的改建、站中·车站直通式等一体化开发的站城一体开发以各种形式呈现出来。	1997 福冈站 / Solaria 车站大厦　2002 六本木一丁目站 / 泉水花园　2004 港未来站 / 横滨皇后广场　2008 新横滨站 / Cubic 广场新横滨　2012 涩谷站 / 涩谷新文化街区项目　2013 东京站 / Gran Tokyo

图表2-1 枢纽开发年表

阶段1　具有象征意义的车站建筑及市区建设的时代（1872～）

1872年第一条铁路开通以来，轨道交通网络就开始在日本全国展开，而各城市也随之建设了相应的车站。

当时日本刚刚从封建国家转变为中央集权国家，新政府也才建立不久，正处于近代化的开端。百姓对于这种国家体制转换的意识还不是很强烈。而连接首都和全国各地的铁路正好是一个能促进百姓认识"中央集权国家的诞生"和"向近代国家的变革"等概念的道具。特别是车站建筑及蒸汽列车作为给人带来强烈视觉印象的装置备受瞩目。

尤其是1900年以后建成的各城市主要车站，其壮丽威风的建筑外形极具象征意义。从目前留存的东京站丸之内车站建筑就可见一斑。该建筑是由作为日本近代建筑第一人的辰野金吾所设计的，在第二次世界大战中，第三层及其大厅屋顶被烧毁。2012年，在东京站周边地区再建设中，该建筑被修复，复原成刚开业时的形态。

图表2-2 第二代大阪站（1901年竣工）

图表2-3 第三代札幌站（1908年竣工）

图表2-4 刚竣工的东京站（1914年竣工）

当时不仅是车站建筑被建设成为极具象征意义的外形。东京站被建在皇居附近的武家遗址上，位于三菱之原（政府转让给三菱公司的地块）的东边。车站建筑正对皇居，并配置了在当时非常少见的大型站前广场。从站前广场向皇居方向铺设了73m宽的行幸通路，道路两侧整齐地规划了作为代表日本的商务街区。即使是现在，从皇居向东京站方向看过去，道路中心线还是和车站建筑中心线一致，加强了车站建筑的象征意义。

在轨道交通发展的初期，从近代国家的国策性观点来看，"象征性"是其关键词，而车站建筑及其周边地区的一体化建设却是站城一体开发的开端。即使从当今日本的观点来看（强调商业化、弱化象征性），当时建设的建筑及街区还是重要的遗产，能借鉴的地方还有很多。

图表2-5 突出车站建筑的街区划分/丸之内地区（1933年）

图表2-6 从行幸大道向东京站方向眺望（2013年）

阶段2　私铁终点站百货商店的出现（1920年代～）

从1881年日本最早的私铁公司（民间轨道交通公司）——日本铁道会社成立以来，从事干线铁路建设的各私铁公司逐次诞生。期间虽然由于军事的原因一度被国有化（国家收购）[注1]，而由于预算的问题，东武铁道、南海铁道等部分私铁还是被允许继续存在。此外，地方上为了鼓励民间资本参与轨道交通建设，政府设立了相应的奖励制度[注2]。由此，日本各地又陆续出现了许多私铁公司。在经历了多次重组兼并后，目前私铁已经成为日本轨道交通不可缺少的重要组成部分。

在这些私铁公司中格外耀眼的是之前介绍过的小林一三的阪急电铁。阪急电铁以轨道交通沿线住宅开发为起点，开展了各种沿线事业并与轨道交通事业相互促进，取得了巨大的成功。而在终点站开创的多个崭新的商业模式中，终点站百货商店就是其中最著名的一个。

小林一三策划了位于神户线在大阪市中心的终点站——梅田站的百货商店项目。1920年，在车站一体建筑梅田阪急大楼的一层试验性地开设了老字号百货店——白木屋的分店，经营日用杂货。在白木屋良好的经营状况下，1929年阪急电铁创立了其直营百货商店，这是全球第一家真正的枢纽站百货商店。阪急百货店以销售日用杂货和食品为主要业务，在二、三层设置直营商场，四、五层设置食堂。如此卓越的便利性及阪急的努力经营得到了顾客的大力支持，在当时全球经济萧条的大背景下，阪急电铁取得了巨大的成功。

图表2-7 梅田阪急大楼/梅田站（1920年）

图表2-8 东横百货店/涩谷站（1934年）

注1）1906年3月，日本国会通过了《铁道国有法》，并决定对17家大型私铁实施国有化（收购）。
注2）1910年4月，规定简易铁道铺设事业认可标志的《轻便铁道法》公布，1911年决定由政府保障收益的《轻便铁道辅助法》被制度化。

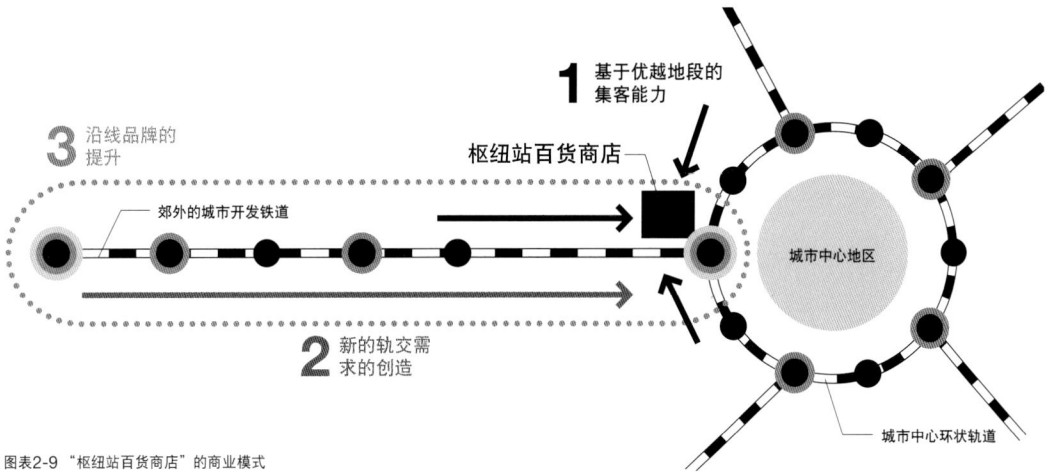

图表2-9 "枢纽站百货商店"的商业模式

下面简要说明一下"枢纽站百货商店"的商业模式。首先从百货商店经营的视角来看，开设在人流密集的轨道交通枢纽站的百货店具有压倒性的区位优势，而且可以大幅降低顾客迎送、货物配送及广告投放等费用。由此和其他百货商店相比，"枢纽站百货商店"具有更强的竞争力。另一方面，从轨道交通运营的视角来看，百货商店的开设可以吸引新的乘客，增加通勤通学时间带以外的轨道交通利用需求。而对于沿线房地产开发项目来说，终点站开设有百货商店的线路这一事实可以提升沿线的品牌。

阪急首创的"枢纽站百货商店"模式在各地被竞相模仿。1934年，东京横滨电铁公司（现东急电铁）在涩谷站东口开设了直营的东横百货（地下1层至地上7层）。可以说，这些"枢纽站百货商店"是目前各民间企业热衷参与的"枢纽开发"的原型。

阶段3 民众车站的诞生 —— 车站大楼的普及（1950年代～）

在持续至1945年的第二次世界大战中，日本轨道交通的线路及车站建筑遭受了毁灭性的破坏。到了战后复兴时期，庞大的轨道交通设施修复工程由于国铁的资金短缺无法顺利展开，就连作为日本轨道交通标志的东京站也无法复原因战火而烧毁的第三层，只进行了两层的临时性修复工程（之后的65年该建筑处于这种残缺的状态）。而日本各地车站的修复费用，国铁更是无力承担。

在如此背景下，国铁吸收来自车站周边地区的民间资本，开始尝试以所谓"官民协动"的方式来开展车站的重建。其中，商业设施及事务所被引入车站建筑内，并提供给民间企业使用，相应的，这些企业也承担一部分车站的建设费用。这种车站建筑形态被称为"民众车站"。如此一来，继私铁之后，国铁也开始走上了车站功能复合化的道路。

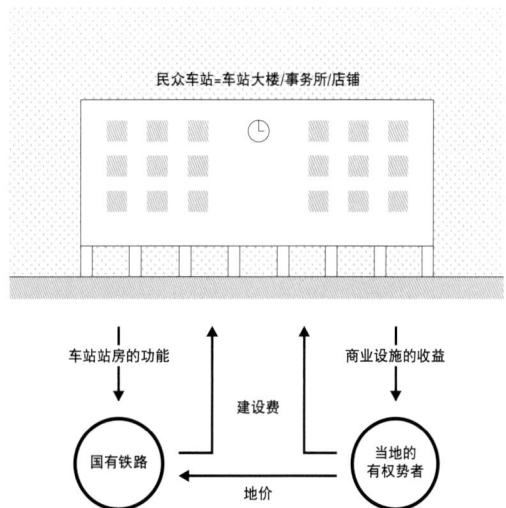

图表2-10 民众车站的构建手法

日本第一个民众车站是于1950年竣工的丰桥站，其主体是木结构两层建筑。随后，池袋站西口（1950年）、秋叶原站（1951年）、札幌站（1952年），以及由地下2层和地上12层（1期6层）组成的东京站八重洲口（1954年）等民众车站在日本全国范围内陆续建成。

图表2-11 第四代札幌站（1952年竣工）

图表2-12 东京站八重洲口1期工程（1954年竣工）

在当时，国铁建设商业设施被认为会对民营企业造成压迫而不被允许，直到1971年相关政策修改后，才允许国铁为改善经营状况而同时开展其他副业。为此国铁成立了专门的子公司，于1973年建成了平塚车站大楼，以此为起点开始从事车站商业设施运营事业（车站大楼事业）。国铁把"民众车站"项目中的手法运用到了"车站大楼"事业中，之后商业复合型车站建筑——"车站大楼"开始在日本全国普及。目前对于JR各公司

（原国铁）来说，车站大楼事业已经成为公司的主要业务之一。

由于地形的限制，"民众车站"和"车站大楼"较多都采用长条形的板状建筑形态，由此，遭到众多关于站前景观的批评。而另一方面，从城市功能的角度来看，由于"民众车站"和"车站大楼"事业的出现，使国铁车站从原来的功能特定的状况转变为功能高度复合化，为车站的发展提供了更加广阔可能性。

阶段4 地下街的扩张及发展 （1960年代～）

日本的地下商业空间，即所谓的"地下街"，发端于二战前地下铁开通时期，当时在地下铁车站大厅和地下通道开设了店铺——"地下铁Store（地铁店铺）"。而真正意义上的"地下街"是在二战之后才开始建设的。在国铁修复及新建站前广场的时候，本来占据站前空间的露天商铺被拆迁到地下空间，由此开始形成"地下街"，同时开始了真正的站域立体化开发。

1957年，涩谷地下街、银座地下店铺、名古屋地下街等9个地下街建成，到了经济高速成长期的20世纪60年代至70年代前半段，"地下街"在日本各地展开建设。

就目前在日本建成的总共100万m²的地下街来说，其中大约80万m²是在1950年代后半段至1970年代前半段这20年间建成的。

1970年之后，由于瓦斯爆炸事故发生带来防灾意识的提高，以及地下空间资源保护等原因，对于地下街的管理和建设提出了非常严格的规章制度，地下街的建设暂时处于停滞状态。之后，由于地下街对于城市功能的重要性被重新认识，在满足严格的技术基准等条件下，地下街的兴建工程开始得到批准。最近，2001年在广岛开始了新的地下街建设。

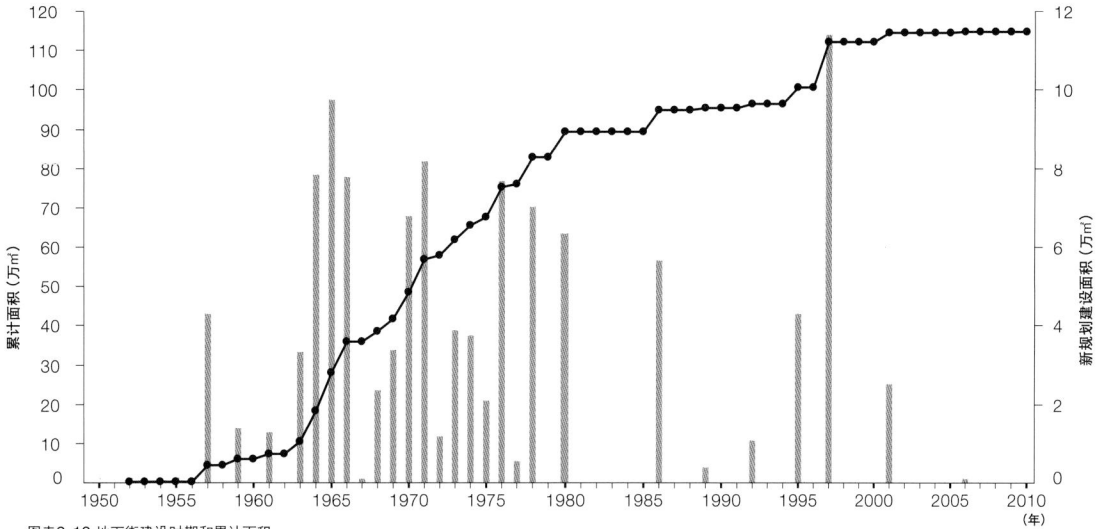

图表2-13 地下街建设时期和累计面积

图表2-14
横滨站东口地下街

图表2-15
福冈天神地下街

在具有众多利用者的日本轨道交通站点，达到以下三方面要求是非常重要的。（1）站前广场等确保汽车畅通运行的设施；（2）能使步行者安全通行的连接周边地区的通道；（3）车站附近地块高利用率的实现。而从连接车站和周边地区的意义上来说，地下街能发挥很大作用。

日本的地下街，由于在经济高度成长时期有不少负面的建设案例及过去发生过不幸的事故，不少人对此持否定态度。但是，为了在高强度开发的车站周边地区建成良好的步行环境和一体化的繁荣街区，以及完善道路交通基础设施建设，地块的立体开发方式是不可或缺的。在站城一体开发中，需充分发挥地下街的效用，同时创造出比之前更具魅力的地下空间。

阶段5　站前再开发事业的振兴（1970年代～）

随着1969年《城市再开发法》的制定，在那些没有被合理开发的街区，进行再开发的相关规定被法制化，从而对利益复杂且建筑密集的街区进行再开发变得可能。对于那些难以着手的已建成的街区，公共设施建设和土地高效利用为目的的市区再开发事业也因此得以促进。特别是各地位于轨道交通车站前的街区，在期待土地高效利用的同时，却出现低层高密度区域不断扩张，以及交通广场等公共设施设建设不充分的问题，因此1970年代之后，多数的市区再开发事业相继在站前区域展开。

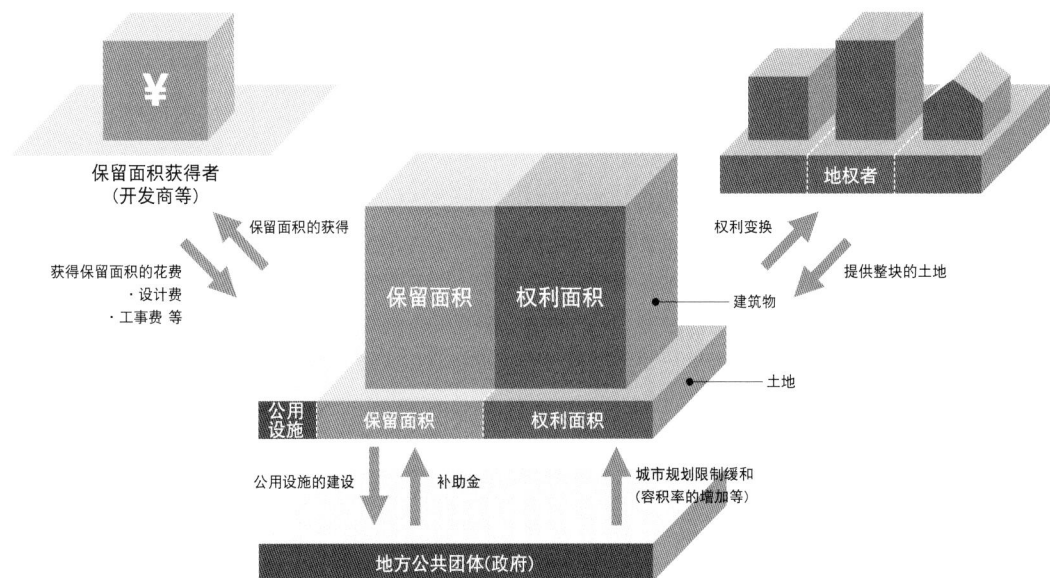

图表2-16 市区再开发事业的基本手法

为了连接车站和其周边地区，多采用建设步行者平台的方式。这也是站前"市区再开发事业"的重要主题。

1970年代前半段实施的柏站东口市区再开发事业是一个先行的案例。这个案例中的市区再开发事业，对站前广场和周边建筑进行了一体化改造，并采用步行者平台提高车站和周边地区的一体性，此外通过建设连接车站的自由通路来提高步行者交通的回游性。这些措施对处理车站周边机动车和步行者的交通及促进形成城市节点都起到了良好的作用。

柏站的案例受到广泛关注，之后通过交通立体化实现人车分离的方法被多个城市所采用。步行者平台（有时作为站前广场的一部分）是和站前广场一样的重要公共设施，而站前街区的机动车交通引导和步行者平台等设施建设，以及和这些设施进行一体化建设的建筑物是非常重要的课题。JR船桥站、JR町田站等都是和柏站具有同样形态的案例。

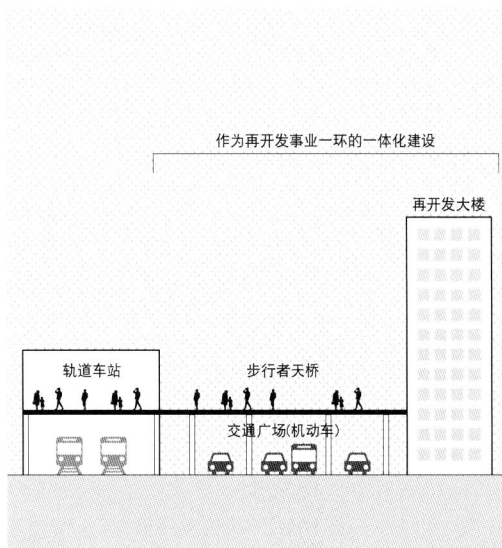

图表2-17 立体式站前开发意向图

图表2-18 柏站

图表2-19 船桥站

图表2-20 藤泽站

而JR有乐町东口的市区再开发事业是近年实施的项目之一。在这个案例中，站前广场以步行者为中心进行建设，另外，为了提高JR有乐町站和东京地下铁银座线的连接性，站前广场采用了地上、地下两层结构，并从其地下部分延伸出一条通往银座线的公共地下通路。在该市区再开发事业中建成的建筑物（有乐町ITOCiA）面对站前广场，作为有乐町站东口的新形象，并吸引大型百货商店入驻。为方便步行者利用轨道交通，对建筑物和基础设施进行了一体化设计，同时实现了建筑物所在地块的高效利用。

图表2-21 有乐町ITOCiA前的广场

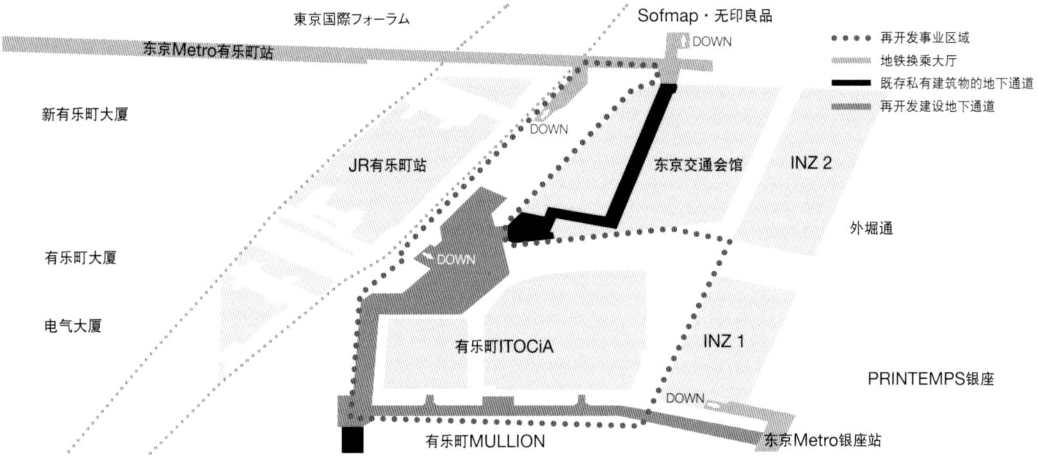

图表2-22有乐町 ITOCiA基础构成意向图

如上所述的那样，在1970年代广泛开展的"市区再开发事业"，作为车站周边建筑和交通设施一体化的手法，在各地的站前再开发建设中发挥了巨大的作用。

阶段6 "站城一体开发"的新时代（1990年代～现在）

1990年代之后直到现在，基于枢纽站的"站城一体开发"在其规模、形态及手法等方面呈现出了多样性。

一栋建筑物集轨道交通站点、巴士终点站等交通节点及商业设施于一体；地铁站点和周边街区一体化建设；伴随周边地区高强度开发的车站大规模改造等，各种类型的开发项目数不胜数。

图表2-23 大阪StationCity

图表2-24 新宿南口再规划事业

这个时期出现多样的站城一体开发形式，主要由以下3个要因引起。

第一，这个时期迎来了多数车站及周边设施的更新期。在阶段3到阶段5中建成的大量车站大楼及公共设施都超过了耐用年数，由于设施的老化带来大规模的修缮及重建需求。

第二，1987年实行了国铁分割民营化。长期背负赤字和债务的国铁被改组拆分为6家不同地区的客运公司（JR）和1家货运公司，并由12个法人来继承国铁的事业。JR各公司作为民间企业积极地投入轨道交通主业以外的领域。由于国铁作为日本最大的轨道交通运营主体成为民间企业，各轨道交通公司之间的竞争变得更加激烈。这自然加速了轨道交通线路周边地区不动产开发事业的推进。

第三，这一时期中央省厅的改组及相关法律制度的充实化。2001年政府希望通过省厅垂直化改革来实现消除弊端、减少事务量、提升效率的目的。原来22个省厅被改编为12个。其结果是，管理轨道交通设施的运输省和管理道路、建筑物等城市设施的建设省被合并成国土交通省。如此，轨道交通车站及周边建筑、交通广场、道路、建筑物等都由一省统一管理。于是，之前分散推进的各项事业及审批手续都可以实现一体化。同时为促进轨道交通车站、道路等城市基础设施、建筑物复合建设的法律制度得到充实。于2005年设立的以站城协动事业为代表的交通节点建设支援制度，鼓励步行网络建设等公益型项目的城市开发制度，这些制度都促进了如今站城一体开发的发展。

这3个要因的相辅相成，带来了真正意义上的站城一体开发大潮，其无论是在规模上还是在形式上都是前所未有的。

以上对这6个阶段进行了概述。在日本的车站周边空间，各个时代的建设手法像地层一样层叠在一起，可以看到不同形态的站城一体开发模式。它们虽然都有各自的缺陷，但要是能理解各时代背景及各时代人们所希望实现的目标的话，如今的我们对于下一个时代的轨道交通及周边地区的环境营造就已经可以知道哪些是应该去做的事情了。

参考文献
「東京駅はこうして誕生した」林章・ウェッジ選書・2007年1月「東京駅歴史探見〜古写真と史料で綴る東京駅90年の歩み」長谷川章・三宅俊彦・山口雅人 JTB・2003年11月
「図説・駅の歴史〜東京のターミナル」交通博物館編 河出書房新社・2006年2月「山手線誕生: 半世紀かけて環状線をつなげた東京の鉄道史」中村建治 イカロス出版・2005年6月
「大東京写真案内」博文館新社・1990年9月「世界の駅・日本の駅」小池 滋 悠書館・2010年6月「国鉄民営化は成功したのか〜 JR10年の検証」大谷健 朝日新聞社・1997年3月
「国鉄分割・民営化 合理化の波と116年目の終焉 (図説 日本の鉄道クロニクル)」講談社・2010年11月「（地震災害予測研究会・研究報告）地下街の現状と検討課題」菅原進一

column 1
地下街的发展和今后动向

东京的地下开发

东京地下开发的开端

地下铁等日本对地下的开发利用始于1927年的东京地铁银座线的开通。

在此之后的1930年，在上野站的地下通道设置了日本首条地下商业街（以下简称"地下街"）。这条街的设置受到了广泛的好评并且非常繁荣，但是由于地下街的空间过于狭窄，又在上野站正对面的用地上建设了地上9层、地下2层的商业大厦。这一大厦就是如今的东京地下铁股份有限公司的本部大厦。

另外，在1932年至1933年之间，又在神田须田町、室町、日本桥等地区建设了地下街。

在当时，这些地下街作为地铁站的附属商业街，是以聚集人气为目的而建造的。

战后的地下街

三原桥地下街是在战后的1952年建设的。当时为了配合周边的城市基础设施建设，出于将附近的露天商店进行搬迁安置的需要，从而建设了该商业街。

在此之后，随着城市更新的进行，和停车场等设施同时进行的地下街建设，在日本全国范围内得到了普遍的推广。

20世纪60年代后期之后，进行了八重洲地下街、新宿站东口地下街、新宿站西口地下街，以及池袋站东口、西口地下街等位于主要车站站前的地下街建设。

随着车站周边地区的高强度开发，引发了车站客流量增加，以车站周边地区为目的的汽车交通量集中等问题，为了解决交通拥堵，增加步行交通的安全性，进行了立体交通设施的建设。这些在20世纪60年代后期建设的地下街，就是伴随着立体交通设施的建设而进行的。另外，为了配合地下停车场的经营，也产生了很多地下街和地下停车场配套设置的形式。

地下街的防灾性考虑和规定

地下街多位于站前地区和商业区，伴随着该地区土地的高强度开发而建设。但是，在诸如1970年的"天六地铁施工现场煤气爆炸事故"及1972年的"千日前百货公司大厦火灾"等事件发生后，地下街被认为是可能酿成大祸的危险设施，因而限制了其建设。此后，由于1980年发生了"静冈Golden地下街煤气爆炸火灾"事故，日本在原则上开始禁止地下街的建设，从而对地下街的发展产生了一定的负面影响。（引自《设计地下城市》（都市地下活用研究会编集））

另一方面，在车站周边地区，随着交通便利性的增加，土地开发强度逐步增强，为了能同时满足步行和汽车交通的需要，对立体交通设施建设的需求日益提高。因此，在得到公共认可的情况下，还是可以进行地下街建设的。

近年来，虽然在东京没有进行新的地下街的建设，但是出于车站周边地区构筑地下步行线路网，增加地区步行通行量，以及保证地下通道安全和热闹的需要，也正在进行着设置新的地下街的讨论。

地下街名（通用名）	所在地	运营商	开通日 年月日
须田町地下铁 store	千代田区神田须田町 1	帝都高速度交通营团	1932.4.1
三原桥地下街	中央区银座 4.5	东京观光（股份）	1952.12.1
浅草地下街	台东区浅草 1	浅草地下道（股份）	1955.1.28
涩谷地下街	涩谷区涩谷 2	涩谷地下街（股份）	1957.12.1
地下铁银座线地下店铺	中央区银座 4 丁目	帝都高速度交通营团	1957.12.25
新宿站东口地下街（My City）	新宿区新宿 3	新宿 station building（股份）	1964.5.20
池袋东口地下街（I.S.P）	丰岛区东池袋 1	池袋 shopping park（股份）	1964.9.2
八重洲地下街	中央区八重洲 2	八重洲地下街（股份）	1965.6.1
新宿站西口地下街（小田急 ACE）	新宿区西新宿 1	小田急大厦服务（股份）	1966.11.25
池袋西口地下街（东武 HOPE）	丰岛区西池袋 1	池袋西口停车场（股份）	1969.4.2
新桥站东口地下街（Shinchika）	港区新桥 2	京急新桥地下停车场（股份）	1972.6.1
歌舞伎地下街（SUBNADE）	新宿区歌舞伎町 1	新宿地下停车场（股份）	1973.9.15
京王新宿名店街（京王 mall）	新宿区西新宿 1	京王地下停车场（股份）	1976.3.10

图表2-25 东京都地下街一览

地下街作用的变迁

日本地下街建设的历程，如下面所示的那样，在最初进行地下开发的阶段，是以增加地铁的乘客为目的而进行地下街建设的。但是，随着车站周边地区的土地开发强度的提高，车站前地区由于交通量的集中而出现了拥堵的现象，并成为非常严重的城市问题。

20世纪60年代以后，受小汽车普及化的影响，在市区，特别是车站前地区，停车需求的增加成了引起交通拥堵的一个重要因素。为了缓和交通的拥堵，开始在车站广场地下，车站前的道路地下进行停车场的建设。但是，道路地下的停车场建设的造价非常高，如果仅仅只设置停车场，通常很难取得收支的平衡，这也成了停车场经营上的一个重要问题。

因此，就有了通过将地下街和地下停车场进行一体化建设来减少施工费用，以增加投资收益的提案。

就这样，至今为止以解决交通问题为目的，地下街都只在车站前等几个特定的地区，对城市交通拥堵的改善起到了一定的积极作用。

但是，在今后，随着人口的减少，地下街的建设也不能再像以前那样以解决人口集中所带来的交通拥堵问题为目的。从确保街区人流回游性的前提下圆滑地引导人流移动，创造舒适安全的步行空间这一视点出发，作为车站周边区域一体化移动空间的地下空间网络系统的建设还是值得期盼的。

地下街建设
为促进地铁使用而进行

地下街和地下停车场建设
为缓解站前交通拥堵而进行

地下街网络系统构筑
为实现车站周边地区一体化而进行

```
┌─────────────────────┐
│ 由于地铁使用者的增加，  │
│ 而进行了地下街的建设    │
└─────────────────────┘
                          ┌─────────────────────┐
                          │ 车站周边地区土地高强度开 │
                          │ 发所带来的步行者和汽车的集中 │
                          └─────────────────────┘

┌─────────────────────┐
│ 为满足车站周边停车需要  │
│ 而进行地下停车场建设    │
└─────────────────────┘

┌─────────────────────┐    ┌─────────────────────┐
│ 为补助地下停车场的运营，进行 │→ │ 地面道路供汽车交通使用， │
│ 地下街和地下停车场一体化建设 │    │ 地下道路是步行交通空间   │
└─────────────────────┘    └─────────────────────┘

                          ┌─────────────────────┐
                          │ 以保证车站周边地区的人流量 │
                          │ 为目的而进行地下街新建和延 │
                          │ 伸的需求增加            │
                          └─────────────────────┘

┌──────────────────────────────────┐
│ 以构筑车站周边地区地下步行流线网络系统      │
│ 为目的的地下街方案讨论               │
│（在地下通道，以预防犯罪发生、保证步行者     │
│ 安全为目的设置商店，从预防犯罪和保持街      │
│ 区繁荣等角度考虑，在一些地区还是很有可      │
│ 能进行地下街的建设）                │
└──────────────────────────────────┘
```

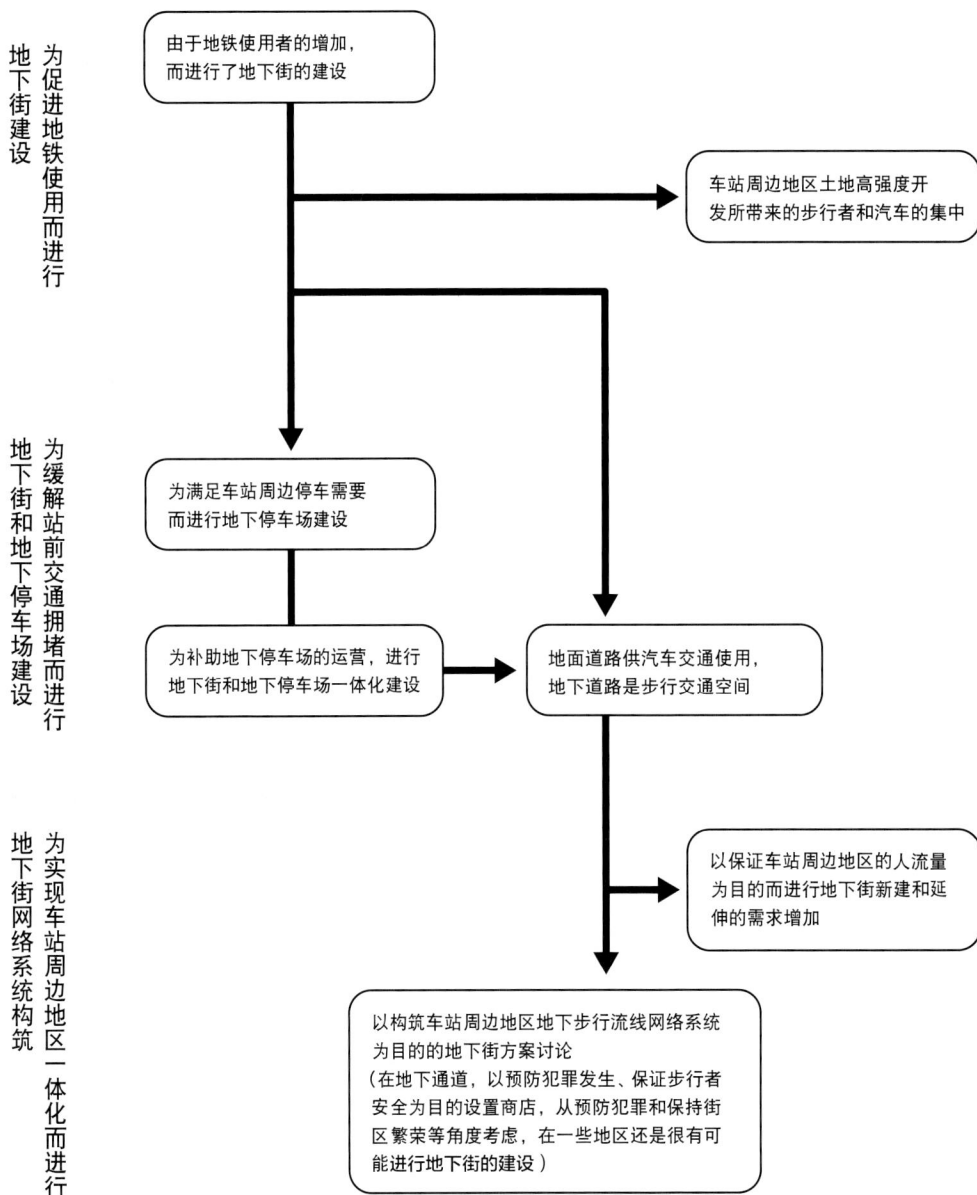

图表2-26 地下街的作用变迁

　　地下街所承担城市的机能包括：作为公共地下步行通道的步行网络系统功能，地下停车场等汽车交通基础设施功能，以及除上述这些功能之外的店铺等商业功能。在1974年3省厅所下达的《关于地下街的基本方针》中进行了如下规定：

——地下街的商店等（包括除地下街的公共地下停车场部分，其配套停车场及公共地下步行通道以外的其他部分）的总建筑面积不能超过公共地下步行通道的总建筑面积。

——禁止地下层的改装。另外，停车场、机械室、堆场、仓库以消防贮水槽不受限制。

　　根据上述规定，在多数的地下街中，通常在B1层将店铺和公共地下步行通道按照1∶1的空间比例进行规划，在B2层等进行停车场、堆场等汽车交通基础设施建设。另外，在很多案例中可以发现，在地下街建设的同时，为了保证电力、煤气、供排水的供应，需要对电力、煤气、供排水等基础设施的管沟空间进行预留。通过以上的方法，在施工中，不必花费多余的资金，就可以充分实现对地下空间的利用。

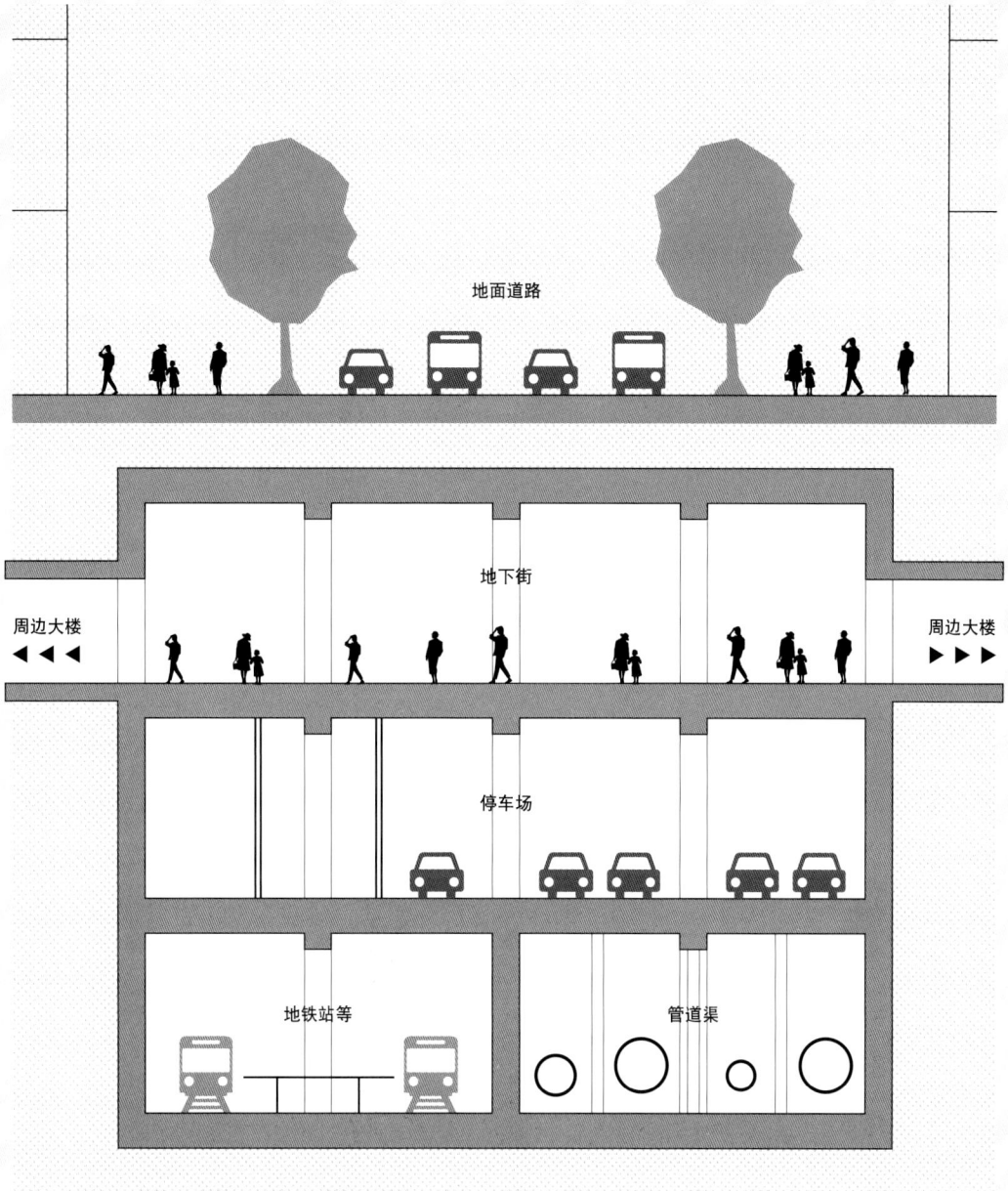

图表2-27 地铁+城市管线的地下隧道

地面道路

地下街

周边大楼
◀ ◀ ◀

周边大楼
▶ ▶ ▶

停车场

地铁站等

管道渠

另外，从很多案例中可以发现，即使在那些在法律中不被认为是"地下街"的空间中，通过道路下的公共地下步行通道和私有用地内的地下商业空间的平滑连接，也可以提升步行者的便利性和舒适性。

地下街的类型

在上述对地下街分析的基础上，无论属不属于法律意义上的地下街范畴，从活用地下空间的"站城一体化开发"的视角出发，可以将地下的连续的开放空间分为以下5种类型。

1.主要车站、附近街区水平连接型

这种类型常见于大规模枢纽站。

在主要枢纽站，需要从轨道交通向巴士、出租车和一般车辆进行换乘，为了保证换乘的顺利进行，位于地上的站前空间不时会被汽车交通所占据。在这样的情况下，汽车交通将会严重影响从车站向周边街区延伸的行人的移动。

在上述情况下，车站前地下街的设置就起到了非常重要的作用。通过地下街，步行者可以顺利通过巴士、出租车车站，到达位于车站周边城市街区的目的地。由于在天气不好的情况下，在地下街也能比较舒适地通行，因此地下街的设置在步行交通通行量比较大的区域具有非常高的便利性。

在主要车站进行大规模的地下街或者地下步行网络建设的事例主要有东京站、名古屋站、川崎站等。在东京站，由于其附近集结了很多地铁站，所以地下步行者网络体系的建设在实现JR东京站、地铁各车站、车站周边街区的连通及一体化的土地利用上发挥了非常重要的作用。

2.地铁、附近街区垂直连接型

这种类型通过将地铁车站出入口和上部建筑的大型中庭和下沉广场进行一体化连接，使得地铁站的使用者可以很方便地找到地铁站出入口，并且通过将自然光照和通风导入地下，使得地下空间更为舒适。

以地铁站为中心的开发，容易造成车站形象辨识度低、步行流线复杂混乱等问题。但是通过这种类型的地下街的开发，可以很好地解决上述问题，从而使得车站和城市的连接更为融洽。

这一类型的事例主要有港未来站、六本木一丁目站等。

3.街区间人流量促进型

这种类型通过在主干道下建设地下街，使得主干道两侧街区的步行流线能够更好地衔接，从而使得地区整体人流量获得提升。福冈天神地区是这种类型地下街的事例之一。在天神街区，建设了将道路下方地下街和建筑地下层一体化的步行网络体系，使得人流可以方便地进入商店和公共设施。在天神，随着未来轨道交通车站的重组，地下街有望得到进一步的扩展。

4.再开发连动型

这种大规模的开发通常是通过小规模街区的重组而形成的超大型街区，通常土地利用的强度也比较高。在这种情况下，需要地下的基础设施对高强度的土地利用进行支持。这就为进行地下空间的总体规划提供了可能性，也更利于舒适的城市环境的形成。因此，在这种情况下，具有进行地下步行网络系统、地下停车场网络系统、防灾网络系统等，区域全体的一体化建设的可能性。

大阪站周边开发和东京的汐留地区的再开发都是这种类型的典型案例。在汐留地区，进行了大范围的公共地下道建设，使得这一公共地下道足够容纳该地区由于地域开发所增加的大量白领。同时，在私有街区还尝试考虑了开放性的规划：在与公共地下通道连接部分以下沉广场的形式进行连接，并制定了在街区内部设置商店的规定。

5.停车场建设型

这种类型是以保证在城市地区的停车场为目的的类型。在城市建成区，这种类型能够有效地解决停车场不足的问题。在停车场建设的过程中，为了减少施工费用，还可以将地铁和地下的基础设施进行一体化建设。京都御池和广岛等都是这种类型的案例。

地下街建设的成本控制

日本的地下街建设，至今还是解决车站前交通拥堵这一巨大的城市问题的办法之一。

另一方面，在道路等狭窄的地区进行地下空间的建设，需要非常高的建设成本。

与建筑的建设成本相比，地下街的建设成本通常是其2～4倍，这是非常高的。

另外，从收益方面来说，已建成的地下街由于交通通达性等的限制，商业面积只能达到通常商业大厦的商业面积的50%左右，这一面积是很少的。因此，在成本核算上，地下街建设存在着比较大的问题。

在这样的情况下，在京都等地，比较新的地下街建设通常是随着地铁建设同时进行，并且在建设过程中，将地下停车场和地下街一体化设置的同时，进行基础设施共同沟的建设。这样，这些设施各自的建设成本可以在一定程度上得到压缩，并且地下街还可以作为城市基础设施的一部分得到建设。

这样一来，可以将从前在各种设施的独立建设过程中所必需的临时工事通过一次建设完成，从而降低建设成本。

另外，将车站、地下街及车站周边地区的大厦通过步行网络进行联系，能够提高城市的集聚性和增强城市繁荣。

今后的动向 车站和街区、街区和街区一体化的地下空间

日本地下空间开发是在城市建成区进行的。

在近几年，这些地下空间的建设使得城市建设的成本居高不下。

但是，在车站和城市的一体化再开发的情况下，在新的道路建设的同时，通过道路地下空间和私有地下空间的一体化建设，可以确保车站和城市之间的联系畅通。同时，这种一体化的建设，不仅能够保证街区之间的人流量，而且还可以用几乎与建筑施工相近的建设成本来进行地下空间的开发和建设。

特别是在新建的轨道交通线路车站和车站周边地区的一体化建设中，通过有计划地进行地下开发，可以创造更加便利、舒适的空间环境，并增强城市的人流量。同时，这种地下一体化建设的成本也与建筑建造成本基本相近。

这些地下空间可以不受风雨、严寒、酷暑等天气的影响，实现全天候的舒适性，并且这种以地下空间网络串联城市空间的方式，可以创造轻松的步行环境。

在街区停留的时间和在其中的消费金额，被认为具有一定的正相关性。

也就是说，在人长时间滞留的街区内会发生比较多的消费活动。

创造更好的城市环境，提高城市的人流量和空间的舒适度，是今后城市发展的主要方向。作为其中的一环，将车站和街区、街区和街区一体化的地下空间的建设是非常必要的。

参考文献
「地下都市をデザインする」都市地下活用研究会編集　第一法規・1991年3月31日
「都市の地下活用」西　淳二編著　株式会社山海堂・1992年5月10日
「地下都市は可能か」平井暁編著・1991年6月25日

column 2
站前广场

站前广场的基本功能

　　站前广场是轨道交通乘客向其他交通方式换乘的场所，它具有"交通节点功能"，是保证车站前所聚集的大量交通顺畅、各种交通工具之间顺利换乘的重要设施。交通工具的种类有巴士、LRT等本地的，以及出租车、P&K方式的私家车、自行车等非常多的种类。可以说，站前广场这一设施对城市整体的通达性产生了重要的影响。

　　另一方面，站前广场还充当了与城市中心相对应的广场功能。站前广场像欧洲的广场那样承担着促进多种用途设施集聚的"城市节点功能"，提供市民休闲娱乐的交流功能，代表城市形象的景观功能。另外，站前广场还是大规模的公共空间，这使其还具有事件功能、防灾功能，以及与公共服务等相关的情报提供功能。

　　"公共节点功能"和为滞留人群提供舒适性，满足人们审美需要的广场功能，可以根据不同广场各自的具体情况，通过合理的规划来实现，从而创造出具有魅力的车站和站前广场。例如，1931年建成的意大利的米兰中央车站是位于离城市中心区较远的枢纽站（终端型），

进行了具有象征性的车站景观设计。车站的立面横向展开约200m，在它前面是相同面宽的广场，其上面有铺地和绿化。另外，广场上的车流设计也尽可能地不去影响车站和广场的关系。在欧洲的大城市，直到近代才形成了以老城区为中心的市区。在近代之后，在城墙外侧的新城区，大多建设了枢纽型的车站。像米兰这样，新城区在城市规划下开展以车站为中心的景观建设的案例非常多见。另一方面，美国的纽约中央车站是通向郊外包括曼哈顿岛区域的地铁线路的节点，在这个车站有大量的地铁之间的换乘。但是，在地面上却没有进行以地铁和汽车之间的换乘为目的的站前广场的建设。建成于150年前的车站建筑和可以令人想起其内部的天象仪的外庭成为其独特的景观标志，同时，车站内部还设有各种商店，提高了城市整体的舒适度。

　　综上所述，根据城市发展过程和交通规划的不同特征，车站和站前广场起到了各种不同的作用。

图表2-28 米兰中央车站

图表2-29 纽约、大中央车站

日本站前广场的历史

日本的站前广场，初建于明治的铁道开通时期，并随着车站和铁道网的功能变化而发生变化。

最初的铁道网是以长距离旅客运输为主要目的。旅客在车站寄存行李，并在目的地的车站取回行李，这是这个时期车站的主要功能。像如今的机场一样，除了行李寄存所和站台之外，车站还设置了等待汽车用的候车空间。与此相应地，具有作为象征城市门户风貌的车站建筑，站前广场也承担着景观化的机能。在东京站的站前，建设了将站前广场、皇居、车站相连接的具有象征意义的行幸大街。

站前广场虽然实现其应有的功能，但其整备工作却是铁道省单独进行的。即使是在城市规划中确定了站前广场用地的情况下，铁道省所管理的用地还是独立于城市规划之外，配合铁道省的计划进行独自实施的。

上述站前广场的功能，随着铁道网的发展逐渐发生了变化。在大阪，小林一三进行了梅田到宝冢段的铁路建设，也就是现在的阪急电铁，由此推动了郊外开发和梅田站的枢纽化。在东京，随着现在的东急电铁对郊外线路网的开发，新宿、涩谷、池袋等省线（后来的日本国铁，现在的JR线）的车站逐渐成为郊外线路的起点站。因此，以长距离旅客运输为目的的铁道车站，开始承担起郊外电车和省线、路面电车之间相互换乘的枢纽站机能，至此站前广场的交通节点功能也开始逐渐被重视。随着郊外线成为联系都心部的主要交通手段，即使是郊外车站，也提高了车站和站前广场的重要性。

战后，随着战后复兴建设的展开，大量的车站周边地区得到建设，站前广场规划理论的发展和实践同步展开。作为规划的依据，灾后复兴计划中"关于站前广场的规划标准"（1949年修改）对站前广场规划的面积标准进行了具体规定。随后，站前广场研究委员会提案的面积算式（1953年提案也被称为"1953年式"），小浪式（1968年），站前广场整备计划调查委员会提案式（1973年）等规划标准被提出并逐步发展。无论哪个标准，都是根据轨道交通使用者的人数及列车的台数等为计算依据的，因此，完善交通节点功能可以被认为是这一时期的站前广场规划和建设的主要目标。

图表2-30 连接东京站与皇居的标志性道路行幸大街

广场面积计算方式 (1973年式)

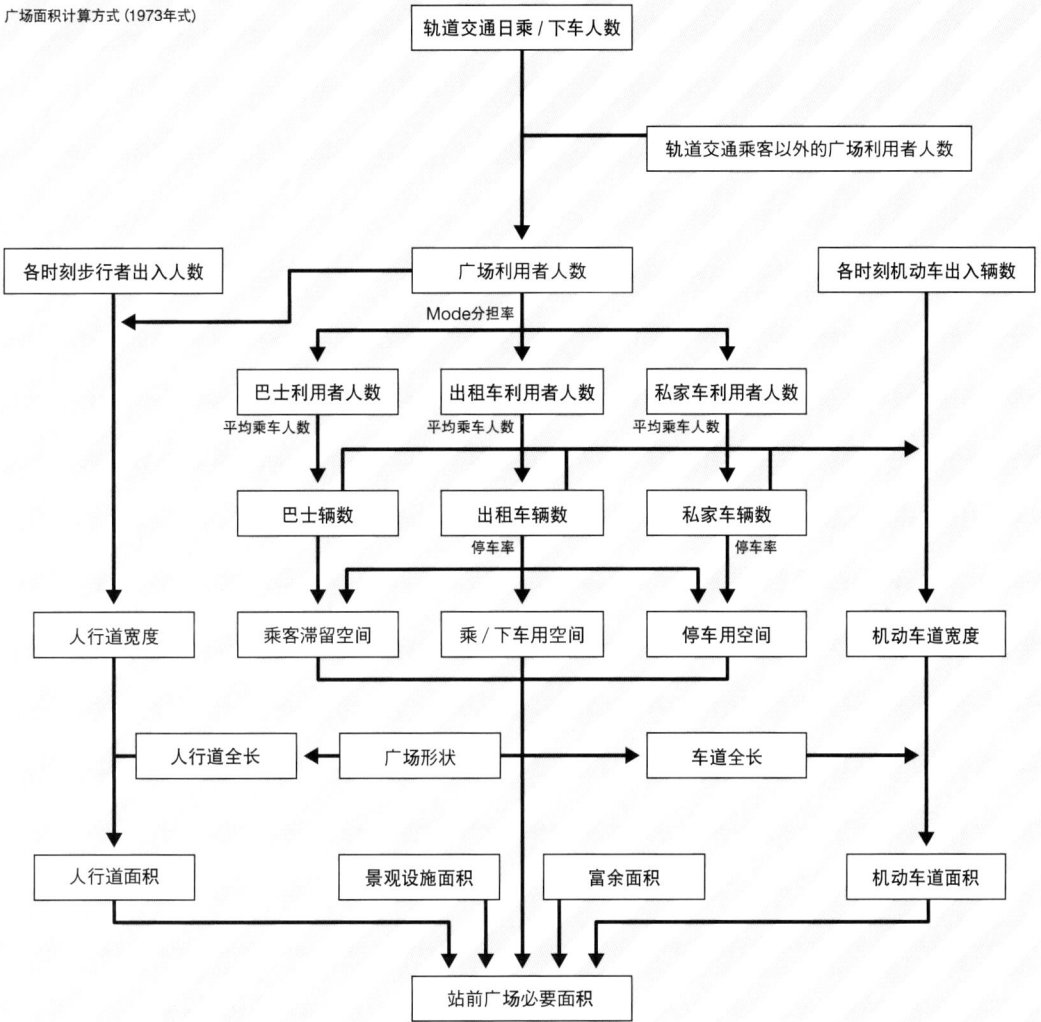

图表2-31 广场面积计算方式（1973年式）

在站前广场建设中，除了制定规划标准之外，土地所有权的整理和对实践方法的探索也在同步进行中。在国铁站的站前广场建设中，轨道交通用地和道路用地由上位规划决定，并通过区划整理事业进行建设。这是在1946年的协商中决定的。随后，建设省和国铁还进行了多次的协商，建设方法也拓展到了区划整理事业之外，同时，还对建设费用的分担方式进行了多次讨论、决定和变更。另外，在战后的混乱期，经常由于权利的错综复杂，使得站前的密集市区的更新方式成为影响站前广场建设的一个非常重要的问题。在这一点上，根据地下

街建设和与之同期进行的土地权利征用，以及1969年实行的《都市再开发法》中关于市区再开发项目等的相关规定可以发现，在这一时期已经开始尝试进行对以前权利关系和站前广场建设的调整。

于是，以轨道交通为中心的公共交通网的形成成为日本站前广场的重要特征。在此基础上，为了尽量满足"交通节点功能"，日本还采用了各种方法对政府土地和私有土地的权利进行整理，在日本全国建设了将近2000个站前广场。

日本的站前广场的特征和近年来的机制

　　从世界范围来说，日本的轨道交通利用者很多，都心主要车站的交通量也非常多。针对这一特点，日本在站前广场规划中花费了很多心思。

　　其中之一就是对土地进行立体的活用。第一个方法是地下空间的利用。该方法通过规划利用地下街和地下步行网络来确保步行流线，使之避免与地面上的汽车交通流线产生冲突。另一个方法是步行平台的建设。从车站站台的检票口开始，通过步行平台的连接，使其与周边街区建筑的二层相连通，这一方法也是一个比较常见的方法。不管是两种方法中的哪一种，都采用基本的共通方法，将平面无法完全处理的交通量以立体的人车分离的方式进行处理。

　　从车站延伸出去的地下步行网络和步行平台经常延伸到周边街区，这也成为能够支撑周边街区高强度开发的基础。丸之内和汐留是地下步行网络系统较为完善的案例，埼玉新都心、大崎、品川等地则是通过步行平台形成步行网络的案例。在这些城市的车站周边开发中，步行网络系统的建设承担了非常重要的作用。步行网络系统的建设，使得车站周边地区对车站都具有良好的通

达性。良好的通达性使得这些地区也具有了同车站附近一样的价值，同时也促进了紧凑型的高强度开发地区的形成。近来，还制定了立体城市规划的制度。这一制度使得车站广场等城市规划设施可以被立体地规划。因而，可以更加期待站前广场上部作为建筑用地的使用，以及对于有限的站前空间加以更有效的利用。

　　以上是以"交通节点功能"为主要目标的日本站前广场的特征。但是在另一方面，在追求具有魅力的景观及良好城市环境的呼声不断高涨之下，针对站前广场也进行了以形成更好的城市景观为目标的规划实践。这里以东京站八重洲口为例进行说明，这是一个在当前还在施工中的案例。在这一案例中，将狭窄的站前广场和地下街进行同步更新。在这之中，如何创造车站的形象仍然是非常关键的主题。于是，针对这一问题召开了集结土地利用、交通、车站景观这三个主要方面的专家委员会来制定建设方针。通过东京站的容积率转移，在站前广场两侧建设高层建筑（GranTokyo南北双塔），形成具有象征意义的整体景观。对于站前的空间，计划由架设新屋顶的开放式步行空间来作为车站正面的装饰。

图表2-32 东京站丸之内口

图表2-33 东京站八重洲口

未来的站前广场

　　城市经济学家理查·佛罗里达认为，今后的城市随着全球化的加剧，单纯劳动在全世界范围分散开的同时，能产生高附加值的专门服务业、文化艺术等关联的人群将具有突出的集中分布倾向。交通的便利性使得人们不再拘泥于出生地区，在一些特定地区被称为"creative（创造性）"阶层的人群将更加集中，高强度的土地利用也因此可以实现。

　　另外，由于地球温室效应的问题，特别是日本地震后的能源问题，节能成为城市规划中的一个大主题。在这种情况下，以轨道交通使用为前提的公共交通指向型（Transit Oriented Development）紧凑城市将成为发展趋势。

　　不仅在以车站为中心进行城市开发的日本，在世界的所有地域，越来越多的人开始呼吁以公共交通为中心的城市开发模式。站前广场可以说是最为重要的城市设施之一。在站前广场，不仅需要追求以交通为目的的"交通节点功能"，还需要追求作为城市的象征、交流的舞台的广场功能。能够建成满足上述两种功能需要并能成为城市魅力象征的站前广场，或许将会成为备受世界其他城市注目的典范。

参考文献
「地下都市をデザインする」都市地下活用研究会編集　第一法規・1991年3月31日
「都市の地下活用」西　淳二編著　株式会社山海堂・1992年5月10日
「地下都市は可能か」平井暁編著・1991年6月25日
「駅前広場計画指針　新しい駅前広場計画の考え方」建設省都市局都市交通調査室監修　社団法人日本交通計画協会編　技報堂出版・1998年7月
「第6版　都市計画運用指針」国土交通省・2008年12月
「都市と交通　通巻36号」社団法人日本交通計画協会報・1995年11月
「スペース・デザイン・シリーズ　第7巻　広場」S.D.S編集委員会編新日本法規　1994年12月
「クリエイティブ都市論　創造性は居心地のよい場所を求める」リチャード・フロリダ　井口典夫訳　ダイヤモンド社 2009年

枢纽开发的类型

枢纽开发的3种类型

在这一部分，将对前面所介绍的阶段6'站城一体开发'的新时代（1990年代～现在）中的枢纽开发进行分类。这一时期的枢纽开发根据其空间形态可以大致分成3类。

TYPE **A**

TYPE **B**

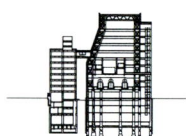

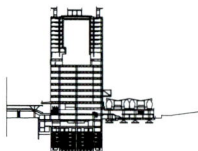

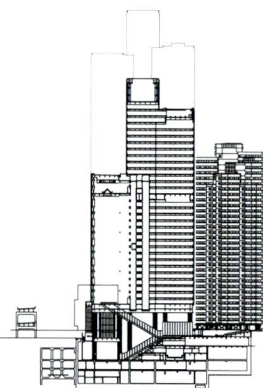

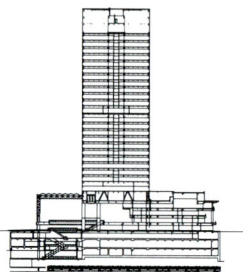

TypeA

1997 西铁福冈站 / Solaria 车站大厦

TypeA

2008 新横滨站 / Cubic Plaza 新横浜

TypeB

2002 六本木一丁目站 / 泉水花园

TypeB

2004 港未来站 /QUEEN'S SQUARE 横滨

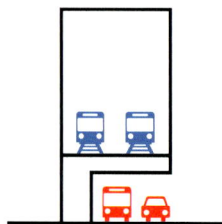

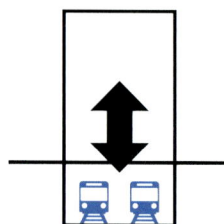

车站、基础设施、建筑物层叠型

这种形式是将车站、广场、巴士站等设施上下组合，起到强化交通节点性能的作用，地下同时在车站的正上方建设高附加价值的设施，提升核心性。

地下车站和城市连接型

将地下和地上相连接设置标志性·开放式的共享空间、下沉广场，强化地下车站同街区相联动的类型。

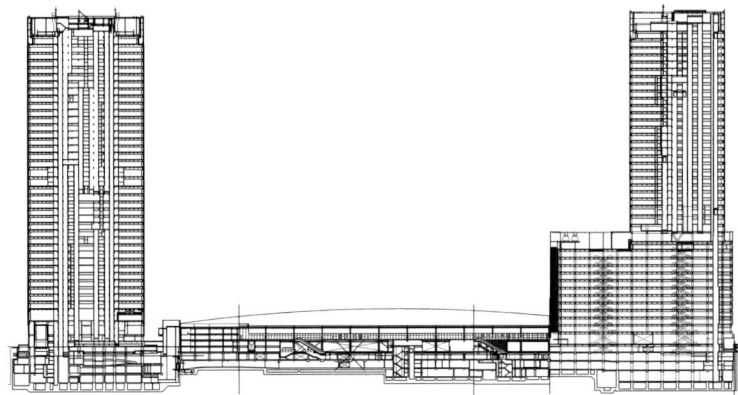

TYPE C

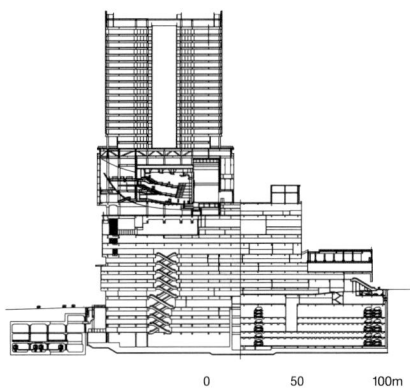

TypeC

2007 东京站 / GranTokyo

TypeC

2012 涩谷站 / 涩谷 HIKARIE

0   50   100m

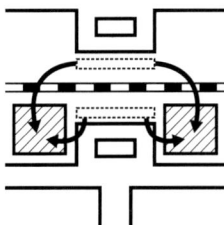

车站和城市一体化再生型

不拘泥于车站本身的建设，以街区的尺度设置城市功能，
将车站·街区存在的问题得以一体化解决的类型。

在此之前的枢纽站

在阶段6之前的典型的枢纽站中，轨道、建筑物、交通基础设施被配置在各自分离的空间中。各种优化改良工程也都局限在各自的空间中完成，因此各要素之间的关联性很低。例如枢纽站和位于其前面的站前大厦，以及为组织站前车辆交通而建设的站前广场，虽然这些要素都存在于城市之中，但它们之间的联系是相互隔断的。

另外，由于在很多的大规模枢纽站，公共空间（步行、滞留空间、交通广场等）的容量及联系性不足，导致了空间的魅力缺乏、建筑和基础设施构造的老化等常见问题。

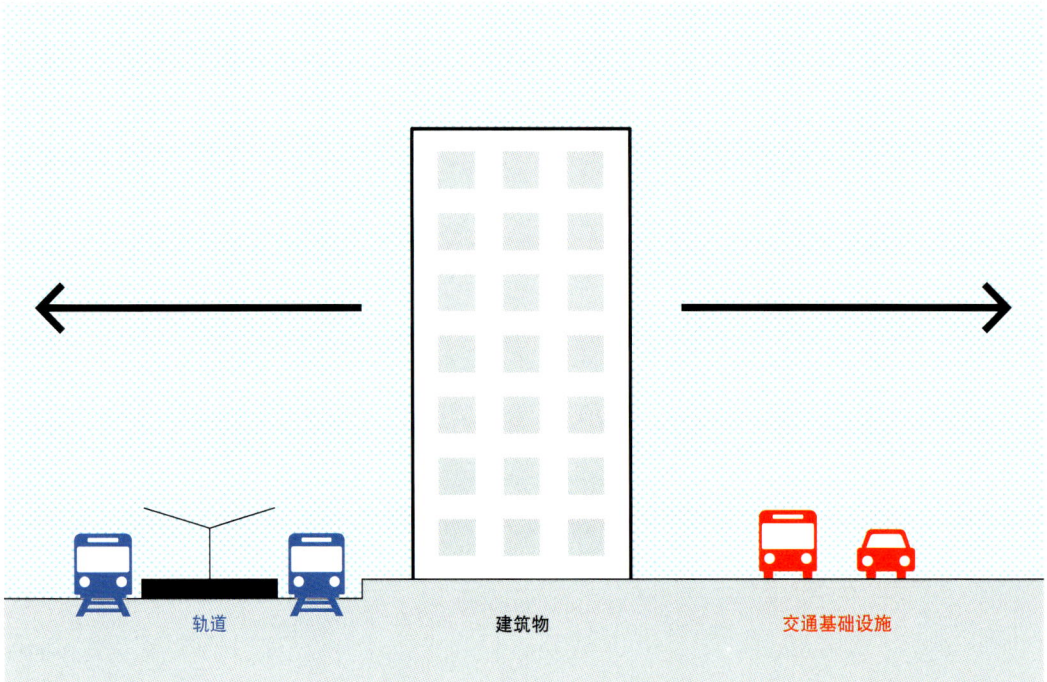

轨道　　　　　　　建筑物　　　　　　交通基础设施

图表2-34 以往典型的枢纽站

与以往的枢纽站所不同，本书将在下面的小节介绍的枢纽开发的最大特征是将轨道线路、建筑和交通基础设施视为一体，通过彻底的改造和更新来解决上述的问题。

另外，枢纽站规划的方法也有很多种。大致上可以分为：通过各要素的层叠将分别独立存在的铁路、建筑、交通基础设施的各要素进行联系的类型(类型A)，将地下铁和建筑相连通来进行各要素联系的类型（类型B），打破各要素之间的界限，将它们进行一体化再生来进行各要素联系的类型（类型C）。

参考文献
「駅再生-スペースデザインの可能性-」鹿島出版会 2002年11月

TYPE A

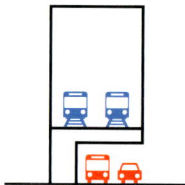

类型 A：车站、基础设施、建筑物层叠型

通过车站、广场、巴士枢纽站等设施的上、下层叠加，强化交通节点的功能，同时在车站的正上方配置具有高附加值的设施，使其空间节点的作用得到进一步增强。

随着道路交通功能的成熟和公共交通利用率的增加，在追求丰富的站前广场功能及不同交通方式之间换乘的便利性提升的过程中，由于现有的车站广场空间狭小且平面化，从而产生了更新和重组困难的问题。类型A针对上述问题将站前广场和铁路车站以车站大厦的形式进行立体化的叠加，在实现该地区作为交通节点的功能强化和换乘便利性增加的同时，达到改善步行环境的目的。

车站正上方的建筑物是百货商店等的商业设施和生活服务设施的叠加，并且尝试通过附加值的追加，来促进该地区的节点性进一步增强。

另外，在进行立体式功能叠加的同时，为了能够跨越建筑、铁路和道路等各个领域，进行所有建设和管理，将"立体城市规划制度"[注] 等城市规划的手法进行巧妙应用的案例也比较普遍。

另一方面，这种类型在维持现有的交通功能的同时，为了能够将道路、铁路和建设工程进行一体化的施工建设，在日程、施工技术、花费、工期等方面会使得施工建设的难度提高。因此，在项目的推进过程中，需要进行良好的项目管理。

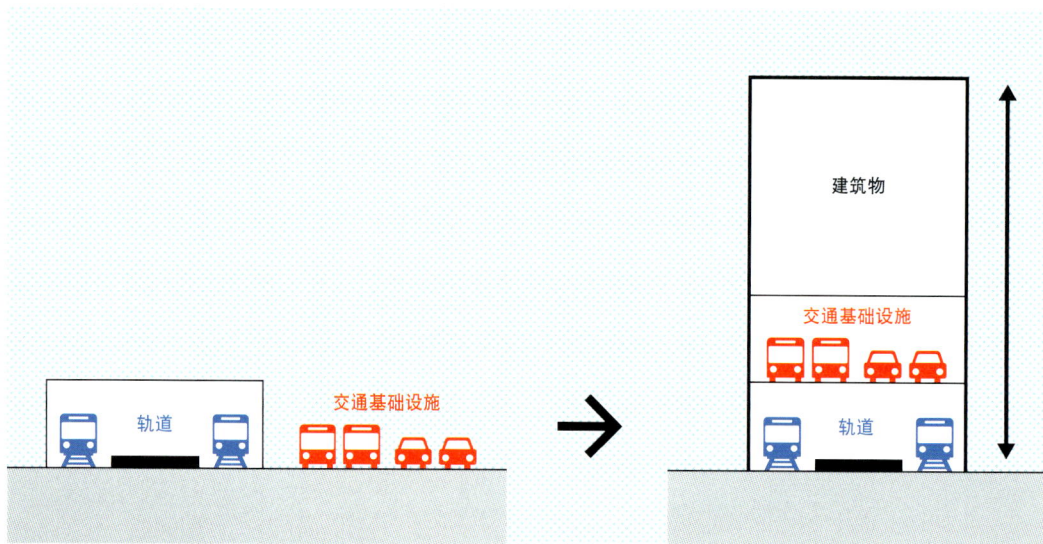

图表2-35 类型A:车站/基础设施/建筑物层叠型的示意图

在接下来的部分，简要介绍类型A的两个案例。
"车站、巴士中心、商业实施的叠加"西铁福冈站Solaria Terminal
"车站、站前广场、车站大楼的叠加"新横滨站·Cubic Plaza新横滨

注）在针对道路、河流、公园等城市设施进行整修时，通过立体的明确需要整修的范围使得属于该范围外的空间更容易得到利用。

图表2-36 西铁福冈站

图表2-37 新横滨站

TYPE B

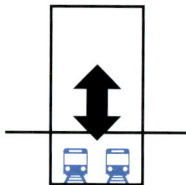

类型B：地下车站和城市连接型

连接地上与地下的象征性开放性的中庭及下沉式庭院的设计，隐藏于地下的车站上空城市节点的建设。通过有效利用类似的手法强化地下车站和城市连接的开发类型。

这个类型在新建或既存的地下铁车站的上方或邻接的建筑物中设置楼梯井，中庭或者下沉式庭院等象征性的空间来连接地下车站和上方的、作为城市开发及营造的核心的各种设施，由此来创造车站和城市的关联性。

作为地下车站却有来自地上的光线和气流，而连接地上城市的明亮的中庭空间成为车站及建筑物的标志。

另外，随着近年地上私铁轨道与地下铁的直通化，通过立体连续地下化建成的新地下车站和地上部分连接的案例也多次出现。

连接车站和建筑物的空间是作为公共空间存在的。在店铺营业时段外、电车运营时段外以及非常时期时，这里必须发挥作为宽敞开放空间的作用。在享受站点直上型空间带来的便利的同时，也必须负担其作为公共空间建设管理的任务。同时，以民众为主导的都市营造得到良好的推进。

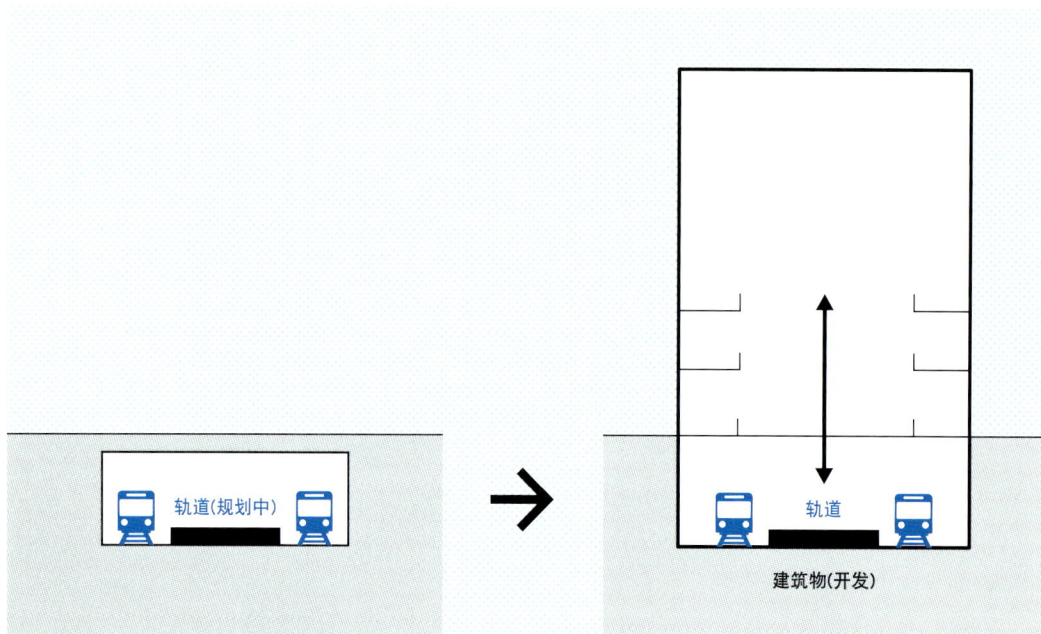

图表2-38 类型B:地下车站与城市连接型的示意图

在接下来的部分，简要介绍类型B的两个案例。
"地下站台和一体化的中庭空间的连接"港未来站皇后广场横滨
"导入地下车站大厅的光线和绿色景观"六本木一丁目站 泉水花园

图表2-39 港未来站

图表2-40 六本木一丁目站

TYPE C

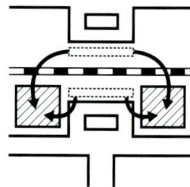

类型C：车站和城市一体化再生型

　　不止限于车站地块，在整个城市的尺度上来进行城市功能的再配置，一体化解决包含车站与城市课题的开发类型。

　　这个类型是通过基础设施、建筑一体化的城市功能再配置来同时解决车站城市的课题。在周边已建成密集的城市基础设施和建筑的大型终点站地区，由于社会状况的变化，需要对站前广场进行重新规划，或者需要对车站正面的大楼进行翻新。由此带来车站城市的一体再生。

　　为了解决干线道路和轨道线路间狭小的空间无法满足不断增加的交通流量，以及进深不足的站前广场和车站大楼的拥挤问题，通过实行站前广场区域和建筑地块互换，以及根据实际情况采取两个区域立体重叠的城市规划手法，来保证充分的站前广场空间和改造后的建筑地块。

　　由于基础设施建设和开发的一体化推进需要采用再生的手法，因此通过官民联手的方式来推进能保持周边多个街区的关联性的规划。从规划阶段开始，阶段性的和长期性的，按照确定的步骤来推进规划，是非常必要的。不少案例都是涉及关系着多个分歧点的大项目。

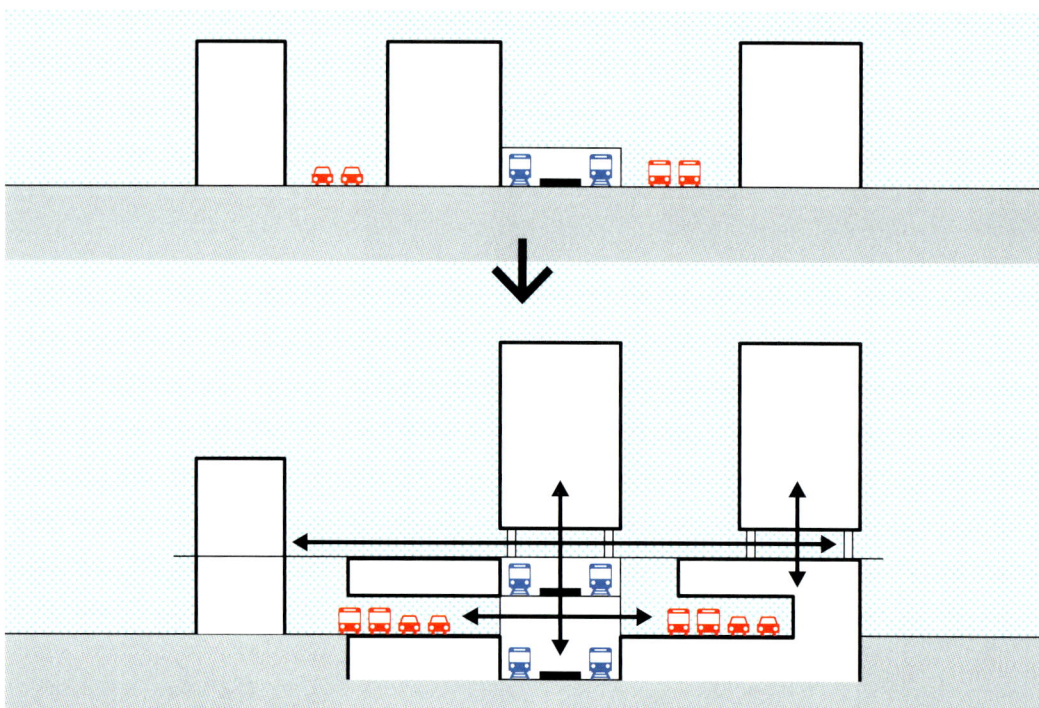

图表2-41 类型C:车站与城市一体化再生型的示意图

在接下来的部分，简要介绍类型C的三个案例。
"通过多种城市基础设施多层化配置营造出的新街区" 汐留站 汐留Sio-Site
"首都东京新形象的营造" 东京站八重洲口开发
"利用车站、基础设施再规划的契机来实现连锁开发" 涩谷站 车站周边开发

图表2-42 汐留站

图表2-43 东京站

图表2-44 涩谷站

車站・巴士终点站・商业设施的累积

西铁福冈站
Solaria Terminal

[竣工] 1999 年

[业主] 西日本铁道（福冈三越）

[总建筑面积] 130,564.20 ㎡

[穿过路线数] 3 路线 3 站

[乘降客数] 约 29 万人次 / 日

TYPE A

规划概要
"车站·站前广场·商业设施的累积"

　　西铁福冈站位于九州中部，是正对贯通福冈天神地区的渡边大道的复合型枢纽站。它不仅兼具轨道交通站点与巴士中心的枢纽站功能，同时也是大型百货店"福冈三越"的所在地，已经成为福冈天神地区的新中心点。

　　该建设是大规模再开发"天神SOLARIA规划"的第二期，对应并一体化地解决了由轨道交通利用者增多所带来的列车规模变大，以及巴士中心周边的交通混杂和步行者流线组织等课题。规划以"建设具有良好的便利性和舒适性，同时与21世纪城市中心天神地区相衬的枢纽站功能"为最大的目标，在改善既存车站及巴士中心等设施的同时，导入与商业功能一体化的开发手法。因此不仅仅提升了天神地区枢纽站的功能，而且整体地区的回游性和商业及文化功能也得到了充实。

OSAKA
TOKYO
YOKOHAMA
FUKUOKA

空间构成

　　该规划配合之前实施的西铁大牟田线的连续立体交叉项目^{注)}，从根本上对轨道和交通设施进行了再编。在保持高架轨道车站与其下方的巴士中心持续运营的同时，展开了整体的立体化改良，以适应其作为城市枢纽中心的各种功能。整个复合设施的一层作为公共空间对步行者开放，二层作为轨道车站，三层设置巴士中心，四层以上是商业和文化设施，此外还有能停放460辆汽车的停车场。

Before
铁路站点高架下设置的巴士中心

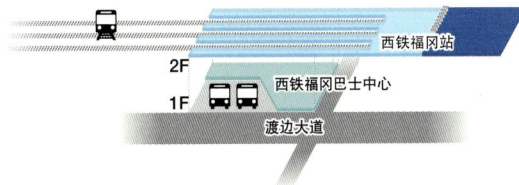

After
在铁路高架上方三、四层完工的包括巴士中心、停车场在内的商业设施

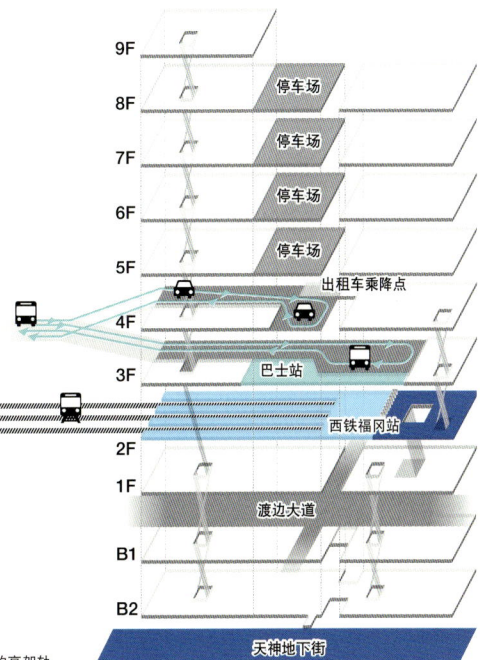

2F
1F
西铁福冈站
西铁福冈巴士中心
渡边大道

9F
8F 停车场
7F 停车场
6F 停车场
5F 停车场
4F 出租车乘降点
3F 巴士站
2F 西铁福冈站
1F 渡边大道
B1
B2
天神地下街

图表2-45 对轨道和交通设施进行立体化的重新布局

注）1985年开工的福冈市城市规划项目：西铁福冈站与平尾站（南向两站）之间2公里的高架轨道工程

Before

1980年的
福冈站与福冈巴士中心

After

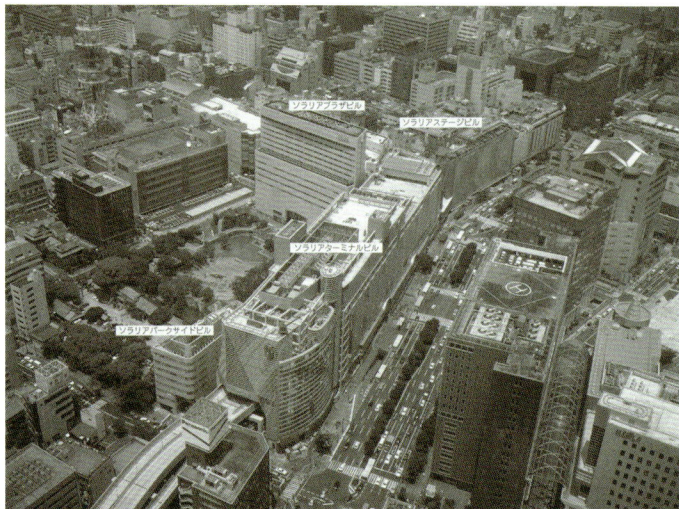

图表2-46 1980年时的福冈站与整修后的福冈站的比较

引自：西铁《天神SOLARIA规划》的纪录
1986-1999

交通与步行者网络的中心点形成

枢纽站大楼一层内设置有增强天神地区回游性的广场，并通过两条东西贯通的道路将之前被巴士中心隔断的渡边通大街与西侧区域连通起来（图2-47），另外在地下层还与天神地下街及地铁直接连接。

另外，枢纽站大楼还与北侧相邻的SOLARIA STAGE大楼，通过二层与车站直接连接的换乘大厅，以及作为三层巴士中心的延长线——市道19号线道路的上空等连成一体。与西侧相邻的SOLARIA PLAZA大楼则在各层相通；与南侧的SOLARIA PARKSIDE则通过地下二层的车道和五层的通廊连接。

就这样解决了原本因枢纽站大楼而造成的地域被隔断的问题，同时强化了与邻接大楼、地铁站的连接，成为增强天神地区整体回游性的重要枢纽中心。

1F PLAN

被巴士中心·店铺等隔离的渡边通和西侧区域

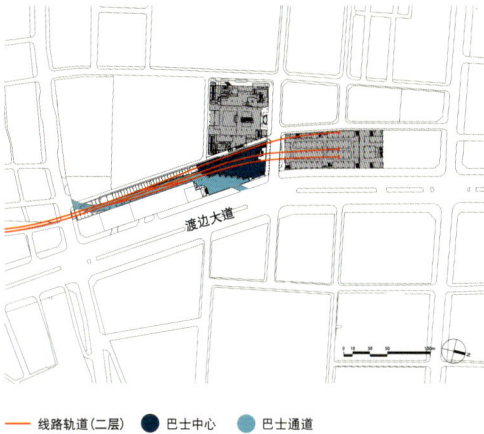

通过自由通道用面将渡边通和西侧区域连接，用地下街把地铁也联系起来

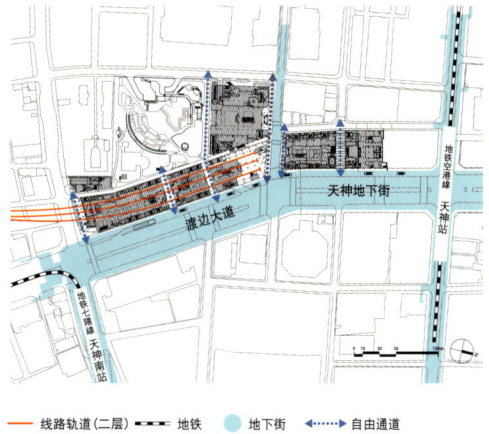

—— 线路轨道（二层）　● 巴士中心　● 巴士通道

—— 线路轨道（二层）　▪▪▪ 地铁　● 地下街　◀┅┅▶ 自由通道

图表2-47 建设前后步行者动线的变化
引自：西铁《天神SOLARIA规划》的纪录1986-1999

SOLARIA TERMINAL大楼

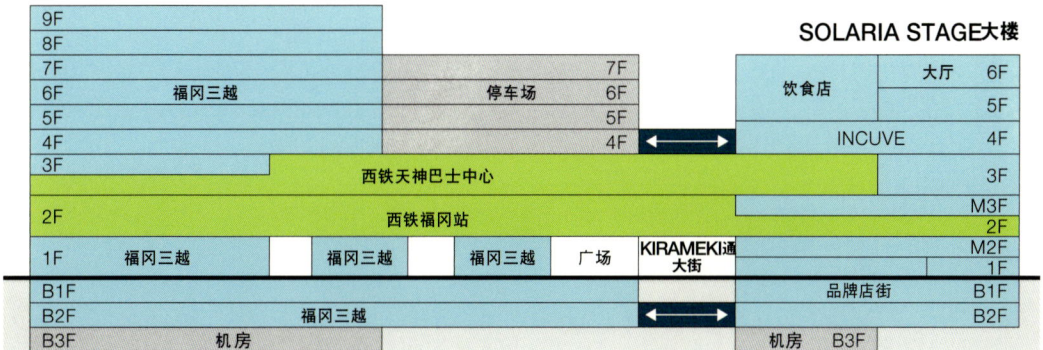

图表2-48 西铁福冈终点站与邻接大楼的联系
引自：西铁《天神SOLARIA规划》的纪录1986－1999

● 商业　● 车站设施　● 连接通路

5F

停车场　　　　　　店铺 三越店铺

ソラリア
プラザビル

ソラリア
パークサイドビル

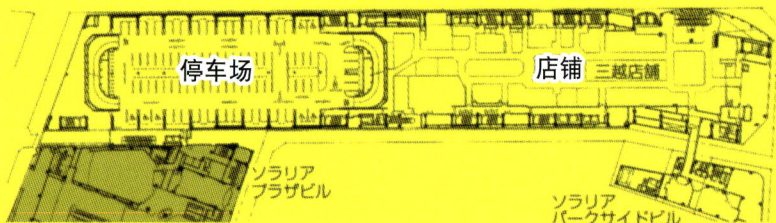

5 階平面図(1/3,000)

3F

(仮)ABビル
工事中

天神バスセンター　乗車場

バス車路

天神巴士中心　　　　　店铺 三越店铺 般車ランプ

バスランプ

般車ランプ

ソラリア
プラザビル

ソラリア
パークサイドビル

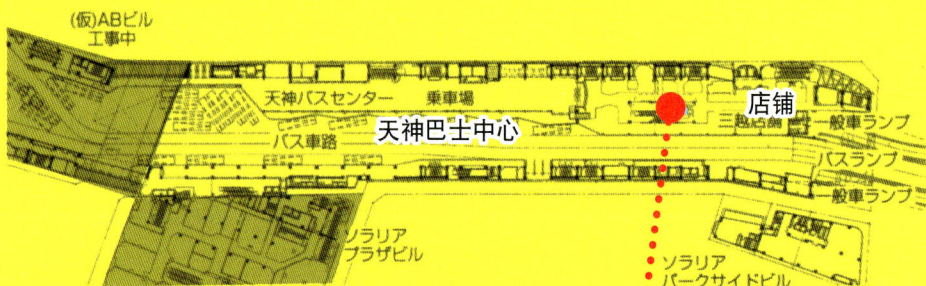

3 階平面図(1/3,000)

1F→3F 直通
自动扶梯

2F

(仮)ABビル
工事中

コンコース

西鉄福岡駅　ホーム　西铁福冈站

ソラリア
プラザビル

ソラリア
パークサイドビル

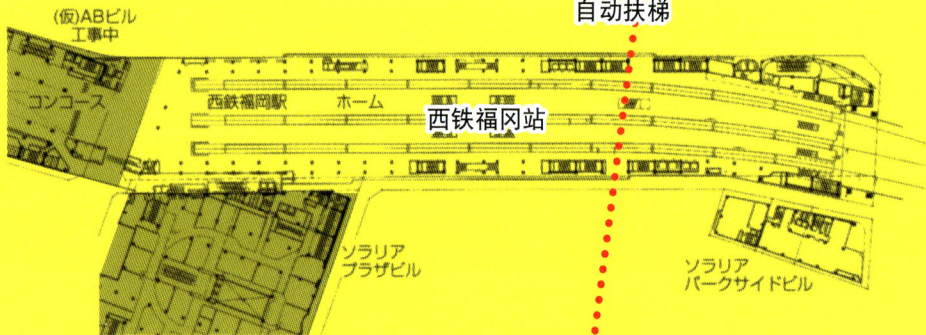

2 階平面図(1/3,000)

渡辺通り

1F

(仮)ABビル
工事中

ライオン
広場

店铺

店铺 检票口

店铺

检票口

国体道路

ソラリア
パークサイドビル

ソラリアプラザ
ビル

警固公園

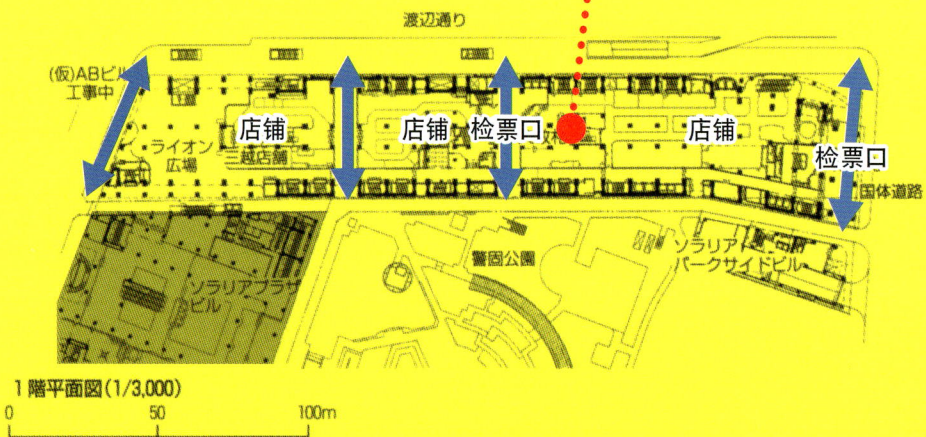

1 階平面図(1/3,000)

0　　　　　50　　　　100m

图表2-49 西铁福冈终点站的平面图

引自：《近代建筑》1998.01

大楼内纵向动线的确保

由于枢纽站大楼二层设置轨道站的站台，三层设置巴士枢纽站，因此车站上方与下方各层的店铺被分断，非常有必要考虑其中行人的流线。为此将店铺设置在离混杂的轨道车站较远的南侧，并通过加强其与三层的巴士中心和二层轨道站检票口及上下车处的联系，消减这种分断感。另外在站台的中央部分，设置直通一层到三层的自动扶梯（图2-49），将通过车站月台的空间减到最小，以使得纵向移动、利用商业设施的行人感觉不到分断，保证店铺的连续性。

维持建设中轨道与巴士功能正常运作的工序

该大楼的建设中，电车车站与巴士中心通过相应的移动一直保持着正常运作。在有限的用地中，通过以下的步骤（图2-50）整合电车与巴士及工程用的空间，达到既保证工程的正常展开，同时也使得交通功能正常运营。随着1995年作为福冈市城市规划项目之一的轨道高架化得以完成，原本临时设立在一层的巴士中心于1997年3月移设到三层。之后，除巴士中心之外，轨道交通中央检票口、南检票口也相继投入使用。

大楼南侧的二层邻接高架桥，三、四层则起始于南面250m之外，有连接巴士中心的立体交叉道路，明确显露出其复合型枢纽站的特征。

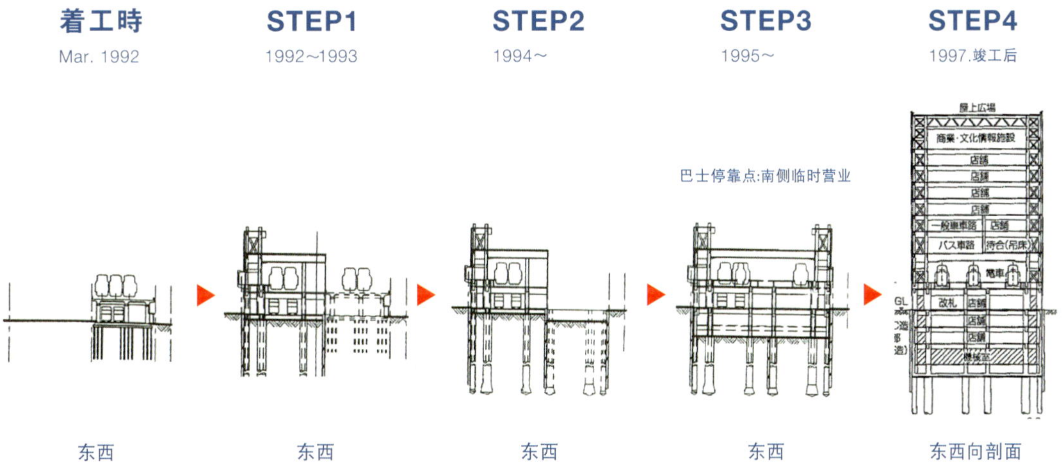

着工时	STEP1	STEP2	STEP3	STEP4
Mar. 1992	1992~1993	1994~	1995~	1997 竣工后

东西　　东西　　东西　　东西　　东西向剖面

图表2-50 建设工序图　　　　　　　　　　引自：西铁《天神SOLARIA规划》的纪录1986-1999

参考文献
西铁「天神ソラリア計画」の記録1986-1999　株式会社鹿島出版会 1999年6月
ソラリアターミナルビル(福岡三越) 1997・「近代建築」・1998年01月
西鉄この100年
http://www.nishitetsu.co.jp/n_news/backnumber/n0806/history_main.htm

车站·巴士终点站·商业设施的累积

新横滨站
CUBIC PLAZA 新横滨

［竣工］2008 年

［业主］东海旅客铁道（株），
新横滨站开发（株）

［总建筑面积］100,725.86 ㎡

［穿过路线数］3 路线 2 站

［乘降客数］约 23 万人次 / 日

TYPE A

规划概要
"车站·站前广场·商业设施的累积"

　　新横滨站·Cubic plaza新横滨是综合了东海道新干线的新横滨站，是与站前广场、宾馆、商店、饮食等一体化的复合型枢纽站设施，也是横滨市广域交通网络的枢纽中心。

　　该规划除为解决由新干线利用者的增加所带来的需求外，还吸引了重视广域交通便利性的外资企业及IT企业的进驻，并因此缓解了人车混杂的程度。

　　随着新干线新横滨站的功能扩展建设，利用立体城市规划制度^{注)}，在站前广场范围建设枢纽站大楼，以及在高架下设置服务旅客的设施等手法，将站前交通广场的功能集约调整到了1层和2层。不仅改良了车站大楼，还建设了将车站检票口与周边街区在同一层面上联系起来的步行者天桥、出租车停靠点和巴士乘降站等城市基础设施，通过公私一体化的开发建设方式，得以实现提高整体地区的回游性及便利性，并称为该地的枢纽中心。

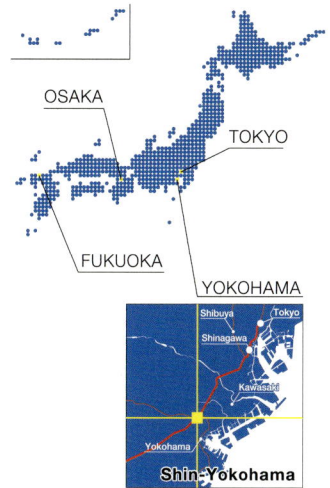

空间构成

　　新横滨站·Cubic plaza新横滨的一至二层设置了交通广场和车站设施，以及一部分商业设施，三至十层设置主要的商业设施，十一至十七层面向东京方向的是租赁用办公用房，十至十九层面向大阪方向设置了宾馆。地下二至四层则是可以容纳300辆汽车的公共停车场。

　　这些车站、店铺、办公用房、宾馆等空间，通过二层的交通广场与十层的中庭连接起来，形成内外一体的热闹空间。二层的交通广场是打通2层、净高7.5m的开放型大空间，将通往各轨道线路的转换点与大楼前方接入的人行天桥相连。

Before

1F PLAN

站前区域仅为交通集散广场，
尚未进行垂直方向上的高强度开发利用

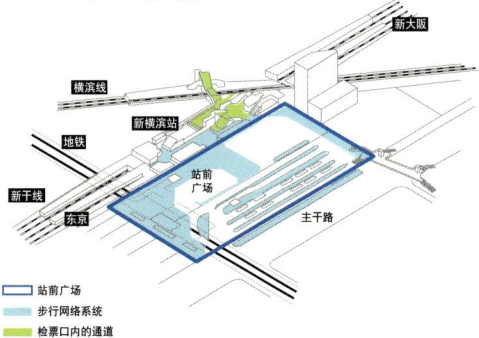

- 站前广场
- 步行网络系统
- 检票口内的通道

After

1F/2F PLAN

随着站前广场的扩大，结合立体城市规划制度
开始展开位于站前广场上方的综合枢纽站舍建设。

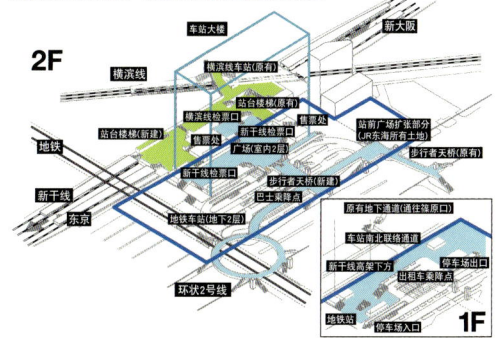

图表2-51 开发前后的空间构造　　开发前只有站前交通广场，没有利用高度允许范围内的立体空间。开发后，随着站前广场的扩张，利用立体城市规划制度，在站前广场上空建设终点站大楼。

注）允许道路、河川、公园等城市公用设施在建设时，在必需的范围制定立体利用纵向空间的规划，同时对范围外相关的利用也给予一定辅助的制度。

图表2-52 建筑物内2层交通广场

图表2-53 宾馆入口处高10层的中庭

公私一体化建设站前空间的方法

　　相对于建设前只有交通广场而没有利用纵向空间，此次建设除了扩张站前广场之外，还利用立体城市规划制度，在广场上方建设了枢纽站大楼——Cubic plaza 新横滨。另外，为了缓解交通堵塞，提供到达周边大规模会议展示中心的顺畅移动，在二层广场设置了连接周边街区的步行者天桥。这些包括车站大楼，延伸到周边的步行天桥网络的建设，是由横滨市与东海旅客铁道株式会社（JR东海）合作完成的。如下表所示，横滨市负责了步行天桥、交通广场、联系道路等建设，对纳入城市规划的停车场也给予了补助；JR东海则负责了站房改建与车站大楼的建设。在项目经费方面，横滨市（包括国家补助），JR东海则出资对站房进行改建并建设车站大楼。

位置	规划内容
站前广场	约17,400㎡ 巴士停靠点14(蓄车位2) 出租车停靠点4(蓄车位60) 一般车辆停靠点8
步行天桥	路幅:4～14 m 总长:约420 m
交通广场★	一层 约3,900 ㎡ 二层 约1,300 ㎡（一部分挑空）
联络通道★	1号 宽10m,长40m 2号 宽8m,长50m 3号 宽6m,长50m
城市规划指定的停车场★	300辆

注：带★标识的为立体交叉的规划设施

图表2-54 纳入城市规划的建设内容

横滨市	交通广场/联络通道 (约18亿日元)	车站大楼2层内侧的交通广场(约1300㎡) 与联络通道(约1300㎡)/ 既存站前广场的环境整治
	城市规划规定的停车场建设补助(约5亿日元)	地下2-4层的城市规划停车场建设 (业主:JR东海)
	步行者天桥等 (约39亿日元)	行者天桥的建造及既存站前 广场再生建设
JR东海	站房改良	换乘口/台阶的增设/ 候车室的设置等
	车站大楼	建筑面积 约90,000 ㎡ 标高 约75m 停车数 约470辆

图表2-55 横滨市与JR东海的责任分担

横滨 —— 首都圈西南部的陆路大门

　　新横滨站现有东海道新干线、JR横滨线、市营地铁三条线路通过，将来预计还有相铁线、东急东横线会通过并设置新的停靠点。车站的利用者也已急速增加，到2008年已有约23万人次/日（其中新干线的使用者约为6万人次）的乘降客流量。

　　在建设完成后，横滨市大力要求的东海道新干线NOZOMI与HIKARI的完整停车也得以实现。随着新干线利用的便利性的飞跃性提高，乘客也继续保持大幅的增长。

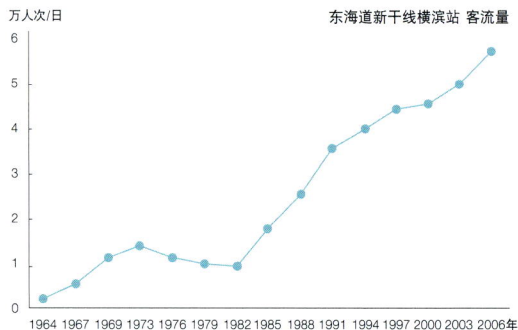

万人次/日　　　　　　　　　　东海道新干线横滨站 客流量

注：乘降人员为乘车人员数值的两倍

图表2-56 东海道新干线新横滨站乘降人数统计

新横滨城市中心

新横滨地区在横滨市总体规划中被定位为横滨的城市中心。以1964年新干线开业为契机，开始并进行了一系列城市基础设施建设和功能的积累。

在城市基础设施建设方面，从1964年到1980年，进行了约80ha的土地区划调整项目，环状2号线，多功能防洪空地的建设。另外，在建设作为2002年世界杯决赛场地的日产体育场的同时，还建设和完善了横滨圆形竞技场、中心医院、福利设施等，成为能集聚日本各地来客的地区。现在，还吸引了对交通便利性较为重视的外资企业及半导体相关企业，或者是软件开发为主的IT企业入驻。

图表2-57 横滨市总体规划中新横滨的定位

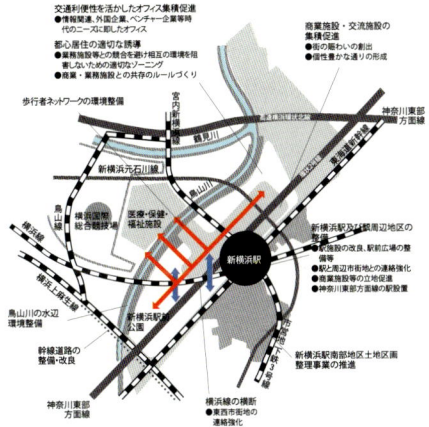

图表2-58 各种功能集聚的新横滨站周边地区

新干线开通后车站周边的变化

1964年东海道新干线开业前，新横滨地区是一片田园风光。

图表2-59 新干线开通前1962年前后（左）与2007年（右）的新横滨站周边的卫星照片

2008年枢纽站多功能大楼Cubic plaza新横滨的完工，为交通环境优越的新横滨地区成为陆路的门户，迈出了新的一步。

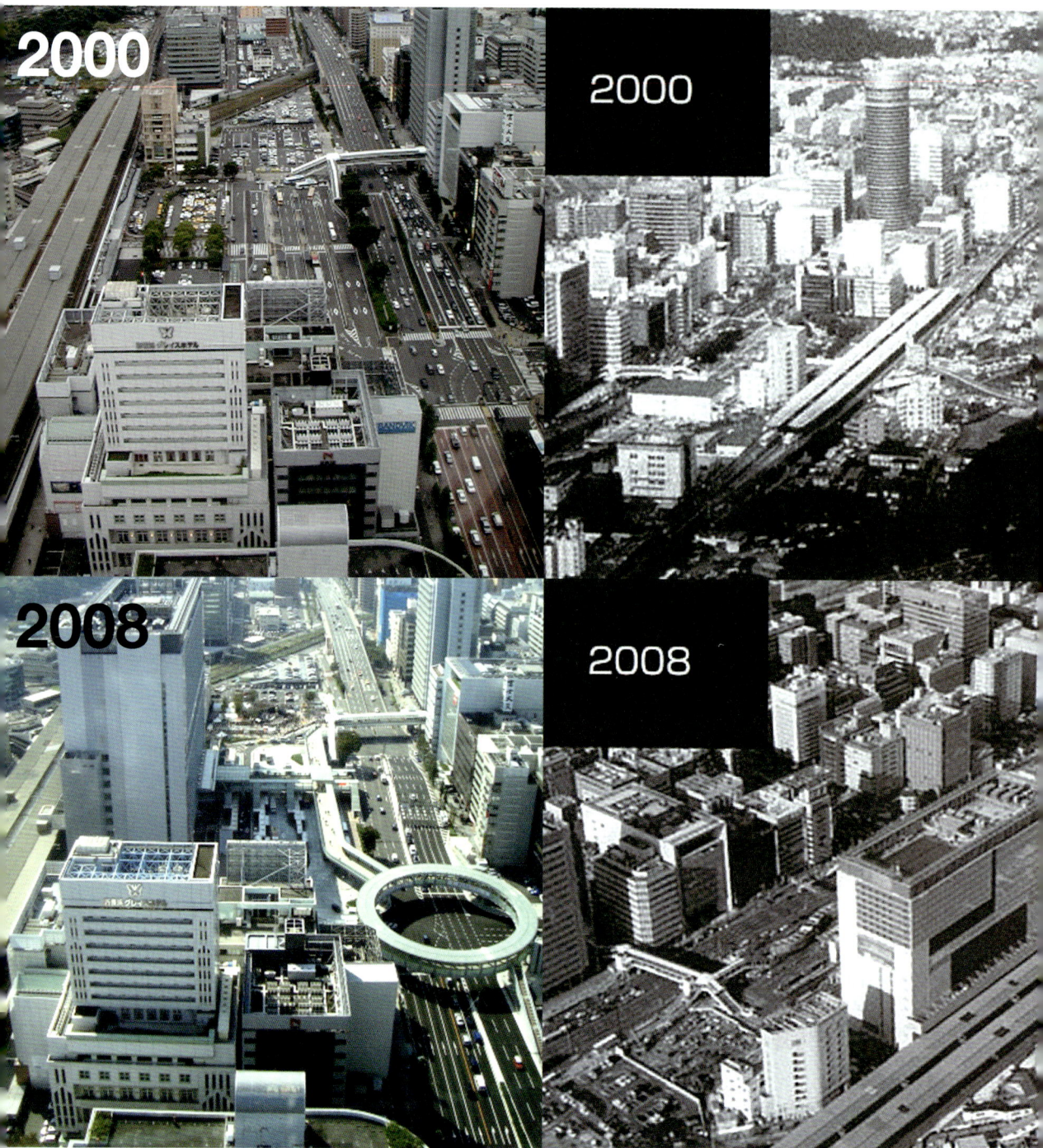

图表2-60 2000年至2008年的站前整修为新横滨带来的变化

2000

2008

参考文献
「都市と交通」75号　社団法人日本交通計画協会
横浜市都市整備局・道路局　新横浜駅・北口周辺地区総合整備事業パンフレット
http://touyoko-ensen.com/film_gallery/kouhoku-zokuhen/index.htm
「近代建築」2008年10月号　株式会社近代建築社

高速铁路（新干线）沿线新站点的开发

1 新干线车站的类型 和车站周边的建设方法

在日本，根据新干线车站的选址及其与既存城区的距离，大致上可以分为以下三类（图2-61）。

① 利用既存的轨道枢纽站连接新干线

由于新干线建设的主要目的是为了更高效地连接日本各地的核心城市（《全国新干线铁道建设法》第三条），在像东京、名古屋、广岛等城市化建设比较完善的城市，采用此种类型的比较多。另外，与1964年新干线的开业同时投入使用的站点也多为此类型。

② 在既存城区的附近新设站点

虽然大部分的新干线车站大多与已有线路的主要车站接续，但是由于新干线轨道的关系，以及当时购买建设用地的困难，出现了如新横滨、新大阪这样的，在既存城区附近设置新站点，并通过加设已有线路确保其连接通畅的做法。

③ 远离既存城区设置新站点

除了由于与②同样的理由，新干线无法连接主要车站之外，在周边县市的强烈要求下，远离既存城区设置站点的情况也存在。这种车站多数由于没有已有其他线路的通过，存在连接既存城区的困难。例如，新富士站与新尾道站。

这些车站的类型，还直接与新干线的停车数产生关联。①类型的车站，通常停靠所有新干线的车型；③类型的车站则往往很少停靠，几乎都是通过。特别是③类型的车站，由于一小时内，只有1趟或者2趟的新干线停靠，因此车站利用者的人数与其他类型大为不同，车站周边的开发也与其他类型有着显著的差距。

接下去，我们逐条讨论上文列举的①～③的新干线车站类型，以及其周边开发的特征。

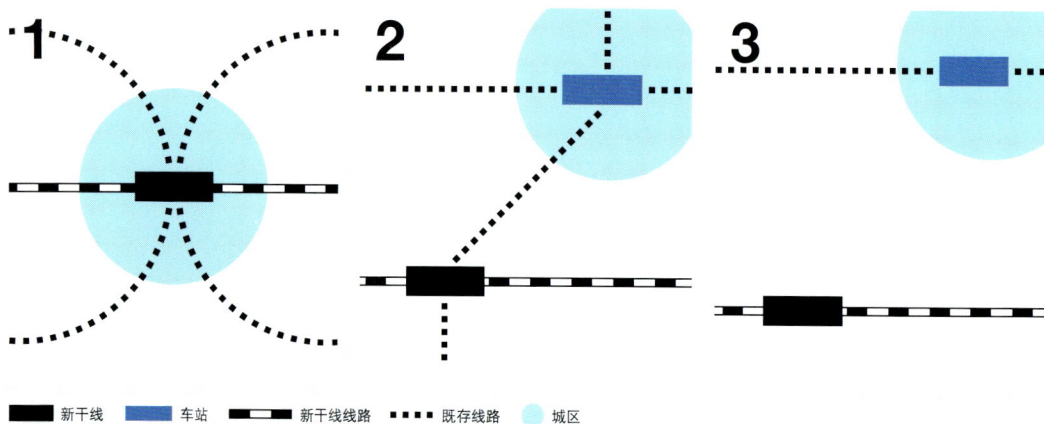

■ 新干线　■ 车站　▭ 新干线线路　┅ 既存线路　● 城区

图表2-61 新干线车站的类型模式图

2 不同类型的街区 建设方法

【类型① 利用既存的轨道终点站连接新干线】

这个类型的新干线车站,大多为1964年新干线开通当时就开始接续运营的车站,例如东京、名古屋、京都等。

这些车站的特征是,在新干线铺设当时,车站周边地区的基础设施已经建设完备。例如东京站,道路基础早在1923年的关东大震灾后的震灾复兴事业及1945年的二战后复兴事业中得以完善,轨道基础则除了有中央线、山手线、京滨东北线等7线路的连接,还在1956年开通了地铁丸之内线等。同样,名古屋站和京都站也一样,在新干线轨道铺设当时就已经具备了道路及轨道基础。

也就是说类型①相关的城区建设,由于车站与周边地区的接续已经得到了确保,也不需要新建道路或者其他类型的轨道,只是在买地时花费较大。

但是,在日本也只有主要的大城市才能提供满足以上基础设施建设要求的车站。在其他城市,铺设新干线的同时,还需要重新规划建设周边城区。在下一小节,将介绍在既存城区的附近新设站点时的情况。

图表2-62 东京站丸之内口(上)、八重洲口(下)

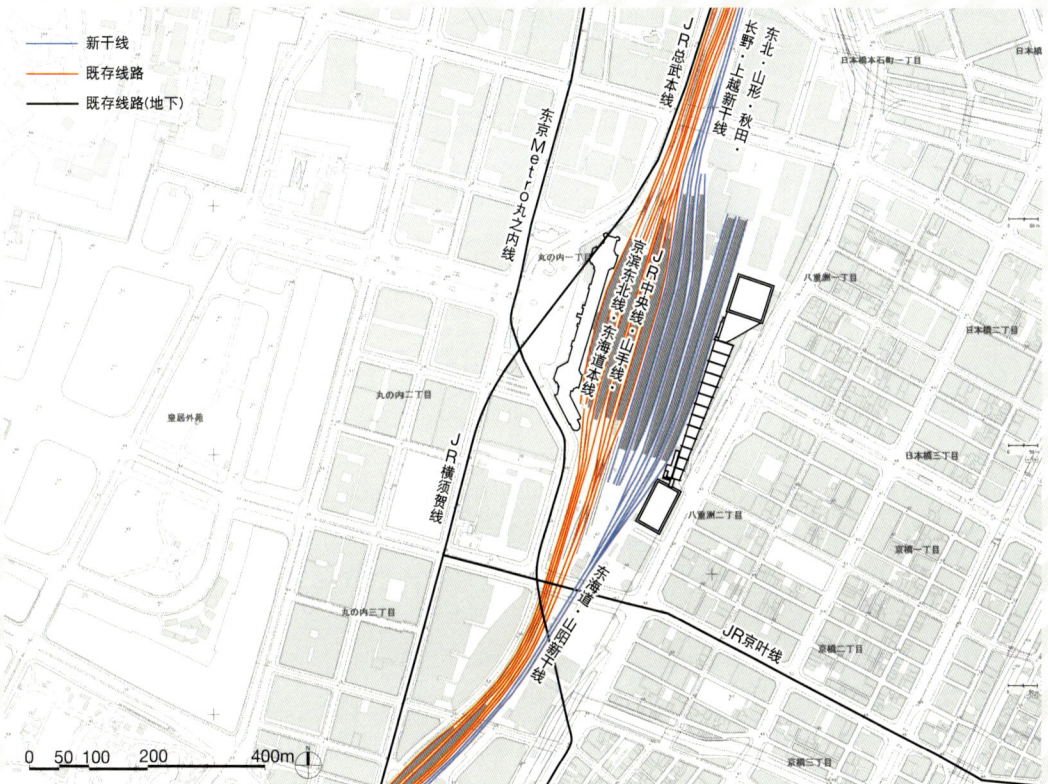

图表2-63 东京站周边现状

【类型②　在既存城区的附近新设站点】

本节将列举新大阪站的事例，来说明类型②的情况。

新大阪站是与新干线建成的同一年——1964年开业运营的。

新大阪站的周边城区建设的最大特征是交通基础设施的建设。配合面积2,874,145m²的大规模区划调整，规划新建了从既存城区梅田出发宽度50m以上的大阪市营地铁御堂筋线，以及在此线路上运营的高速铁道一号线的沿线车站。另外，还同时连接了东海道本线与新干线。通过这些建设，现在新大阪站的新干线利用者达到了61,000人（只计算东海道新干线的利用者数，仅次于东京站位列第二），成为日本数一数二的大规模轨道枢纽站。

与新大阪站类似，类型②的新干线站的城区建设特征，与前一类型的新横滨站诱导多样的设施进驻不同，主要还是通过轨道、高速道路等大规模的交通基础建设，与附近的既存城区、已有轨道线路和地铁，以及周边地区顺畅接续，由此提高利用者的人数。

但是，日本的新干线车站建设并不都是这样的成功事例。在下一节，将继续讲述远离既存城区建设新站时的周边地区开发情况。

图表2-64 新大阪站

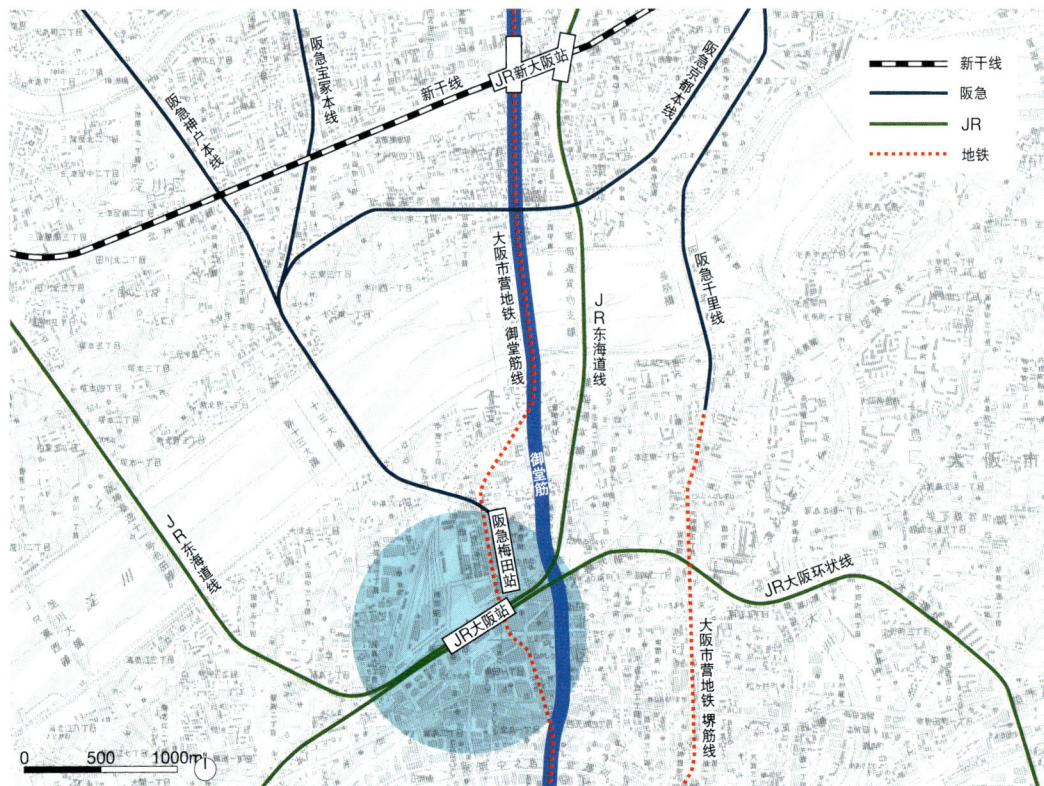

图表2-65 新大阪站周边现状

【类型③ 远离既存城区设置新站点】

除了之前介绍的，乘降客数顺利增长、公私合作取得周边城区建设的成功案例之外，也存在着少量现在利用者较少的车站。本节将选取日本最早的新干线线路——东海道新干线上的事例来解说。

列举在东海道·山阳新干线沿线乘降客数较少的车站，有新岩国站（1975年开业）、东广岛站（1988年开业）、新尾道站（1988年开业）等。每日乘车人数分别为，956人次/日、1233人次/日、1113人次/日，对比新横滨站每日3万人次、新大阪站每日6万人次的数量，显得非常少（图表2-66）。这些车站大多建设在远离老城区的位置（图表2-67），没有连接既存的轨道线路，且缺乏交通基础设施的建设，无法便利地往来于老城区。

本来这些地方设立新车站的意图是希望能通过新干线带来的利用者促进地域的活性化。但是，由于周边配套设施建设没有跟上，或者不得不建设在远离老城区的位置上，结果利用者完全不见增长，也更谈不上促进地域的活性化。另外，根据《全国新干线铁道建设法》，车站的建设由该站所在地方政府负责，而在地方税收有限的情况下，即使地方政府想开发周边地区，也没有足够的资金。于是，就导致了如上所述的，既无法连接到现存的城市交通网，也无法推进周边的开发，车站的利用者也无望增加的现状。

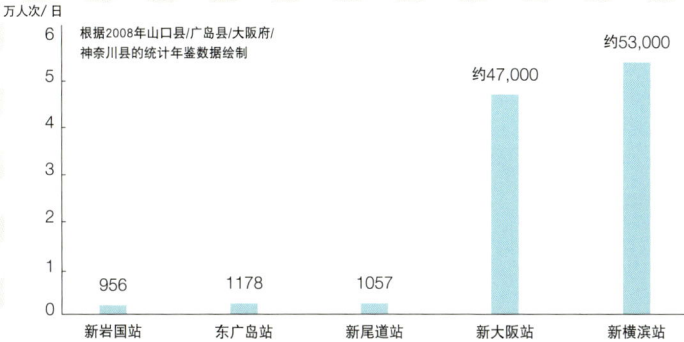

图表2-66 利用者不足1万人/日的东海道·山阳新干线站
注）新富士站的乘车数据出自2007年度静冈县统计年鉴。新尾道站、东广岛站的乘车数据出自2009年度广岛县统计年鉴。

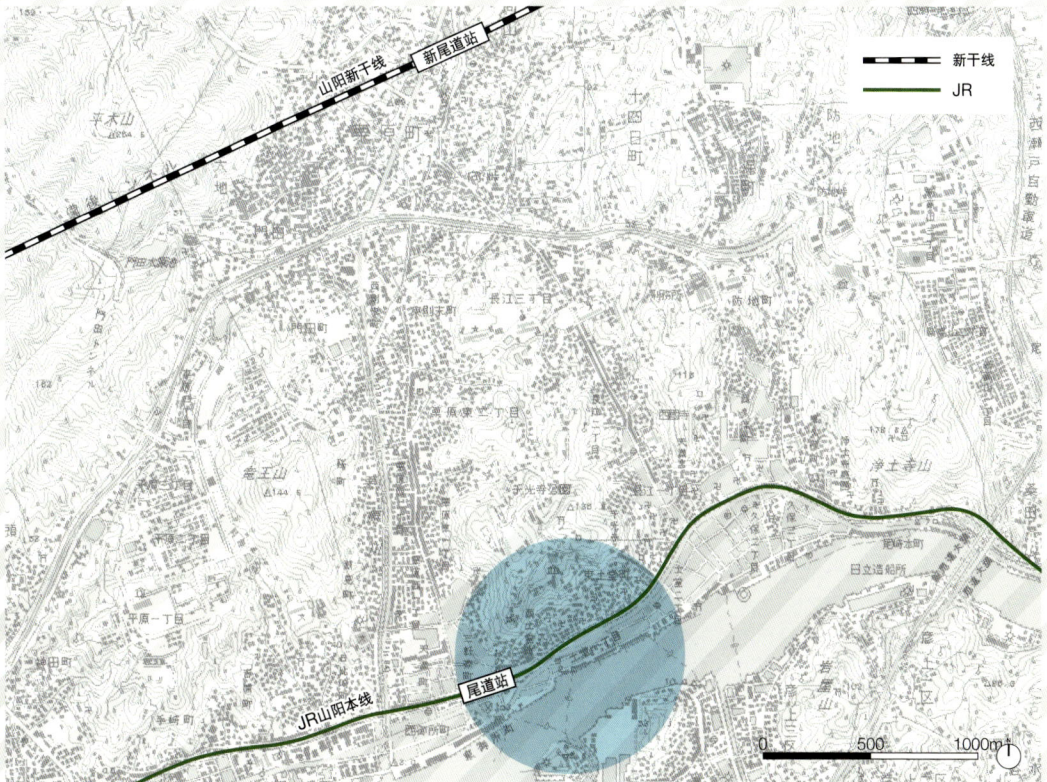

图表2-67 被山围绕的新尾道站

3 既存车站的改良

进入成熟社会的这几年，重新开始重视既存车站周边的高度利用，也出现了改良既存车站以连接新干线的事例。本节将以品川站为实例，介绍这一新趋势。

＜品川站＞

品川站是东海道新干线的通过站，以前就有设置新干线车站的计划。理由是增加东京都内的新干线车站，确保东京都南西部人们可以方便地搭乘新干线。新干线接续前的品川站，虽然具有新干线车辆停靠的基地，以及大规模的货物站，但是没有现在的商业街氛围。国有铁路民营化后，开发利用原有的铁道用地变得相对容易。在1991年新干线连接品川站的规划出台后，1992年制定了包括扩建站前广场的《品川站东口地区再开发地区规划》。而且在4年后的1996年，还通过了新的土地区划调整项目，以推进围绕东海道新干线品川新站设置的交通节点功能的强化及土地的高度利用。

之后，大规模复合开发的品川INTERCITY（1998年），品川GRANDCOMMONS（2003年）相继建成。并吸引了索尼、佳能等大企业的入驻，品川站一跃成为东京数一数二的商务街区。

利用国铁民营化的契机，大规模开发原铁道用地，并通过新干线车站的建设，站前广场的扩张，城市规划道路和公共停车场的新设等基础建设，提高了周边街区的开发机遇。车站周边逐次建设了大规模的办公综合体。

A,RE,A 品川

品川EAST大楼

品川EAST大楼的天桥

开发区域周边的航拍照片

图表2-68 品川站周边的开发

4 小结

　　本节不仅介绍了通过行政积极介入基础设施建设及周边街区开发，导致利用者顺利增长的成功案例——新横滨及新大阪，还列举了由于缺乏资金无法推进所需的基础设施建设，至今还较少有人利用的失败实例。

　　另外，还提及了近年的新趋向（例如品川站）：利用新干线的连接，推进车站、基础设施、周边街区的一体开发建设，并在公私合作的基础上，得以具体的实现。

　　今后，新设的LINEAR中央新干线将会开通，可以预想车站周边的开发需求将进一步上升。包括本书提到的品川站在内，中央新干线各站周边的城市开发更将令人期待。

参考文献（发行年序）

鉄道運輸機構主页：http://www.jrtt.go.jp/
東海旅客鉄道株式会社主页：http://www.jreast.co.jp/
「新大阪の建設」大阪市　大阪市都市再開発局・1975年
「横浜21世紀プラン」横浜市　横浜市・1981年
「超開発会社横浜市はいま」苅谷昭久　オーエス出版・1991年

「ズバリ図解 新幹線のすべて」梅原淳　文化社出版・2008年
「新幹線と日本の半世紀」近藤正高　交通新聞社・2010年
「明日のリーダーのために」葛西敬之　文藝春秋・2010年
「新幹線の奇跡と展望」野沢太三　創世社三省堂書店・2010年

品川INTERCITY和品川EAST ONE TOWER

中心花园

中心花园

地铁与城区的接续

六本木一丁目站
泉水花园

［竣工］2002年
［业主］六本木一丁目西地区
市街地再开发组合
［总建筑面积］208,401.02m²
［穿过路线数］1 路线 1 站
［乘降客数］约 6 万人次 / 日

TYPE **B**

规划概要
将光与绿导入地铁站

　　泉水花园位于交通量极大的首都高速公路与通往大使馆、宾馆集中的尾根上的道路之间，一块面积约2.4ha 的斜地上，是总建筑面积约21ha的复合型再开发项目。再开发之前，这片地区除了尾根上有很多庭园之外，倾斜的台阶状地形上遍布老朽的木造房屋，其间穿过狭窄的联络道路，无论在防灾或者居住环境方面都具有很大的问题。另外，由于地形的特点，具有连续性的主要干道还没有能够得到建设，商业开发也没能得以开展。直到沿着首都高速路线设置的地铁（南北线）决定在此地区新设站点，1994年地铁新站周边地区的再开发地区规划案（由于规划制度的改进，再开发地区规划已改为由地区规划所确定的再开发等促进区）才得以出台。在这个规划案中，指出再开发的目的是，充分利用起伏多变的地形，将光与绿导入地铁站，建设既有城区热闹又是自然充裕适合居住的21世纪的街区。

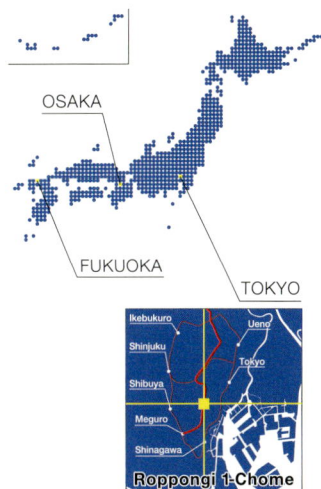

以车站为中心分成三个区域

　　从并列着OKURA宾馆、西班牙大使馆、瑞典大使馆的灵南坂一路往上，就能到达被称为"尾根道"的道路，尾根道与另一侧低处通过的放射一号线·首都高速之间的斜面地就是泉水花园所在的位置。从低处开始，可分为内设有六本木一丁目站的泉水花园大楼为中心的商业办公区；位于斜面中部的居住区；位于高台部分的是旧住友会馆的庭园等被保存下来的庭园美术馆区。这3个区域还由一条被称为"城市走廊"的空间联系起来。

泉水花园大楼的底层部分也通过将5层的空间架空，以确保走廊视线的通透及与周边的连续性，使斜地的自然环境与市中心车站的热闹得以共存。

　　用地的中央新建了该地区的主要道路（泉水通路），在提高地区内机动车使用的便利性之外，还在道路上方加设了人行走道 —— 城市走廊，实现人车共存，可以很容易地从地铁站出发散步到高台部分的庭园、美术馆区。

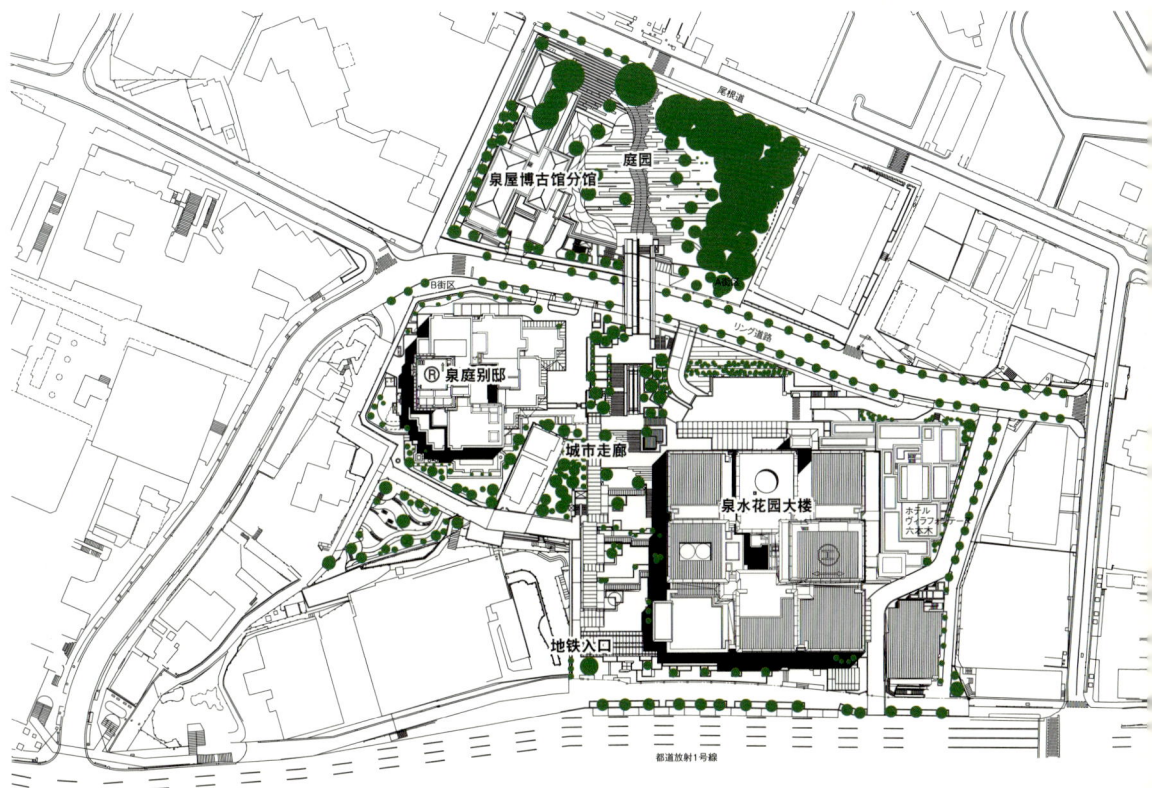

图表2-69 布局图

车站与其他各区域的连接

从地铁南北线六本木一丁目站的检票口出来,可以直接通过换乘大厅到达泉水花园大楼的办公区及低层部的商业设施。标高200m的泉水花园大楼位于地铁车站上方,一层大厅直接与地铁连接,四层是主要入口,七层与二十四层设置入驻办公区的入口,并由可容纳75人的直通电梯等连接起来,十分便利。

另一方面,城市走廊通过自动扶梯及台阶,提供一条平面上向其他各区展开的联络通路。城市走廊的设计巧妙地利用了倾斜的地形,通过种植可以体现各个季节特征的树木,配合几何造型的广场和台阶,跨越3层的空间内连续设置的店铺和餐厅等多种多样的设施来创造出丰富的立体空间感。另外,在城市走廊方向延伸的自动扶梯和向高台方向延伸的回廊空间,除了诱导来访者进行体验之外,还给居住者提供了一条雨天不需要打伞,直接从车站到达住所的通路。

图表2-70 城市走廊。照片右方为地铁站入口

空间构成

在泉水花园的再开发之际，地铁车站设施与其连接的广场的建设是再开发计划的主要内容。在地铁建设与再开发事业的协同整备下，实现了为步行者而建设的立体广场与地铁站一体化的目的。

从位于地下层的换乘口的广场开始，一直连续到地面层的绿化人行道的步行者通路城市走廊，通过将城区的热闹与自然环境相结合，营造出了从地下到地上过度顺畅且丰富的广场空间，并因此使自然光线得以进入位于地下层的换乘口，明确地展现出城区与车站的连续性，形成了对于行人来说容易识别和安全的通道。同时，尾根一侧的庭园绿景得以保存下来，也对形成城市走廊的这条绿色走廊，或者说是形成从尾根道开始到地铁站的绿色城市轴线，起到了极为关键的作用。

图表2-71 平面图

图表2-72 立面图

利用车站所在的市中心良好地段，附设各种配套设施

　　泉水花园大楼直接位于六本木一丁目站边，地下4层到地上43层约有118000m²办公及宾馆用房，低层部分约有20000m²商业设施；另作为住宅用途的泉水花园别邸约有38000m²建筑面积。整体用地内，还有约3000m²其他美术馆，服务设施约9000m²，以及约18000m²的停车场等设施。

　　自然光充裕的地下换乘大厅正面的商业设施，与呈阶梯状展开的平台一起，营造出适合漫步的站前空间。从紧邻商业设施的车站出发，可以通过自动扶梯直接到达住宅楼。超高层的住宅楼兼具良好的眺望景色与高品质的空间设计，能为居住者提供舒适的城市中心生活方式。另外，用地的高台部分还保留了原有的庭园，大楠木树围绕着的低层建筑是美术馆（泉屋博古馆分馆）。在这个绿意环绕的美术馆，不仅可以安静地欣赏住友家族的美术收藏品，而且离车站也很近。就是这样，泉水花园的各项设施利用了车站的便利性与周边丰富的自然资源，形成了一体化的城区。

图表2-73 自然光充裕的地下换乘大厅

图表2-74 美术馆（泉屋博古馆分馆）

图表2-75 与人行天桥一体化的商业设施

港未来站
QUEEN'S SQUARE 横滨

[竣工] 1997 年

[业主] T·R·Y90 事业者组合，
三菱地所株式会社，
住宅·都市整备公团

[总建筑面积] 496,385.70m²

[通过线路数] 1 路线 1 站

[乘降客数] 约 6 万人次 / 日

TYPE **B**

概要介绍

港未来21地区（参见后述案例介绍）位于日本具有代表性的国际港口城市·横滨的港湾部，是按照规划建设的临海再开发地区，通过地铁新线——港未来线与既存的城市中心连接。本节介绍的QUEEN'S SQUARE横滨（皇后广场横滨）是港未来线的停靠点之一"港未来站"及包括车站上方设施的复合开发项目，其中包括3栋办公楼及宾馆、会展厅、商业设施，停车场及连接地铁站与地上街区的STATION CORE（车站核）等设施，是车站与周边街区一体规划开发的成功事例。

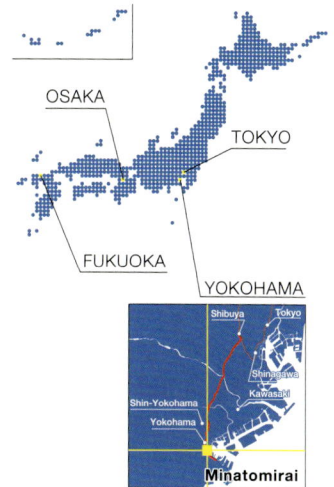

空间构成：街道状的QUEEN MALL（皇后商场）与作为城市中庭的STATION CORE（车站核）

街区的中央部贯穿了一条步行者网络的主轴线，也就是从横滨LANDMARK TOWER开始，穿过QUEEN'S SQUARE横滨，通向PACIFICO横滨的一条全长260m的室内步行廊道，通称为"QUEEN MALL（皇后商场）"。另外，三个街区面海的一侧，还设有与滨水空间合为一体的QUEEN'S PARK（皇后公园）。在这样的布局中，可以通过室内的走廊前往街区内部各处，整体使步行者的回游性得到提升。

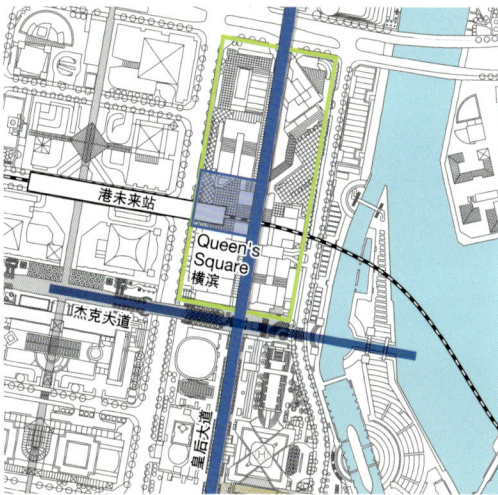

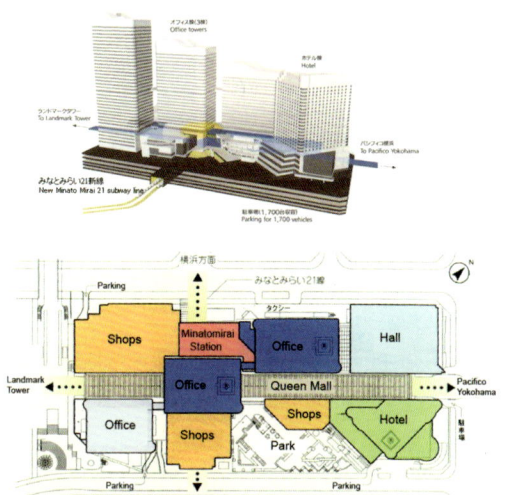

图表2-76 QUEEN'S SQUARE 横滨及皇后商场的平面图

图表2-77 皇后商场

另一方面，在垂直方向上打通了地下3层到地上5层，设置了被称为"车站核"的纵向空间，联络街区中央地下的港未来车站与皇后商场。这条垂直路线的设置不仅组织了到达办公用房、宾馆与商业设施等高层的流线，平台状的广场及座椅还方便了人们在此聚集、购物，也适合举办多种多样的活动，是十分活跃且有生命力的空间。

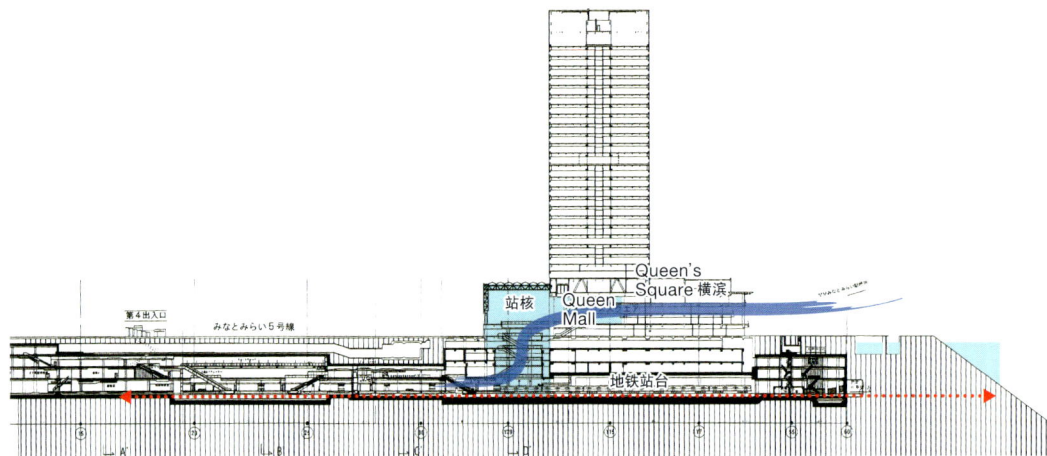

图表2-78 车站核，皇后商场剖面图

图表2-79 车站核
（左 全景，中 从车站的站台看上方的车站核空间，右 从车站核看站台）

街道状的QUEEN'S SQUARE横滨

据说当初办公楼与皇后商场的设计者的设计意图就是，建设一个能使到访者无论身在何处都能有身居室外公共空间感受的立体城市。都市建筑编集研究所的石堂威这样描述这一设计："建成后的皇后商场确实成为一个到访者可以自由行走，进行丰富空间体验的'道路'式城市空间。在这里道路上的行人扮演着主要的角色。"以皇后商场、车站核为中心的公共空间使人忘记时间。特别是有街头艺人在其中表演时，整个QUEEN'S SQUARE横滨仿佛已经不是建筑物，而是摇身一变，为街道述说其中的故事。

图表2-80 充满活力的车站核·室外广场

规划历程

　　港未来站是在QUEEN'S SQUARE横滨竣工7年后开设的。虽然竣工期不同，但车站与上部建筑规划（QUEEN'S SQUARE横滨）是同时在规划设计方案中得到确定的。双方针对地铁站应该如何开发与顺畅接续的问题进行了协调。结果是，地铁站的位置从最初规划的用地移动到了QUEEN'S SQUARE横滨所在的用地，在QUEEN'S SQUARE横滨内部设置车站核，通过设置中庭形成上下空间和视觉连通的空间。

图表2-81 港未来站选址调整的过程

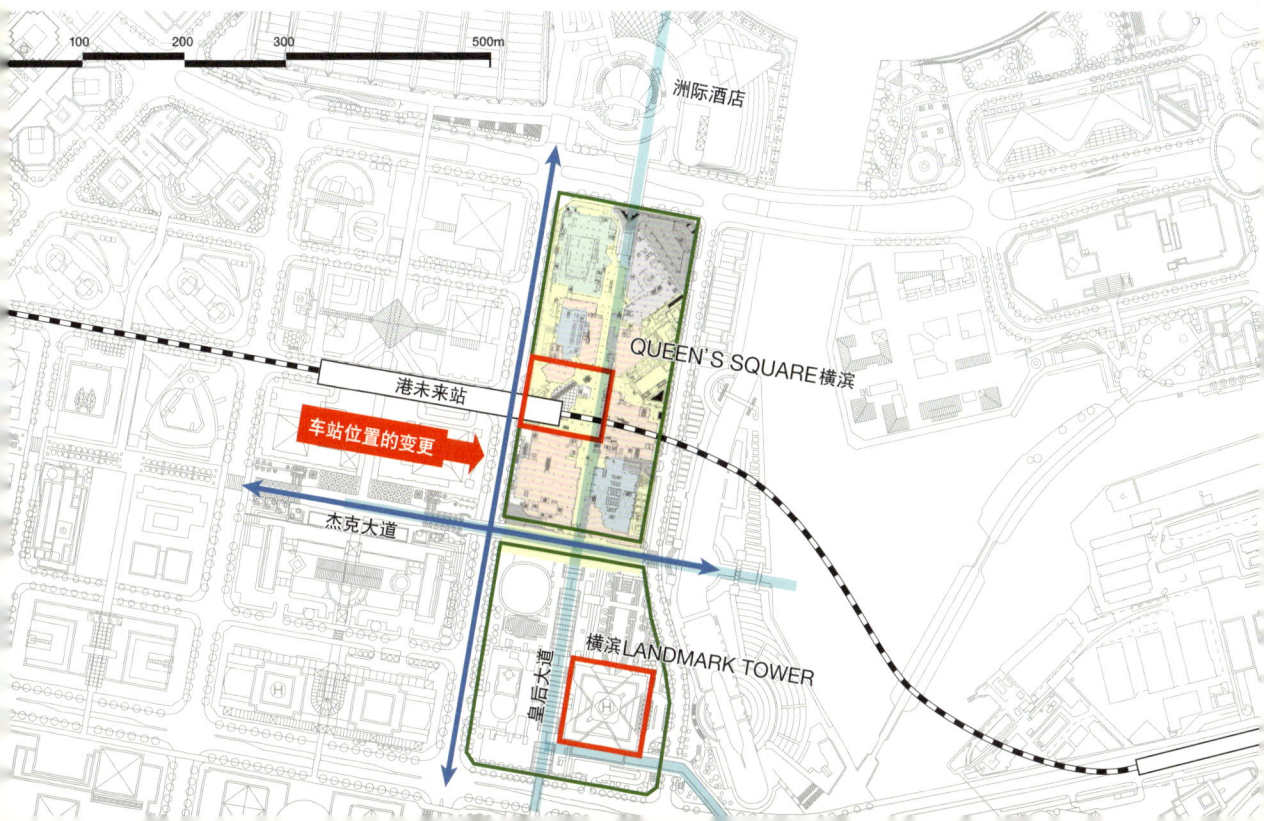

以车站为中心的建筑设计

　　无论是Queen's Square横滨，或者是与之邻接的横滨Landmark Tower，都是多功能复合的大型综合楼。建筑物内部的规模分配如图表2-82所示。虽然只有低层部分设置商业设施，但商业建筑面积达到80,000m²之多，这些在车站附近的综合楼已经完全成为MM21区（港未来21地区）的商业中心。

QUEEN'S SQUARE 横滨

基地面积：44,400㎡
容积率：900%
建筑面积：496,400㎡

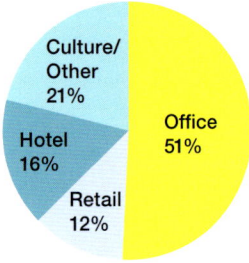

办公：204,000㎡　音乐厅：17,600㎡
商业：49,400㎡　其他：66,500㎡
酒店：62,100㎡

横滨LANDMARK TOWER

基地面积：38,060㎡
容积率：1,030%
容对面积：332,900㎡

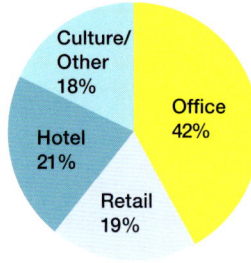

办公：166,000㎡　美术馆，大厅：5,000㎡
商业：74,000㎡　停车场：60,000㎡
酒店：83,000㎡　其他：5,000㎡

图表2-82 Queen's Square横滨与横滨Landmark Tower 的功能配比

超越街区的天际线设定促进景观的形成

　　Queen's Square横滨的3栋高楼呈大雁飞行状，从海的一侧到山一侧的横滨Landmark Tower方向逐次变高。Queen's Square横滨这3栋楼的高度，是依照从Pacifico横滨开始到横滨Landmark Tower（296m）形成的，从海向陆地逐渐上升的天际线而确定的。这些构成天际线的建筑物与东北侧具有独特扬帆造型的横滨地标洲际酒店一起，共跨越3个街区，但通过天际线的调和，创造出了与港口城市相适应的良好景观。

参考文献
「パシフィコ横浜・クイーンズスクエア横浜」企画・発行　株式会社日建設計・2002年9月20日発行

图表2-83 QUEEN'S SQUARE横滨与横滨LANDMARK TOWER周边的天际线

column 4
MM21滨海复合开发

规划概要

横滨港未来21地区（简称MM21）是作为横滨城市中心再生的一环，通过滨海地区进行的城市再开发建设而形成的街区。到1980年代为止，该地区还是三菱重工横滨造船厂、国铁高岛线的高岛场地（停车场）·东横滨站（货物站）、高岛码头的所在地。地区现有186ha的用地是在转移了这些重工业功能后空置的110ha与填埋地76ha组成的。由于从用地的功能置换开始就有当地社区营造活动的介入，因此在制定公用设施、建筑的一体规划和景观规划等的基本方针时，都采用结合社区营造活动的方式，这也是该地区规划的最大特征之一。

现在该地区为需求大规模办公场地的进出口企业提供了必要的设施，就业人口达到约89000，进驻的对外贸易企业达到约1250家，来访者的数量达到约6700万人次，成为首都圈保持持续增长发展的代表性街区（以上所有数据都为2012年的统计数值）。

图表2-84 港未来的位置图

图表2-85 港未来地区全景，图的左侧为既存城区，右侧为滨海一侧

图表2-86 开发前的航拍照片

图表2-87 横滨船坞（之后的三菱重工造船厂）全景（昭和初期）

以车站为中心的城区建设① 跨时代性的港未来线

　　港未来线是针对MM21区的开发所规划的轨道交通路线。路线轨道的设计、车站、以车站为中心的步行圈500m（徒步10min左右）为图表2-88所示。从横滨站方向开始约500m设置一个车站，共5站，每站都作为各自所在的不同街区的中心。另外，各车站的设计都委托给不同的知名建筑师设计，除体现地域特征外，还各具迥异的新特征。作为对这种方式的肯定，5个车站（包括图2-88所示的4站与东侧的元町·中华街道站）全都被授予了GOOD DESIGN奖。

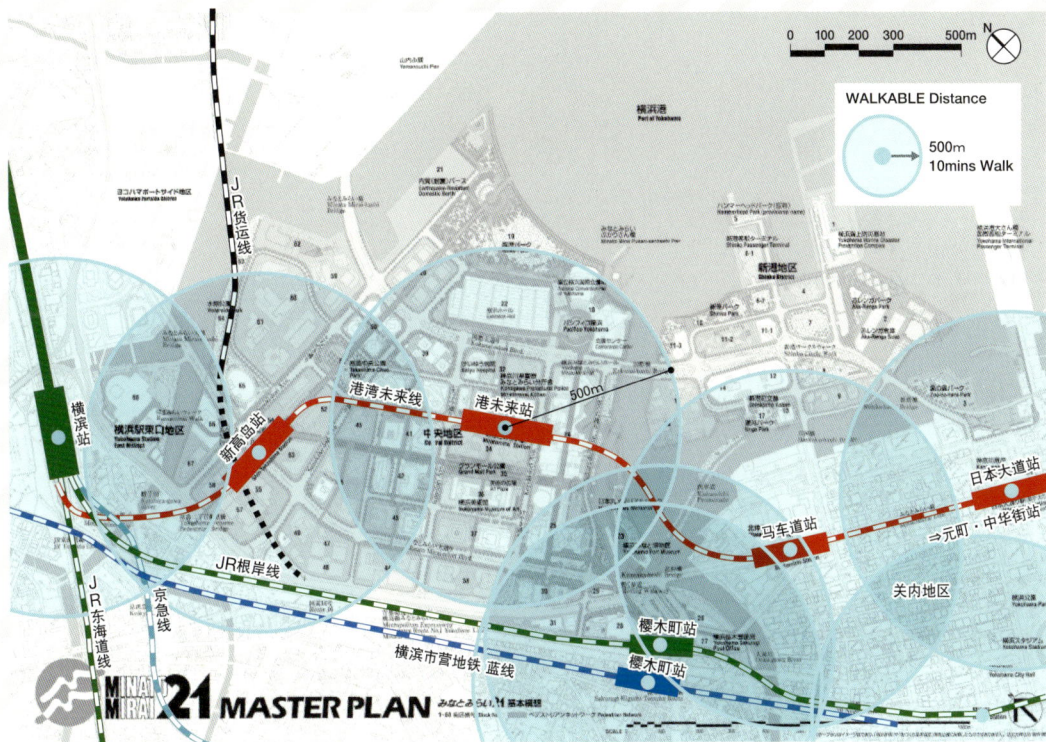

图表2-88 港未来地区的车站

图表2-89 以船为主题设计的港未来站

图表2-90 以过去与未来的融合为主题设计的马车道站

图表2-91 以图片展示为主题设计的元町·中华街站

以车站为中心的城区建设②　多样化功能的导入

　　车站周边地区的用地规划，是以形成良好的、有活力的就业环境为目的，设定了包括办公、商业、文化设施等综合性的土地利用性质，并企图通过这种设置使该地区成为集办公、商业、国际交流等功能为一体的，并能分担东京过于集中的首都功能的区域。

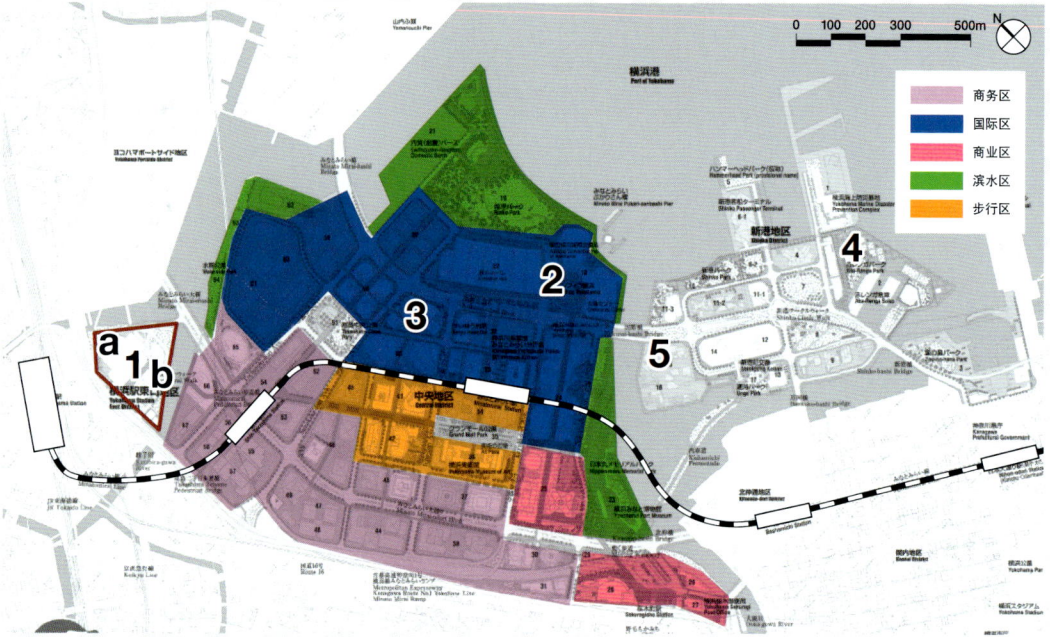

	商务区
	国际区
	商业区
	滨水区
	步行区

横滨新都市大楼／横滨天空大楼

a.横滨新都市大楼
基地面积：18,000㎡
总建筑面积：185,000㎡
【主要用途】店铺 83,600㎡
大厅：860㎡（994座）

b.横滨天空大楼
基地面积：13,000㎡
总建筑面积：102,000㎡
【主要用途】办公、
商业、CAT

Pacifico横滨（会展中心）

总用地面积：51,000㎡
总建筑面积：167,700㎡
【主要用途】会议中心
多用途室：30,000㎡（50间）
横滨 Grand Intercontinental 宾馆：70,000㎡（600间）
国立大剧院 大厅：16,700㎡（5000座）
展示厅 大厅：51,000㎡

M.M.Towers

基地面积：16,340㎡
总建筑面积：116,200㎡
【主要用途】住宅：116,200㎡（总户数：862户）

红砖仓库

基地面积：14,000㎡　　建筑面积：16,330㎡
【主要用途】商业：10,755㎡，文化：5,575㎡，广场：6,500㎡

COSMOWORLD（娱乐设施）

基地面积：22,700㎡

开发强度分布

图表2-92 地区中心部分的用地示意以及代表性设施
总用地面积　186ha（住宅用地：87ha,道路·轨道用地：42ha,公园·绿地：46ha,码头用地：11ha）

能感受到海的流线设计

沿着海岸线，有两条贯穿该地区的主要干道：港未来大道（宽40m，共6车道）与国际大通路（宽46m）。港未来大道与首都高速道路的连接，不仅支持地区内部的通行，还起着连接外部的重要作用。国际大道与港湾地区的直接连接，主要承担地上一般车辆的通过及联系地下港湾交通的作用，以求促进城市地区的交通顺畅。同时，垂直于海岸线，建设了连接主要干道的次一级道路，再由这些道路延伸服务道路深入街区。街区与海港的联系就是在这样的道路网络设计的基础上建立起来的。

步行者流线的设计中，为了能达到在街区内部穿行时何时何地都能感受到海的效果，包括观看海景或者闻到潮汐的气味，在总体规划中设定了两条面向海面的轴线，以及一条连接上述两条轴线的第三条轴线，即从樱木町站前开始通往海面的QUEEN轴，从横滨站一侧向滨海公园延伸的KING轴，以及连接这两条垂直向轴线的GRAND MALL轴，并在这些轴线上设置步行者回廊、配合公共艺术的广场等，营造适合步行者通行的空间。

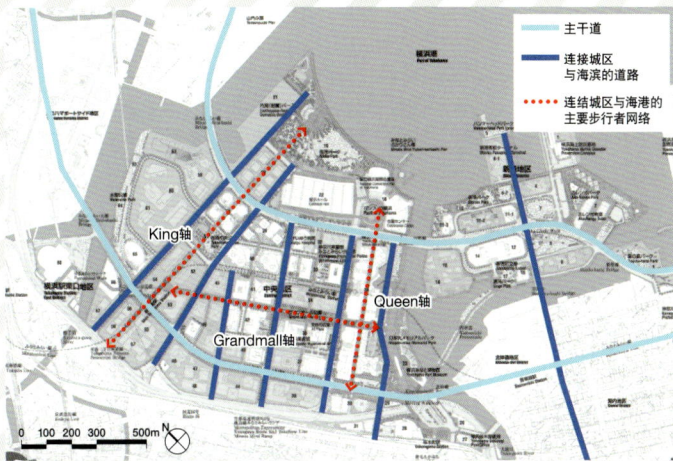

图表2-93 流线设计

图表2-94 GRAND MALL步行者专用道
尽头可见艺术品

发达城市的支柱

港未来地区主干道的地下，设置了容纳支撑整体城市运转设备的共同沟，不仅有利于提升城市景观的品质，也有利于城市防灾。同时还导入了集中制冷供暖系统，实现了供给、管理为一体的地域冷暖空调系统。

图表2-95 地下共同沟

图表2-96 共同沟建设完成区间图

图表2-97 集中供冷暖系统

活用历史与景观的再开发

象征横滨面貌的MM21地区，通过街区营造的基本协定、地区规划、城市景观形成导则等[注1]手法，设定"水与绿""天际线·街区·视角""公共艺术""色调·广告物""停车场""夜间照明""建筑设计""沿街景观"等项目的规则，力图创造出有着优良城市景观和令人向往的城市空间。此举为国土交通省所肯定，并被列入城市景观百选。

注1）根据是《景观法》关于景观规划的规定及横滨市关于魅力城市景观创造的条例中的城市美观协议地区

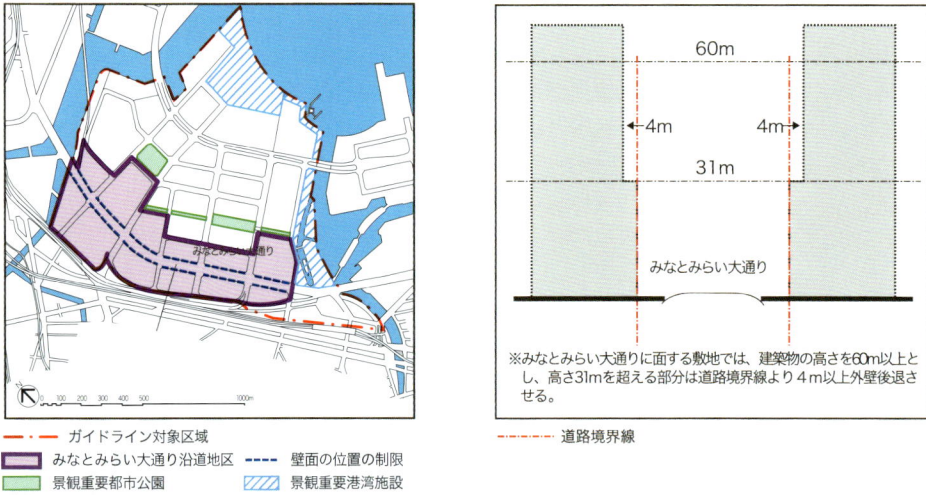

图表2-98 中央地区城市景观形成导则中制定的沿线建筑控制条例

与既存街区的连接·滨水绿地网络系统

MM21区的开发，很早就作为横滨市政府的六大事业[注2]之一被提出，意在通过滨海部分的开发，连接既存的两个独立的楔形城区（关内和横滨站周边），从而形成咬合状的城市中心。如图表2-99所示，当时就已经考虑在海岸线设置绿区，并通过设置轴线将城市中心与绿区联系起来。

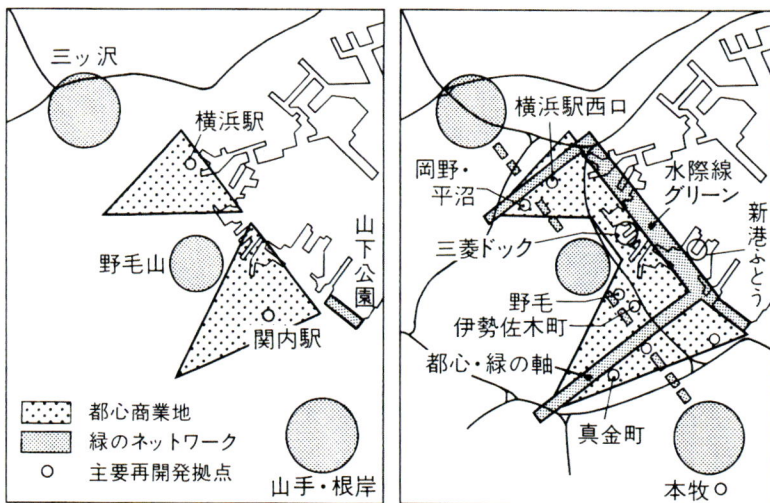

图表2-99 1960年代横滨的城市设计：从2个楔形城区转换为咬合状城市中心

注2）市的六大事业为：①强化城市都心；②填埋金泽地方向的海面；③建设港北新城；④建设高速道路网；⑤建设高速铁道（地铁）；⑥建设海湾临界区域。横滨市在从美军接收军事用地后，还没来得及展开再建，就成为东京的卫星城市，人口急剧增长。在这样的背景下，当时的飞鸟田市长提出了重整城市骨架，建立一个能自立的城市，并付诸实施。

现在，滨海的公共空间由从横滨站开始，经由KING轴、临港公园、由红砖仓库再生建成的红砖公园、活用开港初始建成的码头建成的象之鼻公园，直到山下公园，都通过散布道、林荫道连接在了一起。从横滨站出发到中华街站为止的4.5km距离已经成为人们乐意再三探访的具有魅力的城市空间。虽然横滨市的城市观光发展位于前列，但是不应仅局限于活用历史景观的规划，还需要进一步在更广的范围提高横滨的整体魅力。

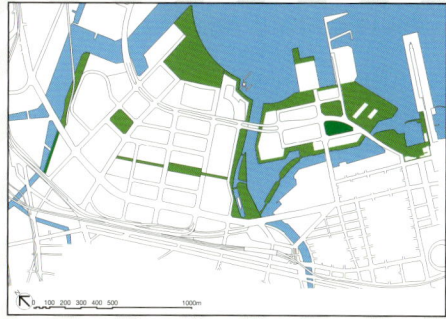

■ 公园/绿地等
图表2-100 滨水的公共空间

图表2-101 临港公园

图表2-102 红砖公园

MM21的今后

横滨市为了增强其城市的国际竞争力，通过充分利用国际港口城市的历史及城市的地理优越性，吸引全球化企业的亚洲分社和研发中心等入驻。作为这种通过提高整体环境促进城市品质提升的中心地带，MM21地区还将继续追求实现"具有24h活力的国际文化都市""21世纪的信息都市"，在水、绿色、历史环抱下的人文环境都市。

参考文献
YOKOHAMA MINATOMIRAI21 INFORMATION 2013　みなとみらい21の計画概要と個別事業　vol.84
http://www.minatomirai21.com/development/history.php
みなとみらい線网页　http://www.mm21railway.co.jp/
「パシフィコ横浜・クイーンズスクエア横浜」企画・発行　株式会社日建設計・2002年9月20日
「都市ヨコハマ物語」田村明　時事通信社・1989年6月10日
三菱重工・横浜造船所 新造船写真史　製作者三菱重工・横浜造船所・1981年

车站・基础设施・建筑物的叠加

汐留站
汐留 SIO-SITE

[竣工] 2002 年
[总建筑面积] 约 160,000m²
[通过路线数] 5 路线 5 站
[乘降客数] 约89 万人次 ／日

TYPE **C**

规划概要

汐留位于1872年日本最早架设的轨道线（新桥·横滨）的始发站——新桥站附近。JR民营化之前的国有铁道时代，该地区包括了货物·小件行李托运及综合事务所等设施，大约在国铁分割·民营化之前的1986年前后停用。到1987年国铁改革后，仍作为轨道、运输机构被使用。由于长期搁置，街区没有很好地统合，到1998年针对该地区的土地区划调整事业和城市规划得以确定，开始了城区建设。

作为当时东京都中心部规模最大的再开发项目，旧汐留货物站所在地到浜松町的31ha的广阔用地被分为11个街区，进行了土地区划整理和城市基础设施建设（由东京都执行）。在此基础上，建设了20栋总建筑面积约达160万m^{2}的超高层大楼，成为了不仅用作办公，还兼具商业、文化、居住等功能的复合型城区。

同时，该街区还是各种地上、地下立体交通设施的连接点，是通过JR线、3条地铁线及东京临海新交通临海线（"海鸥"）的交通枢纽站。

自2002年7月意大利风街区WINDS汐留开业以来，该地区逐次建设了高容积率的电通本社大楼、东京TWIN PARK等建筑，吸引了日本电视等大企业入驻，已然成为日本国内屈指可数的大规模综合城区。现在的汐留地区，已经不再仅仅满足将容积率设定为12，以求最高限度利用的土地，或者只是追求意大利风的整体街区意象。面向整体街区的一体化区域管理正得以展开，下一节将通过汐留地区社区营造协议会的案例来对此进行详细介绍。

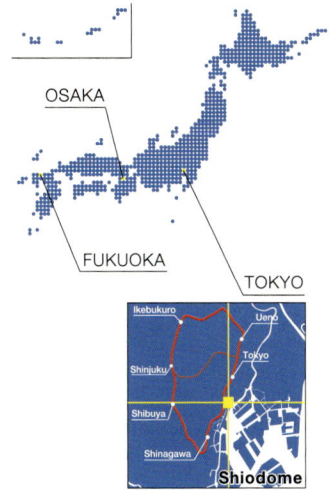

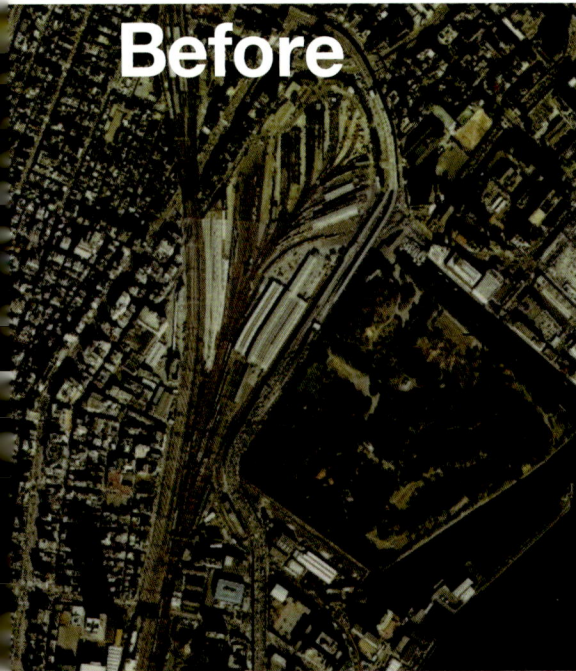

图表2-103 再开发前后的卫星照片

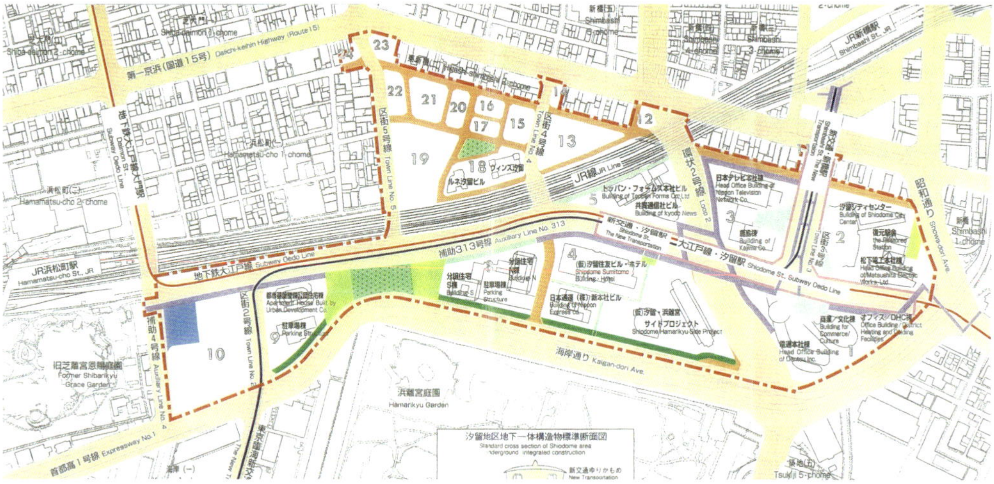

图表2-104 汐留土地区划整理项目及地区内设施概要

多层连接的步行者网络

汐留在城市构造上的特征是，主要以将步行动线与机动车流线分离为目的，连接地铁、地下通道、地表、人行天桥等多层的步行者网络。

地铁的层面，城区的中心设置有都营大江户线的汐留站，周边则有新桥站连接银座线及都营浅草线。利用地铁很容易能到达汐留地区。

其次在地下通道的层面，A、B、C、D街区通过地下通道连接起来，从JR新桥站或者地铁站到达，不需要出到地面就可以到达区内的各个设施。另外，还完善了地下停车场设施、城市规划道路、区划道路与各街区建筑物地下的停车场连接。特别是A、B、C街区还在地下层面设计了下沉式广场，并确保了与地下通道的连续性，这种街区的一体化有利于热闹氛围的营造。

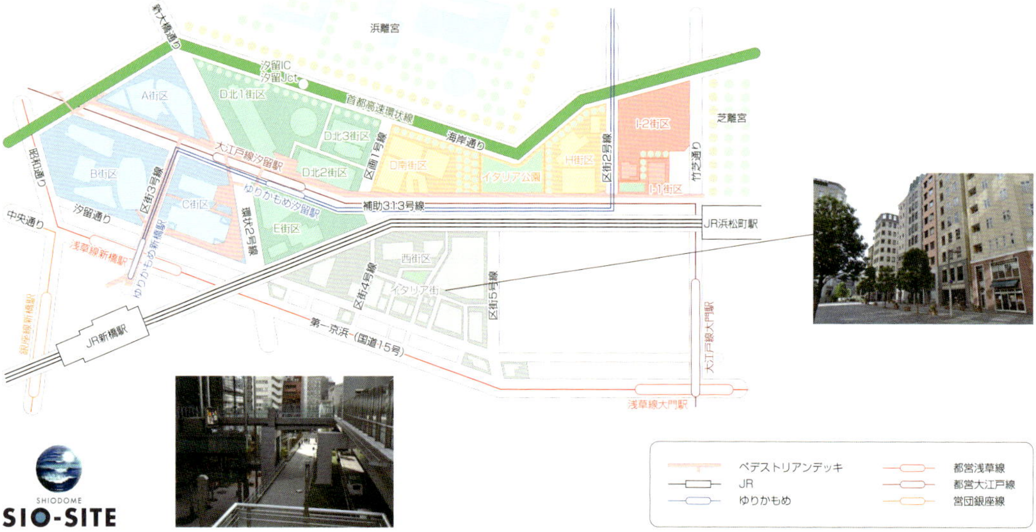

图表2-105 汐留地区的总体情况

图表2-106 城市中心汐留的下沉庭园

图表2-107 地下通道

地面上，则通过土地区划整理事业完善了城市规划道路、区划道路，并建设了通往分区内的步行道，确保干线道路与各设施的连接。

在人行天桥层面， A～I街区都架设了连续的人行天桥，可以通过天桥达到街区内的任一设施。其次，人行天桥还起到连接东京临海新交通临海线（百合海鸥线）的新桥站与汐留站等相关设施的作用。另外还有一大特征就是，由于新交通临海线架设高度高于步行层，且不影响地面、天桥层面的步行者空间。

如上所述，通过将流线从地下到天桥分为不同层次，在确保了人车分离的前提下，还创造了紧密衔接地下与地上的步行者网络。

到目前为止，大多数街区都是采用将步行者空间设置在地面以上，将单体设施与地铁站连接的做法。但是在汐留地区，通过大规模用地的一体开发，不仅紧密地连接了各个街区，还提供了建设地下、地上、天桥多层通行网络的可能性。通过编织各种步行者空间，增加地区内的人流量，形成街区热闹的气氛。

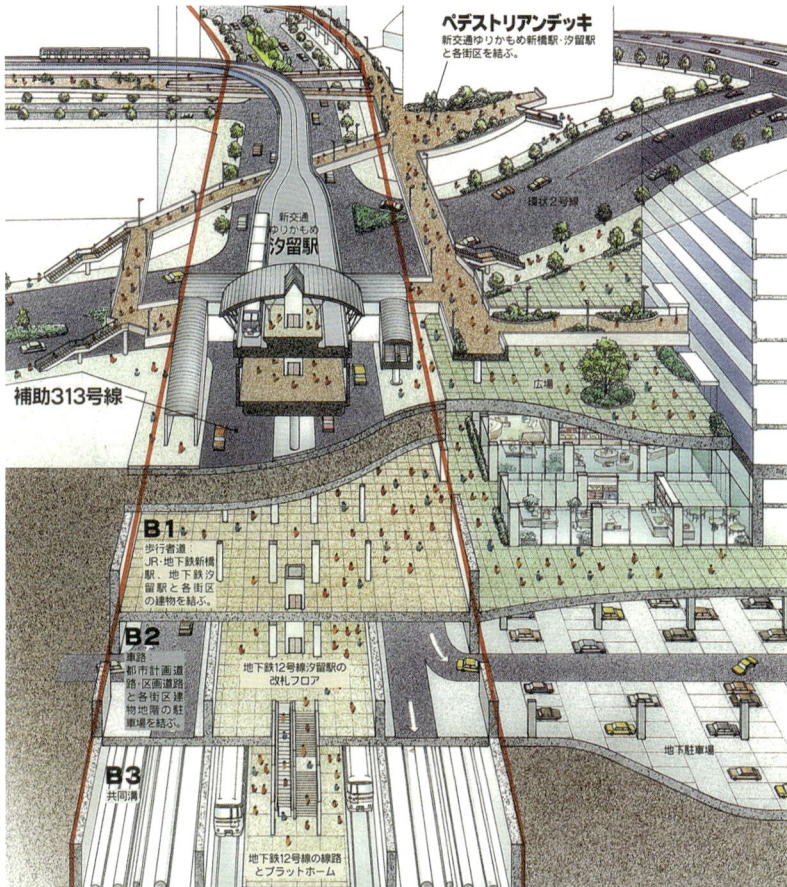

图表2-108 汐留地区的多层网络

参考文献
汐留地区まちづくり協議会主页（http://www.sio-site.or.jp/）

column 5
汐留地区的区域管理

地权者主导的社区营造组织

作为汐留地区开发的特征之一，为促进一体的街区营造，该地区的土地所有者与借地权者一起于1995年成立了汐留地区街区连合协议会（下文简称"协议会"）。协议会除了容纳地权者自身积极地参与并及时与政府交换调整意见之外，还在实际开展土地区划调整事业及再开发项目实施时，作为中立方调节开发商、政府等参与者，协调推进整体街区的建设。

自主运营的高水平社区营造

协议会的目标是在汐留建设"安心满满、安全满满的街区"。作为其中的一环，提高公共设施的质量，以及建设竣工后的持续管理运营成为目标。以协议会为中心积极提案，并将超过标准所需要的费用通过区划调整事业费的形式负担。在这个基础上，街区内出现了采用自然石铺装的步道，精心设计的强装饰性路灯，可以举办活动的宽40m的地下走道，10多种不同的高低植被等，实现了高质量的公共空间建设。

另外，公共空间的维持管理是由政府委托，协议会的设立定位为中间法人。由于从政府处得到的委托经费是根据普通标准的公共设施水平进行计算的，因此出现不足的部分从地权者以负担金的方式征收，确保了升级后的公共设施所需的管理费用。

社区营造组织的体制

协议会是为实现居民自建社区的，以相关企业和居民为主体的组织。同时这一组织也积极地推进住民与政府（东京都与港区）进行意见交换，为之提供场所的作用。会员包括该地区土地区划调整事业区域内的全部宅基地所有者和借地者（约150人），从每个街区选取代表1名，共11名干事进行协会的运营和日常运作。

另外还有东京都、港区、爱磐警察署、芝消防署作为特别会员参加。

干事会的下级设立了围绕各项目的建筑工程或者公共设施的施工等具体课题进行讨论的小分会，例如讨论公共设施建设和设计的地下步道部会、地表天桥部会、公园部会、标志部会、基础设施施工日程调整部会、交通部会、防范部会、防灾部会、宣传部会等。其中标志部会主要负责决定街道的名字和标志。

有限责任中间法人*汐留SIOSITE·TOWN MANAGEMENT* 注)

为具体推进公共设施的维持管理，在协议会的基础上还成立了有限责任中间法人汐留SIOSITE·TOWN MANAGEMENT。这个组织以中间法人的性质，代表住民利益并起到反映住民要求的功能，在与政府调节协作的基础上，推进整体街区建设。

注）伴随着中间法人制度的废止，这一称呼由2009年开始变更为一般社团法人。

图表2-109 地区内各处设置的Sio-Site标志、公共空间店铺，以及汐留举办大型活动的情景

中间法人的作用除了进行公共设施等的管理维持外，还包括利用公共空间举行各种活动来创造热闹的街区氛围，以及运营地下通道的便民设施等。其收入来源包括通过利用公共设施开设店铺，或者展开活动及经营广告事业，此外还有由居民负担的公共设施负担金及运营社区活动收取的负担金等。这些收入的确保是中间法人可以作为独立主体进行街区营造活动的原动力。

汐留的街区营造组织的特征，可以概括为设立中间法人，通过一体化的街区管理，营造出具有统一感的街区。当然这其中还有一个因素就是，入驻该地的企业多数都具有经营并创造属于自己的街区的良好意识。这种通过协议会的介入，进行街区整体设计和调整的先进事例，可以说是为将来的街区营造方式提供了一种参考的模式。

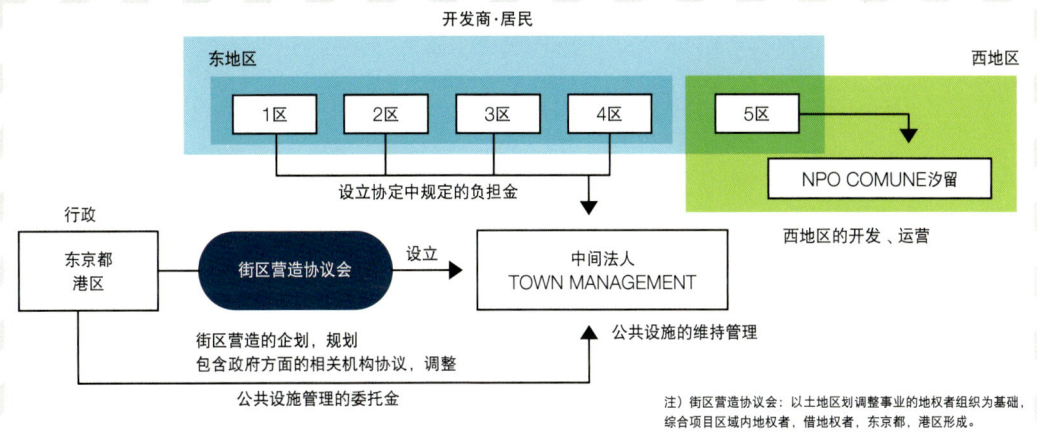

注）街区营造协议会：以土地区划调整事业的地权者组织为基础，综合项目区域内地权者，借地权者，东京都，港区形成。

名称	汐留地区街区营造协议会	汐留 SIO-SITE・TOWN MANAGEMENT
组织形态	汐留地区街区营造协议会	中间法人（为进行公共设施的维持管理而取得的法人资格）
作用、权限	・项目实施阶段 －项目设计等提案 －与行政、开发商一起开设战略会议讨论（决定）公共设施建设和管理方法等	・维持管理阶段 （与东京都，港区政府签署关于维持管理的基本协议） －公共设施包括公共空间、共用空间的维持管理 －开展活动 －运营地下通道的店铺
财源、负担	从会员收缴会费（按所有建筑物的建筑面积决定收取额度）	－从公司会员（权利者企业）收取会费 －公共设施管理委托费、活动委托费 －店铺收益、广告收益
人材、组织	事务局内有城市规划、社区营造等专家参与，提供协议会案制定、政府交涉、向协议会成员说明等活动的技术支持	

图表2-110 组织体制

参考文献
汐留地区まちづくり協議会主页（http://www.sio-site.or.jp/）
国土交通省主页「民間・公共連携による質の高い空間づくり(東京都港区汐留)」（http://www.mlit.go.jp/crd/）
市街地の集約化に向けた計画及びエリアマネジメントの事例（国交省資料）

車站·基础设施·建筑物的叠加

东京站
八重洲口开发

[竣工] 2013 年

[业主] 北中央栋 JR 东日本·三井不动产　南栋 JR 东日本·鹿岛八重洲开发

[总建筑面积] 约 352,000m²

[穿过线路数] 12 线路 3 站

[乘降客数] 约 11 万人次／日

TYPE C

规划概要

东京站除通过7条铁道线路外，还接入5条新干线线路，是每天有约3,000趟列车进出的超级大站，可谓是首都东京的门户。东京站周边地区也聚集了国际和日本大企业的全球化商务中心。

在东京站西侧的丸之内站楼被指定为重要文化财产的同时，东侧的八重洲口则以塑造首都东京的新形象为目标，在土地所有者及政府和周边关系者的共同努力下推进开发项目。在扩充新的办公、商业功能的同时，东京站的东侧部分还成为人、地域、社会、环境、历史、商业的结点，是八重洲、日本桥地区的枢纽点。

这个新的形象塑造，包括开发用地与站前广场一体化的整合重组。在地下一层的部分，通过3条公共地下通道连接既存的东京站、地下商业街，在地下2层则形成包括既存规划停车场的停车场网络。这个事例可以说是在大规模换地困难的大城市中心部，促进车站与城区再生的规划的范例。

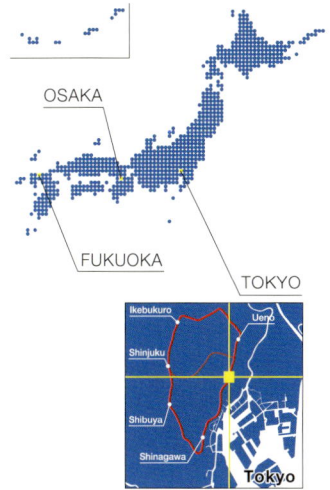

八重洲开发在东京站周边地区内的定位

为了能在东京站周边进行符合东京首都形象的建设，正在进行包括以下一系列公共空间的建设：（1）丸之内站楼的保存，复原的后续工作；（2）丸之内站前广场建设；（3）行幸通路的建设；（4）八重洲站前广场建设；（5）东西自由通道的建设等。

另外，为了实现东京站从穿过车站到聚集人流的转型，还提出了"东京站街道化"的口号，在包括车站的关联区域内还实施了名为"东京站城（Tokyo Station City）"的民间开发项目。

而八重洲口的开发，正是这一系列的项目的重心所在。相对复原东京站创建当初3层面貌而有历史性象征意义的丸之内一侧，八重洲一侧则是定位在象征未来上，通过更多使用透明玻璃的高层双塔楼或者是膜结构的大屋顶，表现先进性、尖端性等。

高层的双塔楼，主要由作为国际化、高度信息化的商务中心的主要办公设施部分，以及促进八重洲、日本桥地区活性化的商业设施（现存百货店的移设、更新）所构成。为实现此方案，利用了特例容积率适用地区制度，将东京站丸之内站楼地区的未利用容积转移到该地区，并通过综合设计制度，在保证公共空地的前提下增加容积率，最终实现了16.04的高容积率。

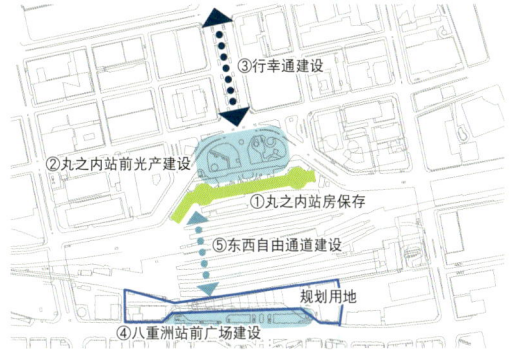

图表2-111 东京站周边的建设

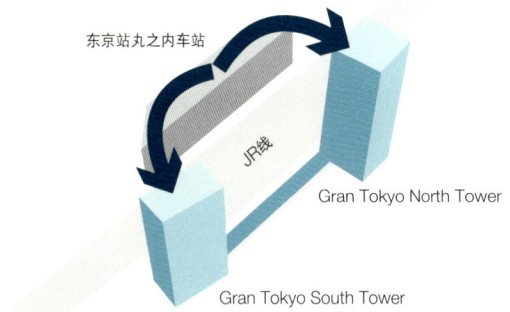

①丸之内站房保存
②丸之内站前光产建设
③行幸通建设
④八重洲站前广场建设
⑤东西自由通道建设
规划用地

图表2-112 容积率转移的操作方式

东京站丸之内车站
JR线
Gran Tokyo North Tower
Gran Tokyo South Tower

■开发日程

· 2002年6月　城市规划·地区规划决定
· 2003年3月　千代田区景观审议会
· 2004年8月　东京都建筑审查会
· 2007年11月　Ⅰ期竣工
· 2013年秋　Ⅱ期竣工　预定

新城市轴与各种从连接型的设计出发的街区营造成果

　　东京站周边地区由八重洲一侧的八重洲大道与丸之内一侧的行幸大道形成面向东京站的象征性城市轴线。本规划区域就是在这条轴线的延长线上。另外，还有指定为重要文化财产（相当于中国的国保单位）的东京丸之内站楼作为背景，在城市景观上也必须慎重考虑。因此利用了数字图像模拟并多次讨论丸之内一侧到八重洲一侧的街景。

　　作为先进性象征的八重洲口开发，采取了压低中央部分的方式，确保象征历史的丸之内站楼的背景不受干扰，同时也促进从八重洲大道到行幸大道，并面向皇居的新城市轴的形成。从功能上，预计到2014年将建成3条连接八重洲与丸之内的东西自由通道，提升步行者的利便性。

图表2-113 从八重洲通到行幸大道，继续延伸到皇居的新城市轴

东京站

After

空间构成

八重洲口开发中，通过转移东京站丸之内站楼的未使用容积率，实现了高200m的双塔设计（大东京北塔/南塔　Gran Tokyo North / South Tower）。在建设站前广场两侧的双塔时，还撤去了原有的铁道会馆，在中央设置了连接两塔的步行者天桥，并在天桥上方架设了大屋顶。

通过这条全长超过200m的膜结构大屋顶——Gran Roof，站前广场的再编重整也得以进行，站前广场比以前更有广阔的空间感。另外，原本被建筑物分断的车站两侧，也得以连接，形成了从八重洲通到皇居一侧的新城市轴。

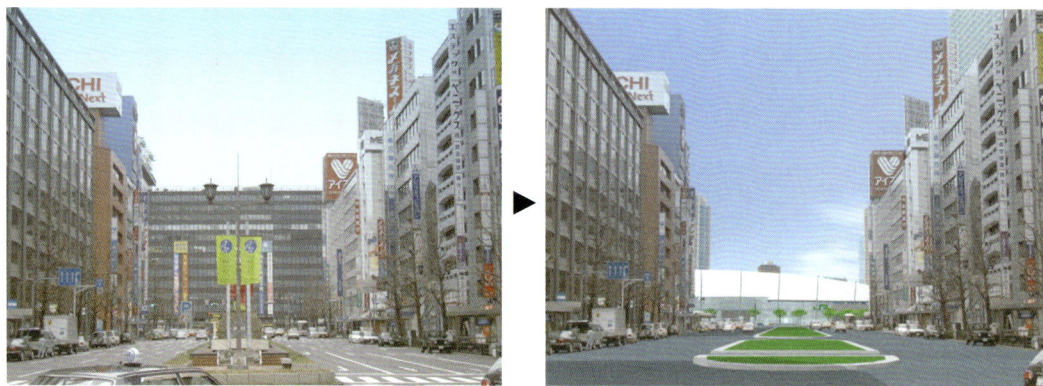

图表2-114 从八重洲口方向观看的景观模拟图像

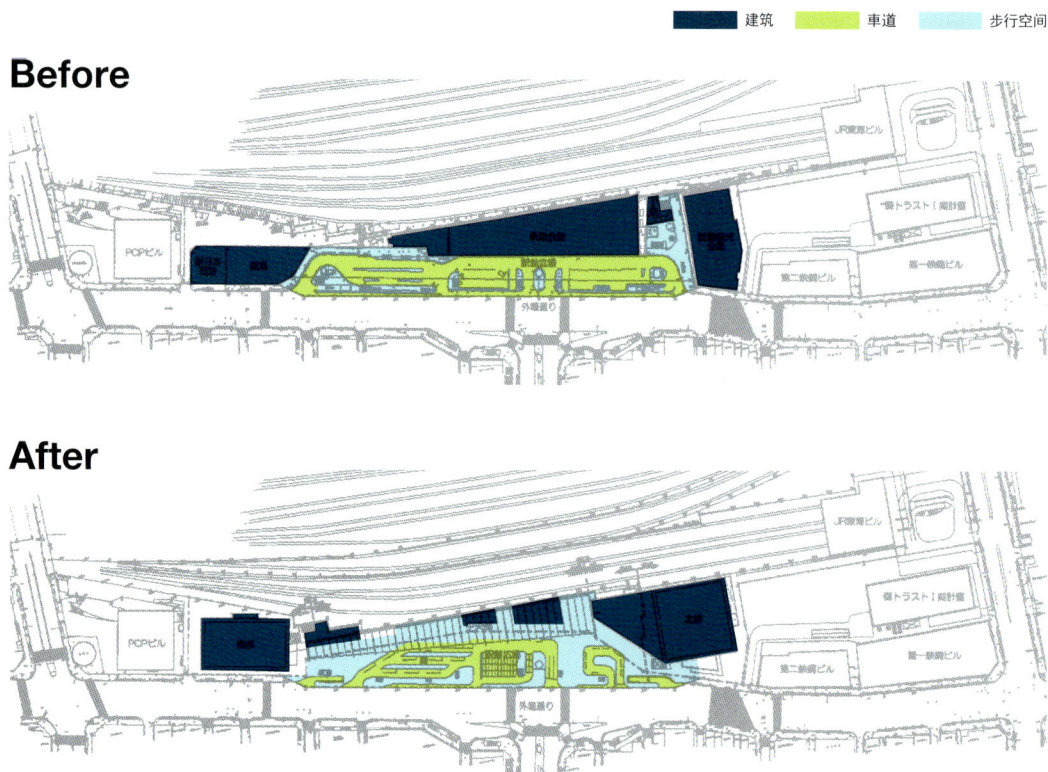

■ 建筑	■ 車道	■ 步行空间

Before

After

图表2-115 站前广场的一体化

在这个项目中还包括了完成站前广场的更新（总体城市规划项目）。为改善原有八重洲广场进深小的缺陷，将南北向几幢非一体化的建筑进行了一体化设计。通过该方法将站前广场进深加大，赋予巴士、出租车等交通节点的功能。因此不仅在使用上更加便利，而且也使得土地的高效利用成为可能。

用地的统一和广场的扩建，是在北塔的开发主体东日本旅客铁道、三井不动产，以及南塔的开发主体东日本旅客铁道、鹿岛八重洲开发、新日本石油等的共同协力下完成的。

规划中毗邻站前广场的大屋顶是连接大东京双塔的步行天桥，其中还设置了铁路营业、店铺等设施。位于地面4层高度，并尽可能控制整体体量的可见度，与站前广场一起成为利用者休憩的场所，并获得了绿意充盈的象征性空间。

作为广场空间一体的环境措施，还预计规划总长超过300m的沿街绿化。另外还考虑通过雨水、中水的再利用，设置喷雾装置缓和热岛效应，抑或是通过导入风力发电降低对环境造成的负荷。

图表2-116 站前广场的效果图

车站 · 基础设施 · 建筑物的叠加

涩谷站（车站周边开发）
Shibuya Station

[竣工]2012年～2027年（依次）

[业主] 东京急行电铁株式会社、东日本旅客铁道株式会社、东京地下铁株式会社、道玄坂一丁目站前地区市街地再开发准备组合，东急不动产株式会社　等

[总建筑面积] 约 591,000m²
※ 仅包括 4 个街区

[穿过线路数] 8 路线 6 站

[上下客人数] 约 300 万人次 / 日

TYPE C

规划概要

涩谷站是通过8条线路（JR山手线、琦京线、东急东横线、田园都市线、京王井之头线、东京地铁银座线、半藏门线、副都心线）、设有6个站点的大型轨道枢纽站，规模可谓东京都内最大。由于交通便利，涩谷站周边形成了以商业、办公机能为中心的街区。特别是近年来，吸引了包括音乐，时尚，影像业等创造性产业进驻，形成了特有的文化及产业特征，在亚洲乃至世界范围内受到关注，吸引了众多观光客的驻足。

但是，由于涩谷站经历了从大正时代开始的多次增建、改建，因此换乘路线相当复杂，除了车站设施的无障碍化及换乘便利性需要改善外，站前广场停留空间不足、流线混乱等问题也导致了步行者空间不足及机动车交通混乱等问题。其次，由于干线道路及铁路的通过，车站与城区被隔断，还出现了整体交通网联络不畅及道路狭窄、建筑物老化等诸多问题。

为解决涩谷站及车站周边日积月累形成的这些问题，轨道改良事业（东急东横线的地下化及东京地铁副都心线的相互直通运营、JR山手线、琦京线的站台移设，东京地铁银座线的站台移设）及城市基础设施建设事业（涩谷站街区土地区划调整）等包括多个开发项目为一体的工程得以推进，在有限的空间内集聚多样的城市功能。由于这些项目涉及了多数主体参与，因此在长期的项目推进过程中，为协调相关主题的利益，就需要公共与私有主体之间的配合。

这种协调官方与民间力量推进的站城一体开发事业，是在业已成熟的城市中心进行再生项目的代表事例，在下文中将逐项具体介绍。

涩谷站周边城区建设的讨论过程

2005年12月涩谷站周边地区被指定为都市再生紧急整备地域，为解决涩谷站经年累积的问题，考虑采用公民参与的方式推进讨论，并为此成立了由专家、政府、轨道事业者等构成的"涩谷站街区基盘整备检讨委员会"。并在此基础上形成了提示城区远景的《涩谷站中心地区街区建设导则2007（涩谷区）》，同时也制定了指导街区轨道及城市基础设施建设的《涩谷站街区基础设施建设方针》（2008年6月涩谷站街区城市基础设施建设检讨委员会）。

在此后的2009年6月，涩谷站再编建设的整体构想（包括土地区域、城市基础设施等方面）通过城市规划得以确立。由此涩谷站周边地区得到了更多的开发机会，"涩谷站中心地区建设检讨会"得以成立。在这个基础上，进一步讨论了2007年街区建设导则的具体细则，制定了《涩谷站中心地区街区建设导则2010（涩谷区）》，并在2012年10月制定了《涩谷站中心地区城市基础设施建设方针（涩谷区）》，以应对街区整体建设的新需求和新的蓝图。

在这些上位方针的基础上，通过公民协动的方式得以继续推进。作为结果2012年4月涩谷HIKARIE开业，2013年3月东急东横线的地下化及与东京地铁副都心线的相互直通运营等促进都市再生的项目得以逐次实现。到2013年6月，涩谷站周边已制定了3个位于都市再生特别地区的城市规划决定，并通过涩谷HIKARIE等的相继出现得以具体实现。

参与检讨的成员

· 专家
· 国土交通省、东京都、涩谷区
· 各街区的开发项目业主
· 铁道事业者等

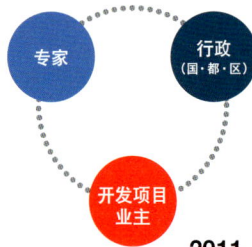

专家

行政
(国·都·区)

开发项目
业主

2007	2008		2011	2012	2013
▲涩谷Hikarie规划案（2007年10月提案，2008年3月城市规划决定）	▲涩谷站街区 基础建设方针（2008年6月策定）	▲涩谷站街区城市基础设施建设 规划批准等城市基础设施（交通广场等），土地区划调整事业（2009年6月城市规划批准）	▲涩谷站中心地区基础建设方针（2012年10月策定）	▲涩谷站周边的三大街区规划提案（2013年1月提案，2013年6月城市规划决定）

涩谷站中心地区街区建设导则2007（涩谷区）　　　　　　　涩谷站中心地区街区建设导则2011（涩谷区）

涩谷站街区基础建设检讨委员会　　涩谷站中心地区建设检讨会 -部会（城市基础设施·环境·土地利用）　　涩谷站中心地区建设调整会议 -建设调整部会 -涩谷站中心地区设计会议

涩谷站周边地区建设相关的调整协议会

图表2-117 涩谷站周边的城区建设检讨经过

涩谷站周边的大规模开发概要

涩谷站周边，利用了《都市再生特别措施法》下新出台的特例制度，在划定的以下四个"都市再生特别地区"内进行大规模的城市开发。

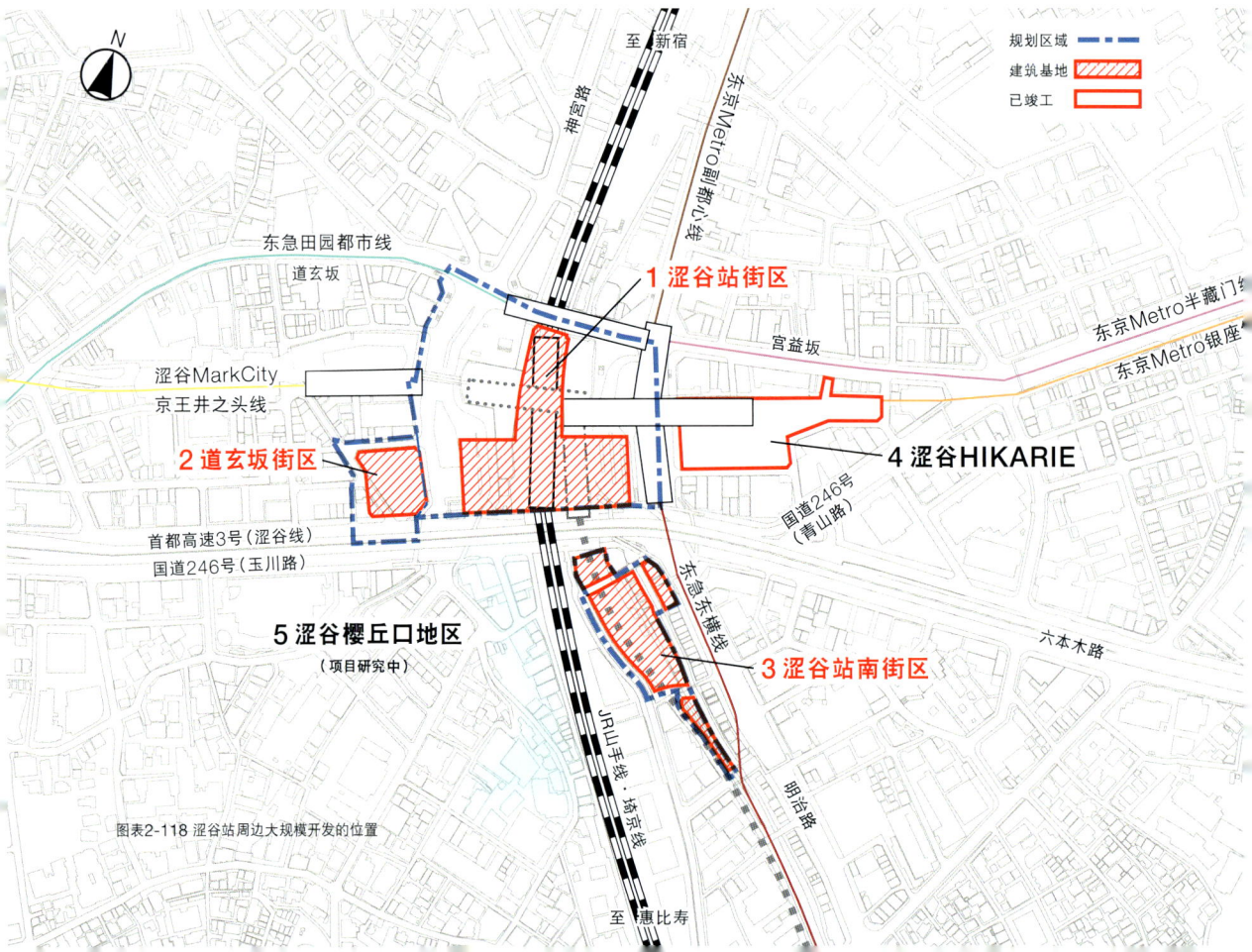

图表2-118 涩谷站周边大规模开发的位置

1

涩谷站地区　车站街区（通称：涩谷站街区）

所在地：东京都涩谷区涩谷二丁目23番　外
业主：东京急行电铁株式会社，东日本旅客铁道株式会社，
东京地下铁株式会社
用途：办公、店铺、停车场等
用地面积：约15,300㎡
建筑面积：约270,000㎡
建筑高度：东栋约为230m，中央栋约为61m，西栋约为76m
城市规划决定日：2013年6月
开业预定：东栋为2020年，中央栋·西栋为2027年

图表2-119 西口站前广场交叉点向东南眺望远景

2

涩谷站地区　道玄坂街区（通称：道玄坂街区）

所在：东京都涩谷区道玄坂一丁目2番地·8番地
业主：道玄坂一丁目站前地区市街地再开发准备组合
用途：办公、店铺、停车场等
用地面积：约3,300㎡
建筑面积：约59,000㎡
建筑高度：约120m
城市规划决定日：2013年6月
开业预定：2018年度

图表2-120 从涩谷站西口交通广场眺望

3

涩谷三丁目21地区（通称：涩谷站南街区）

所在：东京都涩谷区涩谷三丁目21番　外
业主：东京急行电铁株式会社及东横线邻接街区的地权者
用途：办公、店铺、宾馆、停车场等
用地面积：约7,100㎡
建筑面积：约117,500㎡
建筑高度：约180m
城市规划决定日：2013年6月
开业预定：2017年度

图表2-121 从涩谷HIKARIE眺望

4

涩谷二丁目21地区（通称：涩谷HIKARIE）

所在：东京都涩谷区涩谷二丁目21番　外
业主：东京急行电铁株式会社及
东急文化会馆所在地邻接街区的权利者
用途：办公、店铺、文化设施、停车场等
用地面积：约9,640㎡
建筑面积：约144,000㎡
建筑高度：约182.5m
城市规划决定日：2008年3月
开业日：2012年4月（已开业）

©Shibuya Hikarie
图表2-122 从明治通一侧远望

与大规模开发一体化推进的轨道改良事业、土地区划调整事业

为实现涩谷站周边地区的都市再生，如何在车站中心部分及周围的有限空间内很好地连接车站设施、车站广场等在纵向层面上积累起来的城市基础设施和既存建筑物的功能，成为必须解决的课题。因此，与前文中介绍的大规模开发项目一样，相关的轨道改良事业及土地区划调整事业也预计将被实施。

以明治通地下的东京地铁副都心线与东急东横线实施相互直通为契机，首先将涩谷站周边建筑老化的东急文化会馆拆除，使得周边地权者参与的涩谷HIKARIE项目得以推进。为完成该项目的开发，车站中心地区的城市基础设施再建设也得以推进，同时将东京地铁银座线的车站空间并置到该项目用地、轨道设施建设（银座线桥脚）等相关项目也得以推进。

作为轨道改良事业的内容，预计根据《城区建设指针》《涩谷站中心地区基础设施建设方针（涩谷区 2012年10月）》，实施从2013年3月开始推进的东急东横线地下化及东京地铁副都心线的相互直通运行化，JR山手线、琦京线站台的并列化、岛式化，东京地铁银座线站台的岛式化等具体项目。

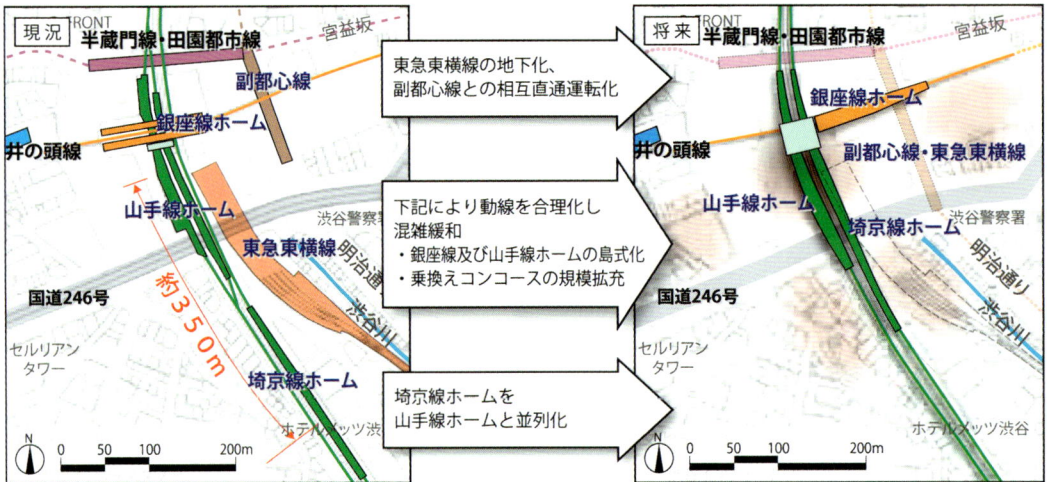

图表2-123 涩谷站的建设方针【现状・将来】

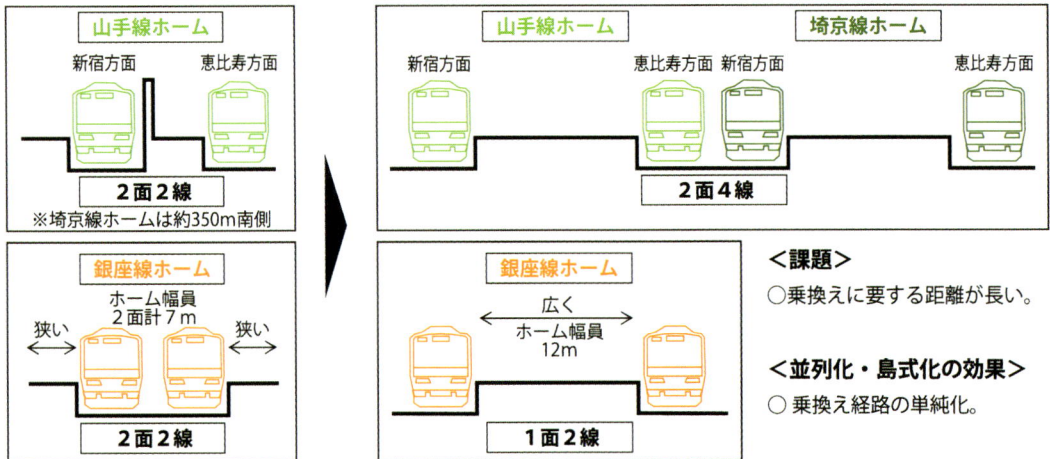

图表2-124 山手线・琦京线，银座线的站台岛式化与并列化【现状・将来】

城市基础设施建设的核心项目 —— 涩谷站街区土地区划调整工程通过前述的东急东横线的地下化及与副都心线实现相互直通运行为契机得以展开。包括为了一体化改善涩谷站周边交通节点功能的项目，如JR·东京地铁涩谷站的车站设施更新、站前广场的功能扩充、利用民有土地的一部分建设立体交通广场、东西站前广场的再编、雨水储留槽的建设等。

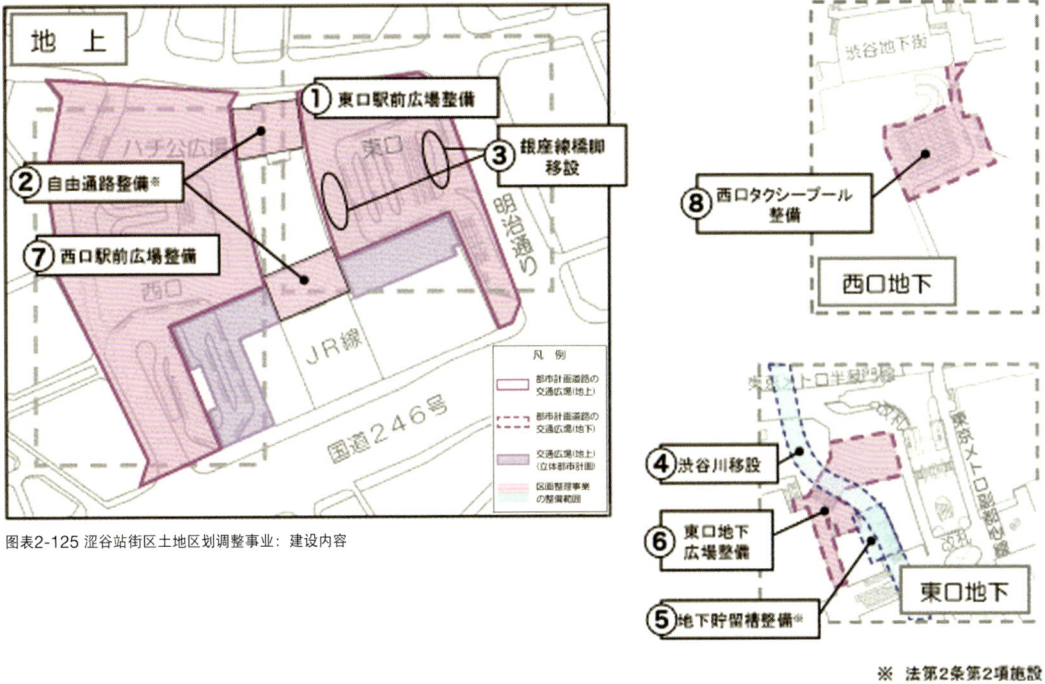

图表2-125 涩谷站街区土地区划调整事业：建设内容

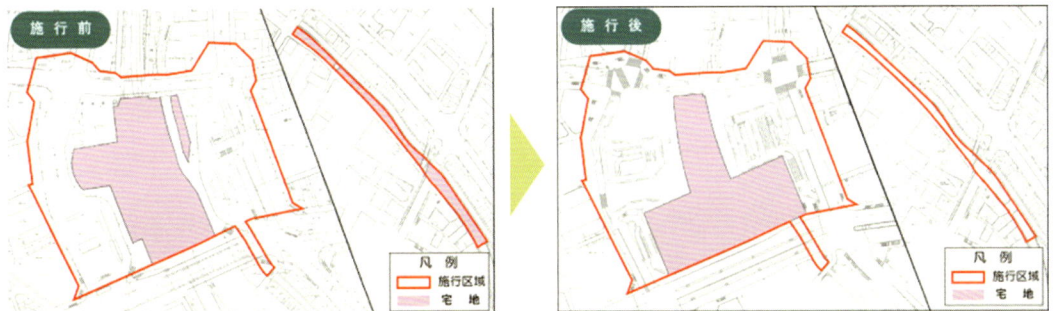

图表2-126 涩谷站街区土地区划调整事业：施行区域与宅地【之前·之后】

引用：涩谷站土地区划调整事业网页（http://re-shibuya.jp/business.html）

　　涩谷的城市再生就是通过这样的步骤得以推进的。可以总结为，第一首先通过土地区划事业确保站前广场、河川等的城市基础设施的更新建设；建筑用地的统合整形·集约使用；以及确保轨道阔幅用地等。

　　其次，通过开发项目及轨道改良事业，在轨道上方进行车站大楼建设（涩谷站街区），并通过灵活利用"都市再生特别地区"的优势改善东、西两侧站前广场的连通性，扩充交通广场等，实现一体化的整合。

　　也就是说，涩谷的城市更新，除了大规模开发项目以外，还归功于复数的轨道改良事业及土地区划调整事业。通过这三位一体的推进，才取得了现在的成果。

涩谷站周边地区的建设方针

　　涩谷站周边地区的开发，在上位规划及规划所在地的位置特性基础上，提出了以下三点基本方针，意在除了促进涩谷城区的活性化之外，也能对东京乃至日本的活性化整体提供可供参考的做法。

1	通过强化交通节点功能，促进舒适宜人、简单易懂的步行者网络形成
2	围绕生活文化传播据点的定位，导入增强街区的魅力及国际竞争力的城市功能
3	强化防灾机能，改善环境

1 通过强化交通节点功能，促进舒适宜人，简单易懂的步行者网络形成

　　涩谷站，有位于多个层面的站台与换乘大厅等空间，存在换乘动线非常复杂、无法完全实现无障碍化、站前广场步行者滞留空间不足、步行者安全性无法得到确保等问题。

　　车站周边则由于谷状地形、干线道路、轨道等元素被切分成零碎的几个部分。车站与周边城区的接续不但脆弱，而且经常出现由于通往车站的流线阻碍而导致干线道路慢性阻塞的情况。其他还存在着由于违法停放自行车、卸货停车等导致的步行环境恶化的问题。

　　为解决这些问题，涩谷站在上行规划基础上的周边开发中，将轨道改良事业、土地区划调整事业综合起来、对周边的城区进行了再编建设。再编规划包括了建设以消解地形高差、街区分断等为目的的立体步行者网络、停车场网络及建设城市规划规定的停车场等，以缓解车站周边的交通拥挤，创造一个步行者安心且安全的空间，同时也强化车站作为大规模枢纽站所具备的交通节点功能。

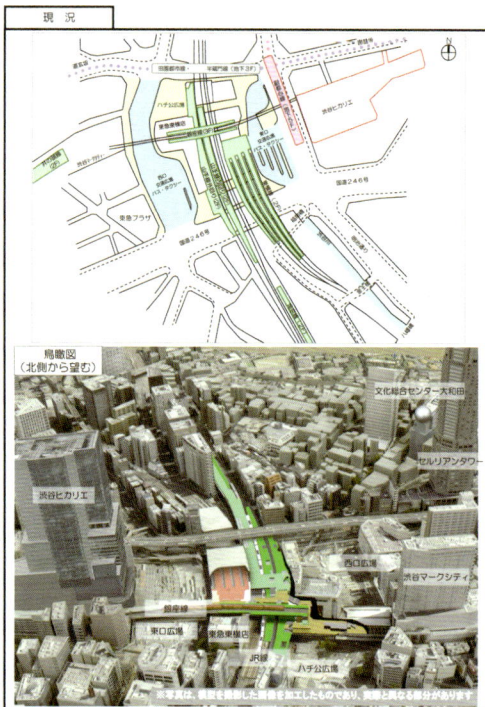

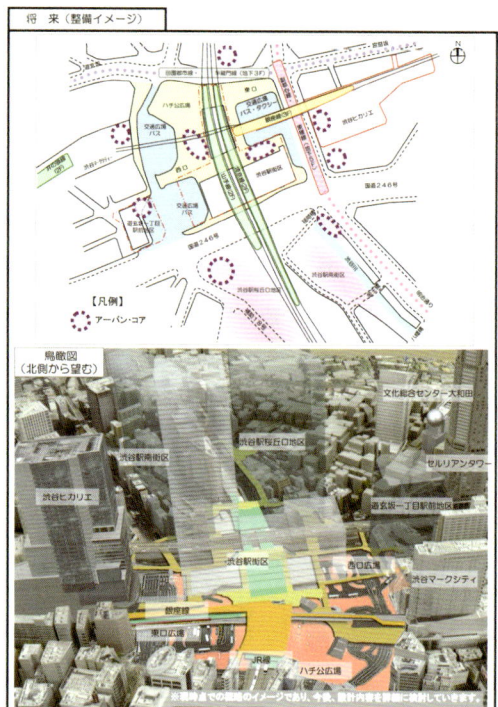

图表2-127 涩谷站周边的基础设施建设意象【现状·将来】

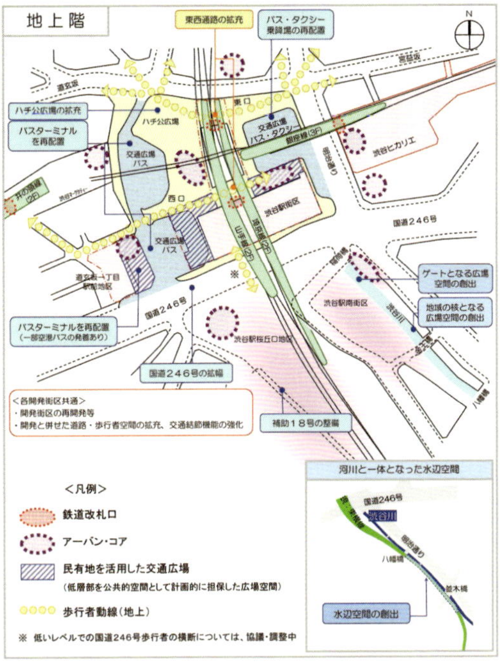

地上階

東西通路の拡充
バス・タクシー乗降場の再配置

ハチ公広場の拡充
バスターミナルを再配置
ゲートとなる広場空間の創出
地域の核となる広場空間の創出
バスターミナルを再配置（一部空港バスの発着あり）
国道246号の拡幅

〈各開発街区共通〉
・開発街区の再開発等
・開発と併せた道路・歩行者空間の拡充、交通結節機能の強化
補助18号の整備

河川と一体となった水辺空間
水辺空間の創出

〈凡例〉
鉄道改札口
アーバン・コア
民有地を活用した交通広場（低層部を公共的空間として計画的に担保した広場空間）
歩行者動線（地上）
※ 低いレベルでの国道246号歩行者の横断については、協議・調整中

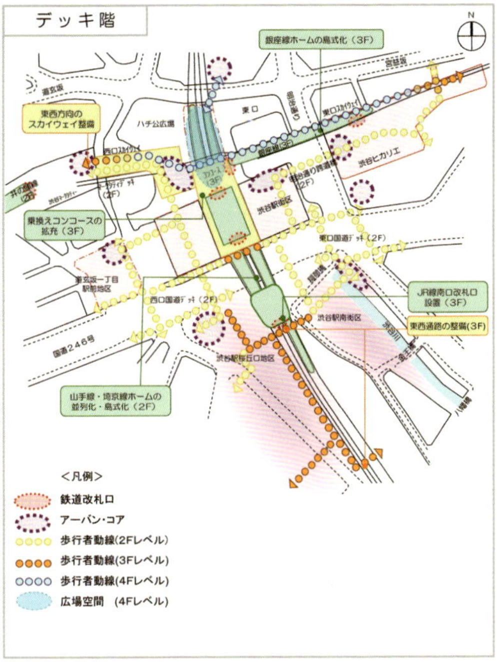

デッキ階

銀座線ホームの島式化（3F）
東西方向のスカイウェイ整備
乗換えコンコースの拡充（3F）
JR線南口改札口設置（3F）
東西通路の整備（3F）
山手線・埼京線ホームの並列化・島式化（2F）

〈凡例〉
鉄道改札口
アーバン・コア
歩行者動線（2Fレベル）
歩行者動線（3Fレベル）
歩行者動線（4Fレベル）
広場空間（4Fレベル）

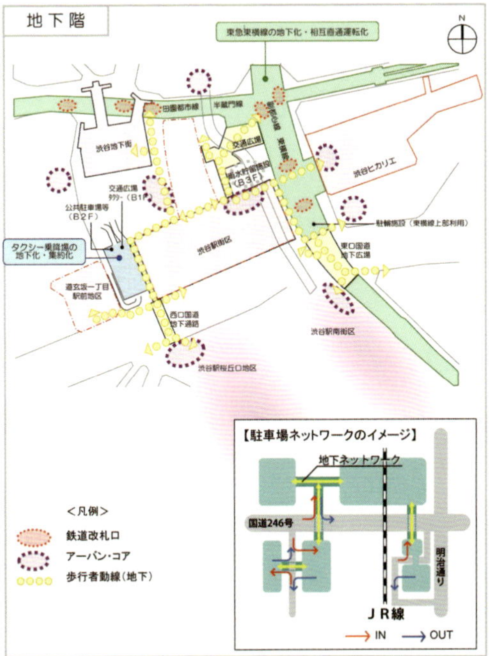

地下階

東急東横線の地下化・相互直通運転化
タクシー乗降場の地下化・集約化

【駐車場ネットワークのイメージ】
地下ネットワーク
国道246号
JR線
明治通り
IN　OUT

〈凡例〉
鉄道改札口
アーバン・コア
歩行者動線（地下）

图表2-128 步行者网络 将来建设意象【地面层·天桥层·地下层】

以上的做法，不仅旨在提高地区整体的回游性，还能在原本被分断的区域内导入新的人流，促进整个区域的活性化与高人气的持续性。同时，这样的策略是在开发商及新设施跨越的干线道路管理者（东京都、东京国道事务所、涩谷区）的协作下得以实现的。

这种综合的城市基础设施建设中，特别值得关注的还有克服山谷地形，形成从车站出发展到城区的立体步行者网络。

2012年开业的涩谷HIKARIE，位于宫益坂沿道山谷状地形的交接处。为保证地下、地上移动的顺畅，在纵向设置了城市核（urban core）的节点空间。在一层、二层强化与周边道路的连续性和可通过性，在地下3层空间则提供了东急东横线与副都心线直通连接的场所，旨在为来访者营造便利和舒适的空间。

此外，2013年作为"都市再生特别地区"通过了城市规划决议的3项开发也与涩谷HIKARIE一样，建设了跨地面、天桥、地下多层的城市核，以求确保车站到周边城区的顺畅接续。另外在集约换乘空间的同时，确保了无障碍化的实施，以求来访者感受到便利与舒适。

还有为确保涩谷站街区内东、西站前广场的连续性和一体性，还进行了北侧、南侧自由通道的拓宽建设等。

在上述这些开发项目一体化完成的基础上，不仅使车站得到了本质上的改良，同时还形成了车站到周边街区的步行者网络，使得街区整体可游性增强。另外，在各项目中建设完成的"车站核"，被作为各区域的玄关口进行设计，各种不同特征的立面构成了多样化的站前空间意象。

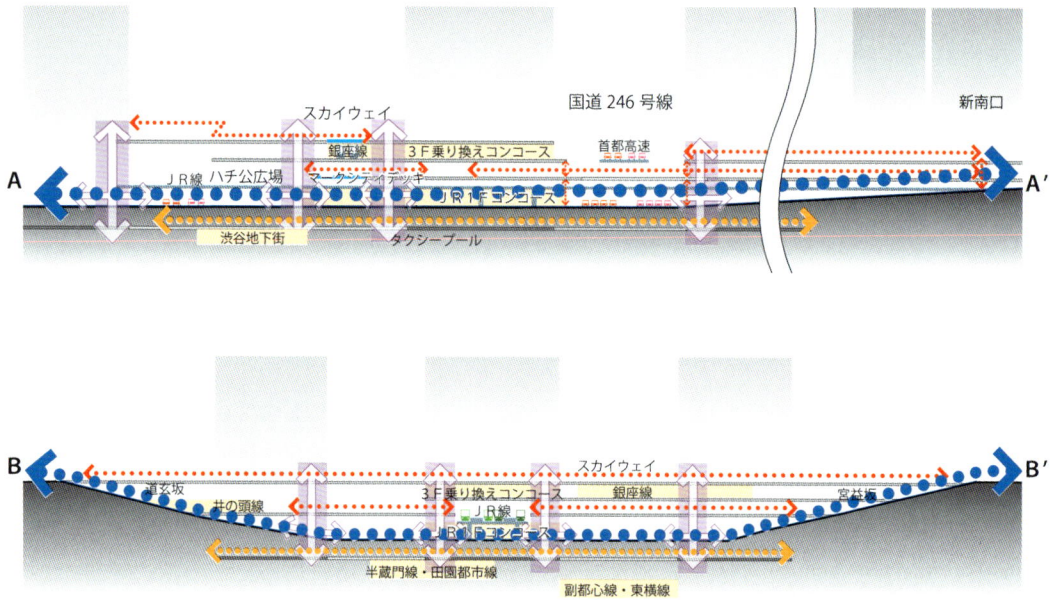

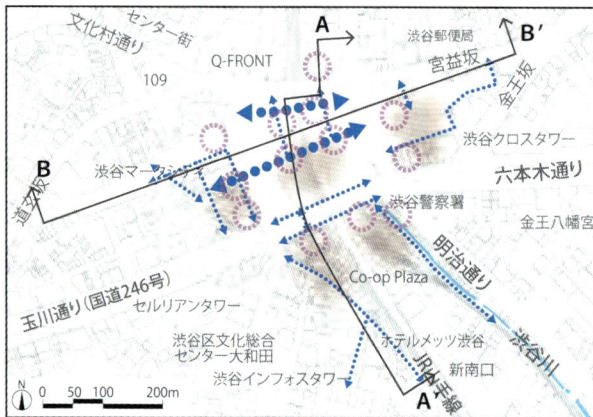

スカイウェイ 国道 246 号線 新南口

銀座線
3 F乗り換えコンコース 首都高速

A JR線 ハチ公広場 A′
マークシティデッキ
JR中央コンコース

渋谷地下街 タクシープール

B スカイウェイ B′
3 F乗り換えコンコース 銀座線
井の頭線 宮益坂
JR線
JR中央コンコース
半蔵門線・田園都市線 副都心線・東横線

センター街
文化村通り Q-FRONT 渋谷郵便局 B′
109 A 宮益坂
金王坂
渋谷クロスタワー
B 六本木通り
渋谷マークシティ 渋谷警察署 金王八幡宮
明治通り
道玄坂 Co-op Plaza 渋谷川
玉川通り（国道246号）
セルリアンタワー ホテルメッツ渋谷
渋谷区文化総合 新南口
センター大和田 JR埼京線
渋谷インフォスタワー A′
N 0 50 100 200m

凡　例

デッキ動線

地上動線

地下動線

駅施設

アーバン・コア

图表2-129 步行者网络的概念

Urban Core

Good morning. Have a pleasant

图表2-130 涩谷HIKARIE的"城市核"

2 围绕生活文化传播据点的定位，导入增强 街区的魅力及国际竞争力的城市功能

涩谷总是站在世界文化与流行的最前沿，积累了大量的创意产业（音乐、时尚、影像、设计、IT产业等），是东京乃至日本屈指可数的知名地区。特别是涩谷产生的时尚和音乐等流行文化，吸引了大量外国观光客的到来。为此涩谷形成了由创意产业的创造、宣传所带来的城市型观光这一连环结构。

涩谷站周边的开发项目，除了前述的城市基础设施，涩谷还致力于导入提高其国际竞争力和潜力的城市设施。

比如在2012年开业的涩谷HIKARIE内，就建设了约2000席位的日本最大的歌舞剧剧场"东急THEATRE

Orb"，地区宣传据点的会议厅"HIKARIE 大厅"，培养创造性人才的"展示场"，以及"8/（HACHI）"等三大类的文化设施。

另外2013年在都市再生特别地区实施的3项开发中，也提出了为促进最先进的创意产业的集聚成长等，导入有利于日本国内外企业入驻的高机能设施，并通过观光服务的方式推进各种吸引各地来访者的宣传计划等。

涩谷站周边，就是通过这样的方式形成了以创意产业为中心的面向世界的生活文化发源地，使涩谷具备的潜质尽可能地最大化。

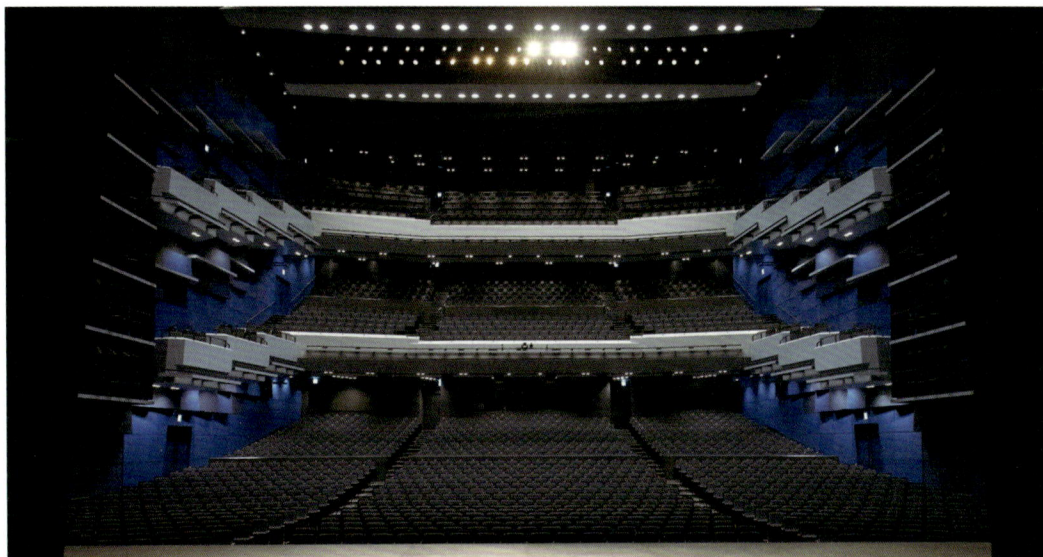

图表2-131 文化宣传中心的东急THEATRE Orb.

图表2-132 创造空间"8/（HACHI）"

3 强化防灾机能, 改善环境

吸取2011年3月11日东日本大震灾的教训，城区开发必须考虑在灾害时提供信息、临时收容无法回家的人员、供给食物等物资，甚至提供回家的支援等。更进一步，还需要考虑导入灾害时可供利用的、持久性好、低碳高效的分散型能源系统。

涩谷站的周边开发通过各项目开发主体的联合，在软件和硬件上都采取了一体推进的方式，旨在营造出防灾应对力强、环境负荷低的高度防灾城市。

2012年开业的涩谷HIKARIE，不仅通过提供临时收容远距离通勤人员场所提高区域整体的防灾能力，还设计了灾害时及时发布消息和防灾演练支援等的运营体制。另外还预计在八层设置"涩谷区防灾中心"，联合政府和地区的防灾组织，促进地区防灾机能的强化。

此外，为减轻对环境的负荷，临近的东急东横线·副都心线的地铁车站还在设计中采用了可自然换气的中庭空间，旨在通过减少机械换气削减二氧化碳的产出。

另外，2013年作为都市再生特别地区通过了规划决议的3项开发中，还提出了将为灾害时远距离通勤人员提供支援，导入高效独立的能源系统，通过屋顶·外墙绿化等减轻环境负荷，与车站周边开发一体推进的方式，促进防灾机能的强化和环境的改善。

东急东横线旁流淌着作为该地区宝贵自然资源的涩谷川，还可以考虑通过在开发中活用自然流水，建设沿河绿带、步行道、广场等，在城市中营造出安全宜人的滨水空间。

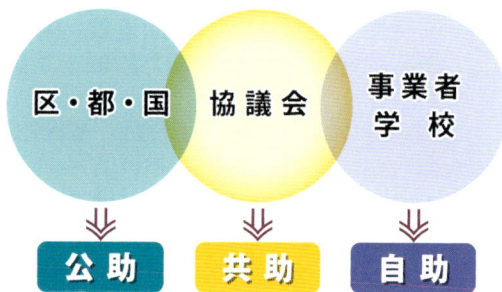

图表2-133 强化地域防灾机能的体制

图表2-134 地铁站台层开始通到地上层的中庭空间

图表2-135 涩谷川沿道约600m的绿带形成示意图

小结

　　涩谷站周边地区，在2012年4月涩谷HIKARIE开业后，还将经历涩谷站街区、道玄坂街区、涩谷站南街区、涩谷站樱丘口地区（※项目讨论中）等长达15年的建设。这些规划建设无论在规划上还是在空间上都有很高的关联性，在项目推进期间各开发主体的联动、街区建设、维持和管理等，都需要考虑采用一体化且长久的方式。如此具有活力和创造力的涩谷，是今后值得继续密切关注的案例。

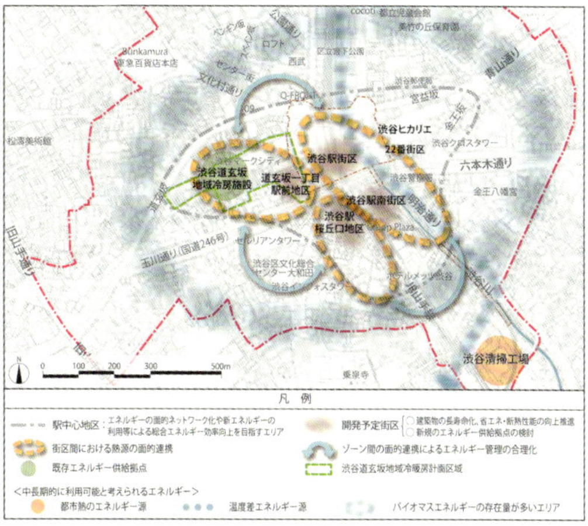

图表2-136 构筑街区间联动形成的面状能源网络与导入未利用能源的示意图

图表2-137 涩谷站周边的将来像

143

column 6
步行者网络与城市的竞争力
副都心新宿与涩谷

东京的三大副都心：新宿、涩谷、池袋

东京的新宿、池袋、涩谷，都是以大规模的终点站为中心建设城市基础设施，并聚集了大量办公、商业设施，是三处非常便捷的地区。1958年，东京都以分散城市功能为目的，将这3个地区定位为副都心。虽然，在之后的《副都心建设指南（1982年，东京都）》又追加了大崎、锦丝町·龟户、上野·浅草三处，以及在《第二次东京都长期规划（1986年，东京都）》中追加了临海副都心，但新宿、涩谷、池袋仍是最为重要的，被称为"三大副都心"的地区。

位于三大副都心的枢纽站点都是JR线及多条私铁或地铁通过的车站，往来行人极多。新宿站的每日使用者可达365万人（世界第一），涩谷可达301万人（日本第二），池袋则可达到250万人（日本第三）。以轨道交通为中心节点的三大副都心，由于其便利性聚集了大量办公、商业设施，在日本全国或者是首都圈来看，都是轨道交通、步行比例相当高的地区（82%）。

副都心新宿的吸引力

新宿不仅铁道利用方面，而且周围区域的商业零售额及办公人员数量方面，也是以绝对的优势超越涩谷及池袋。另外，在今年日本经济低迷的情况下，与其他地区相比较，新宿的百货店的营业额也较其他地区下滑趋势有所缓和。新宿如此强大的秘密又是什么呢？

新宿站的发展过程

新宿站的发展最早可以追溯到1885年"新宿停车场"的诞生，之后随着京王电铁、小田急电铁的逐次开业，到1930年代成长为枢纽站。到了二战后，又进行了西口·东口的复兴事业，到1960年制定了《新宿副都心规划》。

1959年地铁丸之内线开通的同时，连接丸之内线的新宿站与新宿三丁目站的地下通道"地铁散步道（METRO PROMENADE）"建成并投入使用。到1973年，从西武新宿线新宿站延伸出来的"新宿地下商店街（SHINJUKU SUBNADE）"建成运营。新宿东口地区的多数商业设施（伊势丹新宿本店等4个百货店），就是通过这两条地下通道联系为一体，逐渐成长为日本具有代表性的商业区。

到20世纪60年代，进入了铁道集团公司逐步进军百货业界的时期。随着1964年京王百货店开业，1966年小田急百货店开业，西口地区的商业规模也得到扩大。之后，西口的副都心的城市基础设施建设得以推进，完成了在该区建设办公街区所需的土地加固及基础设施建设。从70年代到80年代西口区域内陆续建起高层办公楼，特别是1991年东京都厅舍从丸之内移至新宿西口，使得新宿更加具备副都心的特色。

1990年代后半叶开始，作为JR新宿站改良的一环，在南口新设了出入口，并在周边建设了JR本社大楼与高岛屋时代广场等商业设施。

2008年随着东京地铁副都心线的开通，距离新宿站较远的地区也开始了连锁百货公司的重整更新、新店铺建设等工程，整体店铺网络得到重编。比如丸井（MARUI）百货集团就在新宿站周

边建设了5家店铺,目的在于有效地利用车站周边的步行者网络。

　　就是这样,新宿通过轨道交通建设、车站设施的改良,以及与车站连接的地下通道等相关的步行者网络建设,取得了商业设施的总体规模及分布范围的扩大。到了2003年,南口上方还与巴士终点站进行了整合,形成交通节点的车站大楼开发建设,进一步促进新宿站周边的发展。

徒步圈的扩大及商业设施的分布

　　图表2-138整理了3个车站周边的商业设施所在地的信息,横向轴是距离车站的远近,纵向轴是店铺的面积。从图中可以看出,新宿车站影响圈的范围很广,而且无论远近都有多数的商业设施,越靠近车站越便利的地方,越是集中了大型的商业设施。同时,涩谷则由于受凹谷地形的限制,使得商业设施较为分散在车站外的中等距离圈;另外,池袋则呈现邻接车站地区聚集大规模店铺,以及中距离圈内聚集中等规模的两极分化。

　　新宿之所以能够在距离车站较远的地区仍有商业设施,可以判断是因为随车站周边地区开发而进行的大范围步行者网络建设的成果。另外,可能是因为容易对步行造成干扰的宽幅主干道(明治通路)离该地区较远,使得新宿区有别于涩谷与池袋,形成广域步行者网络的原因之一。

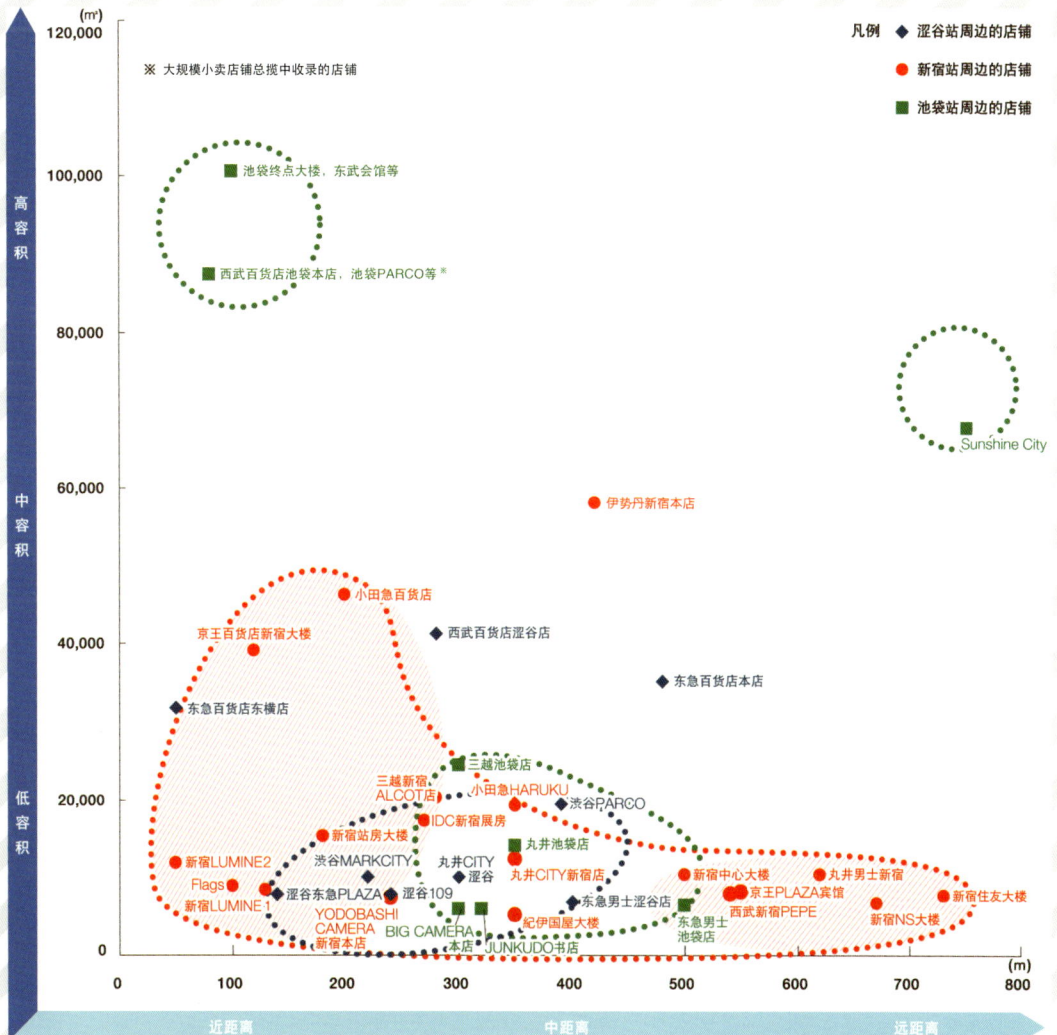

图表2-138 三大副都心车站周围的主要商业设施的选址(与车站的距离)与店铺面积

注:1.出处:《周刊东洋经济2007全国大型小卖店铺总览》东洋经济新报社
　　2.到车站的距离为JR站点到各店铺的中心距离

涩谷站周边建设与步行者网络的形成

三大副都心之一的涩谷站，是通过8条线路、设有6个站点的大型终点站。与新宿站不同，城市骨架基本上延续了二战前的样子，没有什么变化。因此出现了不同线路之间的换乘、站前空间不足的问题。

涩谷地区是由涩谷河及其支流形成的谷地与台地所组成的复杂地形，人流自然地汇入谷底部分。涩谷站就建在谷底，轨道则在地上二层、三层及地下层面立体交叉通过，是世界上屈指可数的高度复合化交通结点。

通过轨道、城市基础设施、附近街区等的连续开发与一体化再编复合化的交通节点涩谷站，促进长期可持续的发展，就如前文所述的新宿那样，形成与开发合拍的步行者网络。除了以车站为中心进行交通节点的再编和完善，似乎还应该配合开发的步骤，建设以车站为中心的步行网络。因为以车站为中心的步行网络不仅有利于提升街区人流量及吸引力，也是实现公共交通周边街区可游可乐的关键。

因此，涩谷站在既存地面层面业已成熟热闹的步行者网络之外，还有必要考虑将天桥层面新建步行者网络与地上、地下已有的步行者网络进行一体化重编的可能性。而且还有必要在车站邻接部分进行新的开发时，考虑与既存周边地区的连续性，两者同时考虑的城区建设及增强周游性是考虑的重点。

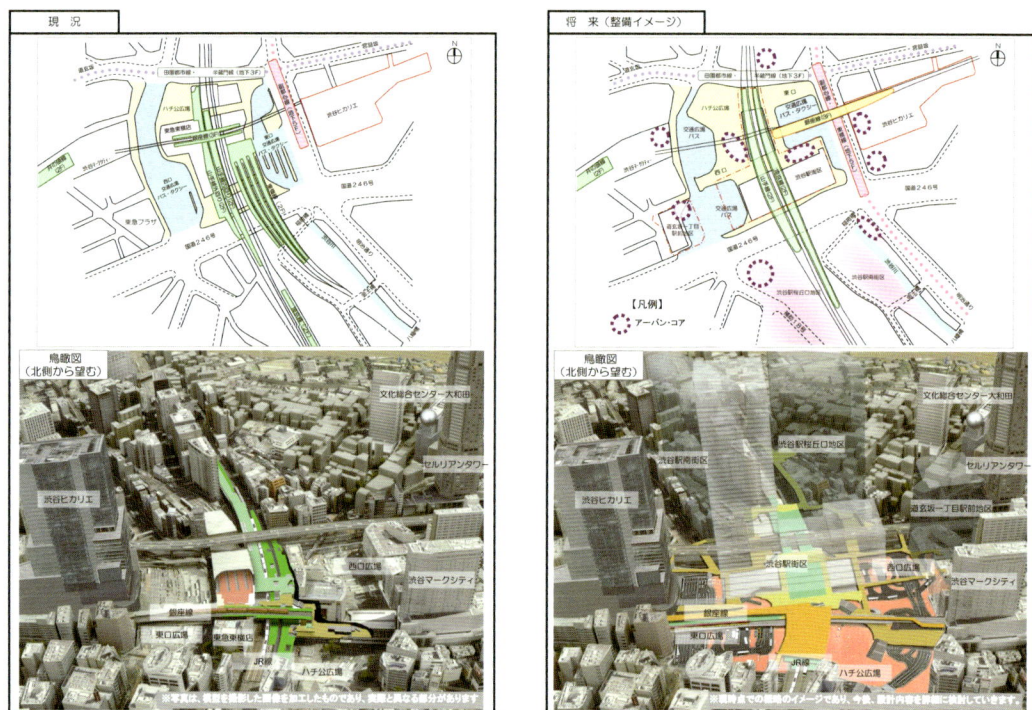

图表2-139 涩谷站周边的步行者网络建设（现状·未来规划的比较）

小结

东京地铁副都心线到2012年已迎来开通的第五年，日乘降客数（池袋－新宿－涩谷）达到了约33万人次（2011年时），远远超出了当初预想的15万人次。另外，连接池袋、新宿、涩谷三大副都心的"副都心线"，到2013年将开通与东急东横线的相互直通运营。通过直通运营，乘客无需转换就可以到达首都圈的另一重要终点站（也是日本国内第二大城市横滨的门户）——横滨站（乘降客约215万人次，日本第五）。横滨与三大副都心的无缝连接，可以说给各个副都心及其沿线带来了新的、值得关注的契机。

作为强化车站周边的步行者网络的第一步，改善人流根源所在的车站邻接部分的步行者网络（特别是建设贯穿东西的自由通道），基本上有望在这十到三十年间得到完成。新的"城市再生"阶段，还需要进一步讨论车站周边地区的民间开发事业，车站改良，轨道相互的直通化。而且受东日本大震灾的启发，提高地区防灾性及持续性增强城市功能也是需要进一步思考的问题。

如前文所述，车站周边地区步行者网络扩大的新宿站周边，正在讨论并积极推进完成贯穿东西的自由通道建设。但是由于车站上方百货店设施的老化，以及与副都心规划时代开始建设的车行为主、人车分离的站前广场等的重组等问题，可以预想在具体制定关于东西自由通道建设的一体化再编规划时，将遇到许多难题。

另外两个车站中，涩谷站计划通过地面的南北两条自由通道的建设与天桥层的"天空步行桥"的建设来改善东西的步行者流线；池袋站则在2011年6月通过了《池袋副都心设计导则》，提出了在东西、南北方向各加设3条地下通道，南北向两条线路的上空加设东西天桥的建设方针。此外，横滨站也正在讨论"悠游环线"的方案，方案的主要内容包括在既存三条地下通道之外，加设跨越南北向的通过铁轨的天桥。

三大副都心的站点外加横滨站这个综合具有日本代表性的枢纽站的组合进行怎样的车站周边开发，将是未来最值得期待与瞩目的焦点。

参考文献
新宿区新闻2011.6.15号等

column 7
韩国的车站上部空间开发

前言

　　韩国以2004年的高铁开通为契机，通过对现存车站的重建来带动地域的发展，提升地域的活力。事实上，近年来开发的高铁车站大多数采用将商业设施和文化设施等多种用途进行一体化的复合开发形式。以上述形式车站的复合开发为背景，1980年提出的民资车站事业制度使民间资本开始参与到车站开发中来，这使得之前仅具有站务功能的车站开发逐渐变成了与周边地域一体化的具有多种用途的车站开发。最初开发建设首尔站之后，近年来又积极重建了龙山站、往十里站等高铁车站。

　　在这里将通过对韩国轨道交通开发的发展过程和采用民资车站事业来进行开发的龙山站案例的说明，对韩国的车站开发的特征进行介绍。

韩国的轨道交通

　　在现在运行中的韩国轨道交通中，并没有私铁的存在。它们由韩国铁道公社运营的轨道交通线路，以及各城市公共企业和公共团体所运营的地铁线路这两种类型组成。（市内和市铁道由各地方政府和城市铁道公社运营，并且目前在首尔、仁川、大田、光州、大邱、釜山这6个城市运行。）除了地铁之外的韩国轨道交通，在2004年之前是由铁道厅进行运营的，在2005年之后，随着韩国铁道公社（KORAIL）成为公共企业，这些轨道交通开始由韩国铁道公社进行运营（图表2-140）。另一方面，还预计在未来建设机场铁道、首尔地铁9号线、新盆唐线等私有铁道。

　　从轨道交通使用者的变化来看，1970年之后，随着经济的发展，轨道交通使用者数量正逐步地增加。从轨道交通线路的延伸来看，虽然在2000年代之前的变化并不是很大，但是随着KTX（高铁）的建设，从2000年到2005年间，轨道交通线路得到了大幅的延伸（图表2-141）。

韩国概要：
国土面积：100,032km²
人口：48,782,274人（2006年）
轨道交通公司：KORAIL（韩国铁道公社）
线路总长：3,392km
年乘客数：989,294人
人均线路长度：3,429m/人

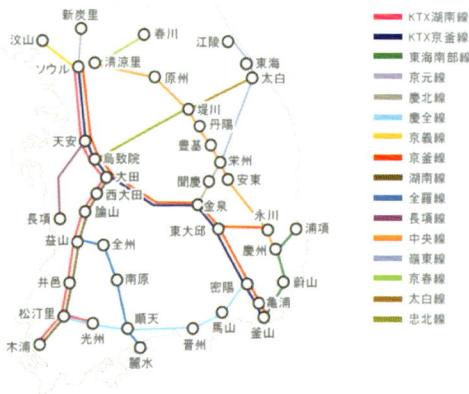

图表2-140 韩国轨道交通线路（参照:KORAIL HP）

图表2-141 轨道交通利用者数量的变化

韩国的枢纽站开发过程

【第1时期：车站独立时期（初期～20世纪70年代）】

从1899年轨道交通的开通到20世纪70年代，旅客的安全运输一直是车站建设的首要目的。因此，车站设计以减少上下车时间和为旅客提供短时间滞留空间为优先，车站空间构成也比较简单。另外，由于轨道交通是旅客和货物运输的主要手段，因此车站空间只具有与运输相关的基本功能，并没有和周边地域及城市相互联系。

【第2时期：民资车站时期（20世纪80年代～90年代）】

20世纪70年代以后，随着经济的高速发展，轨道交通的使用人数也逐步递增。因此，车站设施的扩充和改善势在必行。于是，随着《国有铁道财产的活用相关法律》注) 的制定（1984年），民间资本开始介入车站建筑的开发。由于民间资本在车站设施建设中的注入，在公营的轨道交通上空，"民资车站开发"即由民间资本参与进行的车站和商业的开发模式开始流行起来。从而，建设于70年代以前的以旅客空间为中心的车站空间逐渐发生改变，车站和复合商业设施相结合的复合车站开始得到建设。

注) 为了有效推进高速铁道建设项目，于1996年制定，在之后的2004年与《铁道建设法》合并。

【第3时期：复合车站时期（2000年～）】

随着高铁的建设（2004年开通），使得地域间的联系更加密切。在这一影响下，车站影响圈的人口流动逐渐增加，商业范围也逐步扩大。车站的开发开始和周边地域的开发产生了密切的联系。

车站内新导入的设施，除了完善车站功能之外，还具有高密度居住、生活设施、住宿、商业、文化、业务服务等各种各样的功能。

第1期：独立站舍时期 （初期～20世纪70年代）	第2期：民营资本站舍时期 （20世纪80年代～2000年）	第3期：复合型站舍时期 （2000年～）
安全运送旅客是车站的第一目的，因此，乘降车和短时间滞留的功能强化被列为最需优先考虑的单纯的空间构成。	《国有铁路财产的活用的相关法律》的制定（1984年）推动了民营资本的站舍建设。从而摆脱了以往以旅客空间为中心，强化车站和复合商业设施相联系的站舍建设。首尔站（1989年）、东仁川站（1989年）、永登浦站（1991年）等就是这样的代表案例。	由于导入高速铁路（2004年开通），区域间的邻近感增强，给站势圈流动人口的增加及商圈扩大带来影响，形成同周边区域开发密不可分的车站开发。新导入的设施不但完善车站的功能，同高密度居住功能一起，近邻生活设施、住宿、商业、文化、业务服务等呈现出多样化的格局。

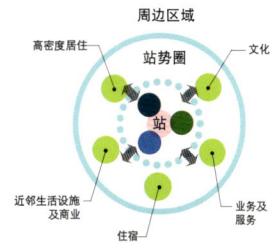

仁川站

全州站

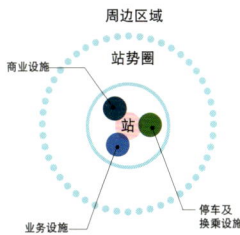

永登浦站
- 开发周期：1987年—1991年
- 用途：站务设施（B1F,1F,3F）百货店（B1F～8F）
- 规模：地上9层，地下5层
- 基地面积：57,849㎡
- 建筑面积：131,729㎡
- 停车：1,225台

富平站
- 开发周期：1990年—2000年
- 用途：贩卖、近邻生活设施（B2F—7F）运输设施（B3F～2F）
- 规模：地上8层，地下3层
- 基地面积：27,584㎡
- 建筑面积：56,370㎡
- 停车：926辆

东大丘站
- 开发周期：1阶段-完工（已开通）/ 2阶段-2012年完工
- 开发面积及导入功能：-站舍占地-224,940㎡/复合站舍、公园等-总体-489,000㎡/复合购物mall等商业设施、会展设施、高密度住宅、医疗中心、宾馆等
- 特征：高效大区域体系的确立，舒适化城心环境的生成及城心形象的强化，通过导入会展中心、宾馆等设施，形成国际化业务社区。

图表2-142 韩国枢纽站开发的发展

149

[所在地] 首尔市龙山区韩江路3街40-1
[用途] 站务设施（10%），商业设施（57%），
文化及集会设施（4%），停车场（25%），其他（9%）
[地区] 城市区域，一般居住区，
地区单位规划区域都市地域
[占地面积] 126,930.74㎡
[建筑面积] 约272,154.89㎡（82,000坪）
[规模] 地下3层，地上10层，
车位：2105个

图表2-143 龙山站的入口

龙山站的地位和建设过程

龙山站是位于韩国首都首尔市龙山区的韩国铁道公社的车站（图表2-143）。1905年，随着京釜线的开通，龙山站成为连通釜山的轨道交通枢纽站。在此之后，由于物流关联设施被转移到了其他车站，以及首尔站的交通需求增加等原因，龙山站的规模逐渐缩小。但是，随着首都圈的轨道交通的开通和2004年高铁的开通，龙山站根据使用者的需求重新进行了建设，这使得该车站再一次受到了关注。

在1997年4月的首尔市城市基本规划中，将副都心（清凉里、往十里、永登浦、永东、龙山）的开发计划正式化，以此为契机，由民间资本所进行的龙山站开发开始得到具体的推进。龙山被赋予了承担国际业务功能的副都心地位，因此，龙山站同时拥有高铁KTX和地铁，具有很高的便利性。龙山站具有日平均客流量35万人（周末平均60万人）的高客流量。车站北侧是首尔著名的电器用品街，车站的东面是业务设施和公共机构，而车站的南面是住宅区。

2004年10月开发完成的龙山民资车站和复合大卖场进行了一体化建设，它的规模是首尔民资车站的3倍，根据规划，龙山站将成为新的城市节点。

民资车站项目的车站上部空间开发

依据《国有铁道运营特例法》，民资车站是由民间资本参与投资建设的车站。该项目除了公共企业KORAIL的投资之外，还有民间资金的投入。因此，在车站的功能上，也从单纯的只具有车站功能的空间，转变成为在车站上部空间进行多种功能叠加的复合化的车站开发。一般情况下，由民间资本投入75%，铁道公社投入25%来组建民间合同出资公司，由该公司来进行车站的开发和运营。开发完成之后，民间开发商将车站设施无偿提供给KORAIL使用，而民间开发商可以获得车站30年的使用权，从而具有商业设施等的所有权和运营权。

1998年7月，决定以民资车站的形式进行龙山站的开发。1998年11月选定了"现代车站有限公司"作为了开发主体，1999年1月，设立了出资公司来推进项目的开发。在出资的比率上，作为开发主体的现代车站有限公司占25%，铁道厅占25%，现代产业开发占20%，其他部门占30%。

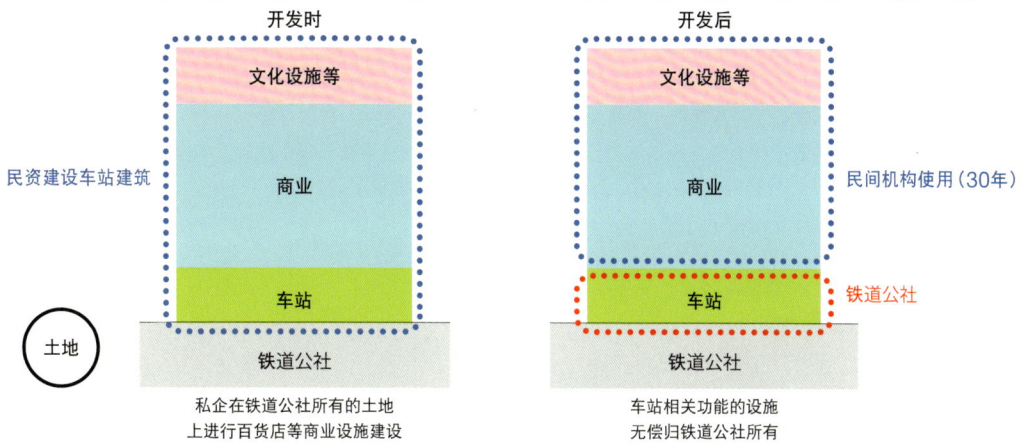

图表2-144 民资车站建筑项目

以车站设施为中心的复合化的车站空间

在龙山站中，车站设施占据了三层和四层的一部分。以此为中心，针对地域的多样化的需求，设置了商业设施（百货公司、专卖店、大卖场等）、文化设施（电影院、展览厅）和公共设施（广场），并将这些设施进行空间上叠加和一体化的开发（图表2-145）。

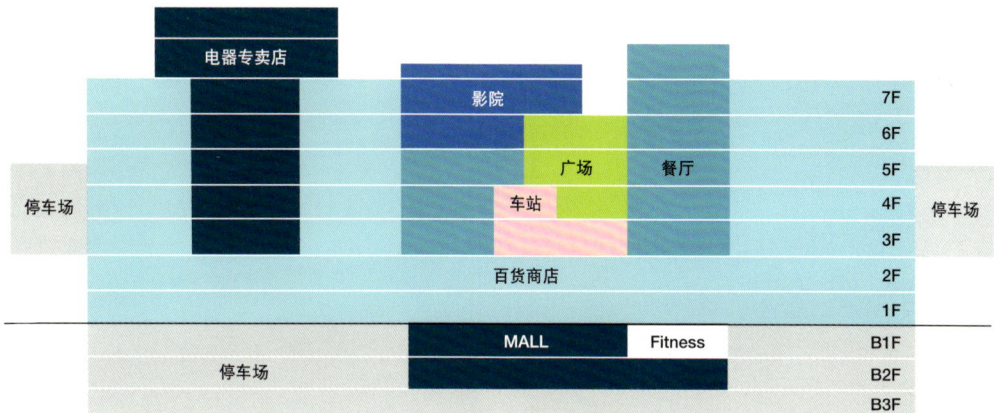

图表2-145 龙山站各层的功能

参照：www.iparkmall.co.kr

通过创造广场空间改善区域环境

由于30条左右的公交巴士线路经过车站周围，再加上出租车及自驾车等车流，造成了车站周边的交通混杂。针对这个问题，通过在车站第三层新设置出租车乘降、公交车换乘中心等措施，使其他交通设施直接连接车站，从而缓解了站前混乱的交通情况。通过排除站前混乱的交通带，设置站前广场增加步行空间等，使得车站周边地区的环境得到全面改善。

建设与区域节点相符的车站空间

针对之前车站没有中央大厅及候车室的情况，在新的第四层设置了候车室和文化设施（轨道交通信息馆），在第三层建设了中央大厅。中央大厅的面积达80m×120m，处整个建筑物的中心位置。从中央大厅出来有阶梯直接连接至站前广场，可以方便地到达各商业设施。此外，车站内还新设置了文娱活动空间及屋顶花园等设施，为周边区域的各种活动提供了场所。

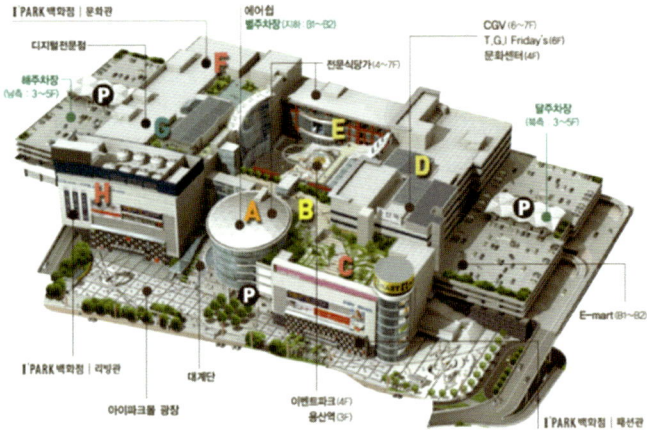

图表2-146 龙山站的总体结构
参照）www.iparkmall.co.kr

图表2-147 龙山站 从站前广场看车站建筑

图表2-148 龙山站 站前空间
（与具有多种功能的大阶梯一体化建设）

制定针对站城一体开发的制度

2010年4月15日，为了促进车站影响圈的开发及改善周边区域的环境，政府制定了《车站影响圈开发利用法》。（负责机构：国土海洋部铁道政策课）

相关法律制定背景

　　在此之前韩国的轨道交通并不十分发达，而且以轨道交通站点为中心的周边地区的开发也基本没有展开，但随着作为通过引入民间资本来促进轨道交通建设的手段——民资车站建筑事业的开始实施及高铁的开通，修整已经老化的既存车站的必要性日渐显现。但是，当时车站影响圈开发的状况是，周边地区之间的互相协作性很低，开发项目各自单独展开，没有一个系统性开发的计划。而且由于对车站影响圈特殊的支援不足还导致了高密度复合式开发的困难。

　　面对这样的课题，制定了《车站影响圈开发利用法》，其主要内容如下所示。从此，一体化考虑轨道交通设施和城市规划的系统性的车站影响圈开发开始被推进，在车站中心区域将形成生活、文化空间，并且周边地区城市环境将被改善（图表2-149）。

改善项目	具体内容
车站影响圈开发区域的明确化	明确定义车站影响圈，即"轨道交通站点及其周边地区"
车站影响圈开发区域的指定	以下情况可以由国土海洋部长官指定开发区域。 ·轨道交通站点增建，修整的用地面积达3万平方米以上 ·开发区域面积达30万平方米以上
车站影响圈开发项目规划的制定	体系化的"车站影响圈项目开发规划"的制定 包括项目名称，开发区域名称，位置，面积以及目的， 车站影响圈功能调整以及建设计划，项目实施方式以及实施单位
改善事项 （用地性质的变更， 建筑密度和容积率限制的放宽）	改变用地性质使高密度开发变得可能 建筑密度，容积率限制放宽至原来的1.5倍
车站影响圈开发项目的实施单位	以下项目实施单位可以由政府 （国土海洋部长官，市，都知事） 国家，地方教教团队，韩国铁道设施公司，韩国铁道公社，韩国土地住宅公司， 地方公企业，铁道事业者，综合建设业者，不动产投资公司，以及这些单位的股东
车站影响圈开发利益的返还	通过车站影响圈开发产生的开发利益的一部分返还给政府 （返还的大部分利益用于支持开发地区的自治团体，以及扩充轨道交通设施等改善轨道交通环境）

图表2-149 《关于车站影响圈开发利用法》的主要制定内容　　　　　　　　　　　　　　参照：《关于车站影响圈开发利用法和施行令》

注：为了有效推进高速铁道建设项目，于1996年制定，在之后的2004年与《铁道建设法》合并。

参考文献
「龍山民資駅舎のプログラムと区間構成に関する研究」ソウル市立大学大学院　盧秀一·2007年2月
「国有鉄道民資駅舎開発に関するソウル市政策対応方案」ナムジン　キム　グァンジョン·2002年
「民資駅舎及び駅勢圏の効率的開発方案に関する研究」―国内民資駅舎開発事例を中心に―牧園大学　産業情報大学院　不動産学科　金炳晤·2008年2月
「民資駅舎開発活性化方向に する研究」建国大学　不動産大学院　不動産建築·開発専攻　姜成植
「韓国の都市政策の近況」国土交通省国土交通政策研究所副所長　周藤利一
「駅勢圏開発及び利用に する法律」の重要内容　学術誌　国土Vol.343·2010年5月　pp.114-119　朴ムンス
韓国鉄道百年史·鉄道庁·1998年
総合的で合理的な駅勢圏開発のための「駅勢圏開発及び利用に関する法律」都市情報vol.343·2010年10月　金ヨンソク
「鉄道駅勢圏開発事業の問題点と改善方案に する研究―韓国鉄道公社駅勢圏開発事業を中心に―」韓南大学　不動産学科　イムジョンヒョク·2007年12月
「鉄道駅勢圏開発の効率化方案」牧園大学　産業情報大学院　不動産学科　朴グァンヨル·2007年12月
「わが国の複合民資駅舎開発方向に関する研究―首都圏地域の複合民資駅舎事例分析を通して―」中央大学建築大学院　建築及び都市設計専攻　閔鳳東·2005年6月
「駅勢圏活性化のための統合的な法制度改善方案に関する研究」中央大学大学院建築学科　Kim Young-Hun,Lee Jung-Hyung　韓国都市設計学会2010春季学術大開論文集、2010年
アジア経済HP「新駅勢圏開発　速度が速くなる」·2010年03月19日
http://www.asiae.co.kr/news/view.htm?idxno=2010031817215871240
国土海洋部　道政策課
KORAIL 主页：www.korail.com
龙山站 iPark mall主页：www.iparkmall.co.kr

3

轨道建设与沿线
同步开发

本书在第1章中阐释了"模式A：以枢纽站为中心的高度复合·集聚型开发模式"和"模式B：与轨道建设同步的沿线型开发"这两种开发模式，本章将以东急电铁在东京都市圈内对这两种模式的一体化利用的实践为基础，针对轨道交通沿线开发与城市开发的一体化展开所获得的效果及其在当前时代下的推进策略进行介绍。

本章将由以下内容构成。

首先，本章将对从1960年代开始，东急电铁在位于东京西部的多摩丘陵地区开展的以住宅为中心的"站城一体开发"实例"东急多摩田园都市"的概况进行介绍。

东急多摩田园都市是私营轨道交通企业直接作为主体进行城市开发的事例，可以说采用的是"私营（轨道交通）+私营（开发）模式"。本章节前段主要对这种模式的优点进行说明，即一家私营企业能够对开发业务和轨道交通建设进行一体化的规划和业务推进。此类由私营企业进行的开发在规划理论上的特征在于这是一个民间提案成长为法定规划的过程，其最能够体现开发初期的开发理论。同时，本章也将针对这类项目在业务推进方法上的特征，即并非土地所有者的东急电铁在同时推进轨道交通建设和沿线开发时所选择的方法进行阐述。原本轨道交通建设和房地产开发一直作为相互独立的业务被人们所认识，在当时的行政管理系统上也分属运输省和建设省两个部门各自管理，对其进行一体化推进的方法并不存在。在这样的背景下，本章将阐明这种一体化推进的构想具体是如何实现的。

其次，开发产生的住宅作为一种商品被投入市场，为了获得消费者的青睐，"沿线价值的创造"这一课题将非常关键。本章将阐明什么样的城市开发和城市空间使得人们愿意选择居住在这里；作为品牌形成的策略，针对本区域作为高级高价的住宅区如何唤起消费者的需求、社区营造时应当导入什么样的功能、业务规模如何进一步扩大等一系列的问题，东急电铁采用了什么样的

策略进行解决。①住环境建设和②生活关联设施的建设成为了这一部分的关键词。

同时，为了提高社区的生活便利性，私营企业开始参与到城市基础设施建设中，并开创了这个领域的先河。本章针对这一做法对于私营业主的意义进行了阐释：即在充实了交通网络的同时，配置公交汽车网络还通过扩大轨道交通的沿线区域而达到了进一步扩大业务规模的目的。同时本章还说明了针对以早晚高峰的通勤通学为代表的去往市中心的单向流动人群，如何创造与之相对的反方向人流来提高轨道交通的运行效率，以及在推广与轨道交通业务息息相关的沿线地区品牌上采用了什么样的策略等问题。

最后，本章对东急多摩田园都市当下正在展开的构想进行了说明。虽然东急多摩田园都市现在仍拥有50万以上居住人口，但在现代日本社会老龄化、少子化的大趋势下，它同样需要考量自身的应对措施。东急电铁尝试着进行能够灵活应对不断变化的社会需求的可持续型开发，伴随着不断变化的价值观和社会背景，他们也不断地对规划进行修正。在贯彻总体规划的同时，捕捉时代的变化，通过社区营造来对规划的发展方向进行修正，通过持续的社区经营来增强社区魅力，从而从整体上赢得沿线区域之间的竞争。同时，本章还说明了针对沿线人口老龄化以及随着沿线居住社区的成熟而不断增高的老龄人口比例等问题，东急采用了什么样的应对策略、又是如何将之付诸实践的。

从轨道交通业务方面来说，本章还涉及了如何通过增强输送能力来消除通勤时间的拥挤现象这一问题。当沿线居住人口超出规划人口时，通勤时的拥挤现象日趋严重，在维持沿线价值的前提下通过实施什么样的策略解决这一问题是极为关键的。同时，本章还针对东京市中心改造的一环——东急电铁最大的枢纽车站涩谷站周边的开发进行了分析，阐明了其以轨道交通的改建为契机进行城市中心改造从而进一步提升沿线吸引力的战略。

引言

将阪急模式进一步发展的私营轨道交通公司的沿线开发

　　1950年以后是日本经济的高度成长期，同时也是东京都市圈人口快速增长的时期。那时，在位于东京市中心外围的被称作"新城"的地方，建造了大批经过规划的居住区。这些居住区面向依靠轨道交通去东京市中心上班的家庭。图3-1标注了几个规模比较大且具有代表性的轨道交通沿线的新城。以下图表所列举的是这些新城之中开发面积超过1,000ha的新城，其中包括4个以公共为主体进行开发的新城和由私营的东急电铁所开发的名为"东急多摩田园都市"的新城。

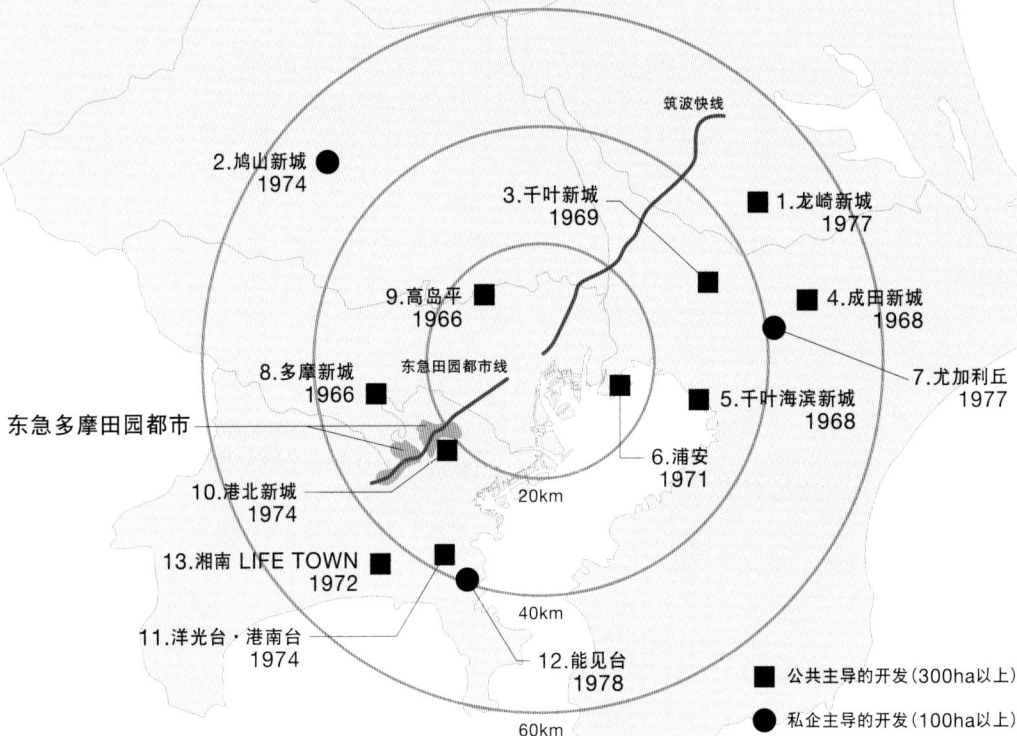

筑波快线

2.鸠山新城
1974

3.千叶新城
1969

1.龙崎新城
1977

9.高岛平
1966

4.成田新城
1968

8.多摩新城
1966

东急田园都市线

7.尤加利丘
1977

东急多摩田园都市

5.千叶海滨新城
1968

6.浦安
1971

10.港北新城
1974

20km

13.湘南 LIFE TOWN
1972

11.洋光台・港南台
1974

12.能见台
1978

40km

■ 公共主导的开发（300ha以上）

● 私企主导的开发（100ha以上）

60km

主要新城的概要

①公共主导的开发

新城名	项目开始（年）	面积（ha）	2000年人口（千人）	业主
3.千叶	1969	1,933	75.8	都市基盘整备公团/千叶县
5.千叶海滨	1968	1,480	134.5	千叶县企业厅
8.多摩	1966	2,892	205.0	东京都、东京都住宅供给公社、都市基盘整备公团
10.港北	1974	1,316	108.7	都市基盘整备公团

东急多摩田园都市	1956	5,000	525.0	东急电铁

图表3-1 东京首都圈的新城分布图

图表3-1表中②私营资本主导的有计划的长期开发：像前面所介绍的那样，私营轨道交通公司——阪急电铁在新城建设大约40年以前，就构建并实践了将轨道交通和轨道交通沿线地块一体化开发的商业模式。轨道交通公司在轨道交通工程开工之前，预先购买沿线土地，在轨道铺设的同时进行沿线住宅区的建造和销售。随着开发计划的进行，沿线的人口将会逐步增长，这样不仅能保证轨道交通客运收益，还能通过住宅区的开发销售获得收益。这样一来，就可以确保轨道交通开发初期费用的回收和轨道交通运营的长期且稳定的收益。另外，通过建设轨道沿线具有吸引力的公共设施，使轨道沿线的附加值也得到提升。那些从其他区域搬迁到轨道交通沿线的新居民和新建公共设施的使用者也会使轨道交通客流量进一步增长。

在新城建设时期，"东急多摩田园都市开发"项目将这种商业模式做了进一步的发展。东急电铁坚信东京都市圈会不断扩大，于1953年提出了这个田园都市的开发计划，并且制定了轨道交通铺设和住宅区开发的总体规划。这是一个将轨道交通建设和沿线住宅开发同步推进的都市开发项目。东急电铁的这个项目和阪急电铁的事例相比，不仅在项目规模上，在其他方面也存在着很大的差异。在基础设施的建设中，东急电铁引入了公营项目的开发方法——区划调整工程（注：由政府和土地所有者依法整理用地性质和形状，以此完善道路等市政基础设施，并划分出新的用地用作公共设施新建改建和保留用地）。同时，由于采用了"业务代行"方式（注：即由东急电铁承接区划调整工程的所有事务，并代为支付勘察、基础设施建设、土地所有者补偿等费用，以此换取保留用地），使得东急电铁在基础设施建设中掌握了主导权，在新城规划初期就对与市中心地铁直通等轨道交通建设问题给予了考虑。借助政府等公共力量，结合公共设施建设，全面推进项目建设并提升项目价值，这正是东急电铁和阪急电铁开发过程中的最大的差异。东急还在沿线各地配置了便利的日常生活设施，并用自身品牌来经营这些设施。这不仅创造了地铁沿线的舒适生活，而且对城市的商业设施进行了扩充，强化了节点与沿线一体化的商业模式，使得城市、沿线的生活文化水平得到提升。随着东急品牌的创立和沿线人口的增加，商业成为该公司的第三大支柱产业。

另外，如图表3-1表中①所示，公共开发：在东急多摩田园都市的开发之后，还相继产生了多摩新城、港北新城等由政府或公营机构开发的新城。这些开发中，虽然以公共资本作为开发主体，但是轨道交通的建设却是由私营资本和公共资本共同完成的。此后，政府立法认可了以公共资本为主体的轨道交通和沿线一体化开发的行为。在东京都市圈不断扩大的后期，即20世纪90年代后期，连接东京（秋叶原）和筑波学园都市的轨道交通线路"筑波快线(TSUKUBA EXPRESS)"由第三主体（注：国家及地方政府所属企业属于第一主体，私营企业属于第二主体，由上述两者共同出资设立的法人机构称为"第三主体"）建设完成，并同步推进了沿线开发。

当然，并不是所有的私营轨道交通公司都采用了阪急、东急的开发模式。在高速经济增长时期，新建轨道交通沿线采取的几乎都是上述的政府主导的新城开发方式。在1900年到1920年，也就是东京市区扩大的初期阶段，各个轨道交通公司的主干线路在这一时期基本建设完成。在这些线路的沿线，除了一部分规模较小的由轨道交通公司开发的项目之外，随着轨道的铺设，沿线住宅开发（特别开发项目）可谓杂象丛生。直到现在，在很多轨道交通沿线，比如道路和站前广场这样的城市基础设施建设还并不完善。导致这一现象的原因是由于这些开发建设并不是以轨道交通公司为主体进行的，而是以其他的私营开发为主体。这些开发虽然一定程度上受到城市开发和建筑方面的法规的限制，但是往往只注重单个项目的经济利益，而忽略了沿线的公共设施建设。虽然在20世纪50年代之后，轨道交通沿线就已经出现了由地方政府所属住宅企业开发建设的设施齐全的住宅小区，但是真正意义上的城市基础设施的完善是在20世纪70年代后期。这一时期所倡导的土地区划调整工程，市区再开发工程使得站前广场和周边基础设施得以完善。为了解决轨道横穿街道的问题，连续立体道路交叉口工程（轨道交通高架化工程）的建设工作目前仍在推进中。

本章将重点关注②私企主导的计划性长期开发过程，这一开发过程与①公共开发与特别开发项目有着显著不同。本章以作为私营轨道交通公司代表的东急电铁（以下简称"东急"）的东急多摩田园都市开发项目为案例，试图对其开发规划的特点进行详细的论述。这一案例被认为是以东京市中心枢纽站为起点的轨道交通建设及其沿线一体化开发的典型案例。

另外，对于公共机构为主体的新城开发，沿线开发将在本章的专栏和第4章中进行介绍。

东急多摩田园都市概要

东急多摩田园都市位于东京市西南方向距离市中心15～35km的丘陵上。东急田园都市线是东急的主要线路，在它沿线大约20km的范围内（"梶谷"站～"中央林间"站之间）坐落着总开发面积约为5,000万m²，规划人口50万人（规划初期人口40万）的日本国内最大规模的新城。到2012年为止，这里已经有60万人在这里生活，远远超过了计划的人口。

东急田园都市线承担着将大量的东急多摩田园都市居民运送到位于东京市区的终点站"涩谷"的任务。而和东急田园都市线相互直通的，用来联系涩谷站和东京市中心方向的线路是东京地铁半藏门线，这早在多摩田园都市项目的规划初期就已明确。因此，从涩谷站不需要换乘就可以直达位于东京市中心的"永田町"、"大手町"等车站，这种交通方式对沿线的居民和轨道交通的使用者来说都是非常便利的。

东急巧妙地活用了交通便利的优势，并通过各种策略将东急多摩田园都市建设成为了一个非常高品质的居住区。

图表3-2 新城和东急电铁线路图

开发概要

在20世纪50年代，也就是东京都市圈扩大的初期，由于市区的无秩序开发，导致了大量人流向市区集中，从而诱发了居住环境恶化等一系列问题。于是，针对当时大量的住宅需求，在东京郊区建设若干个新城的计划浮出水面。以多摩新城为首的公营开发的新城就是以提供大量住宅为目的而开发建设的项目。在这些新城的开发过程中，通常先进行基础设施建设，随后以若干集合住宅构成的住宅小区为单位进行住宅建设，并在短期内集中规划建设联系这些住宅小区的街区。东急多摩田园都市却不同于这些公营开发的新城，它制定了具有很强灵活性的总体规划，并按照开发商和土地所有者达成协商的先后顺序，分期进行开发。

东急多摩田园都市建设时期(初期) 的策略

在1966年东急田园都市线（沟之口站～长津田站）开通的时期，是轨道交通初期投资的早期回收时期。在这个阶段，吸引人们在轨道交通沿线定居成为轨道交通收回初期成本的必要条件之一。于是，东急不但将所取得的土地以独立式住宅用地的形式大量地投放市场，并且还将大量的土地卖给了私营企业（作为私营企业职工公寓用地）和政府出资的住宅开发企业（本书后面的部分会详尽进行说明。）

东急还在轨道交通开业的同年发布了"梨城规划"，该规划向全社会披露了东急多摩田园都市开发的构想和理念，以此来推动住宅的销售。该规划将日常生活设施集中设置在了居住区，主要节点和车站前，并且提出了以交通系统、商业系统和绿化系统这三大网络相连接来形成该地区城市骨架的规划理念。

东急销售的独立式住宅以《开发意向书》中所提出的"低密度的田园郊外住宅区构想"为基础，在道路等基础设施完备的街区中提供了宽裕的住宅用地。如同之前建成的田园调布地区一样，东急成功打造了环境优越的住宅区和高品质的独立式住宅。

另一方面，在20世纪50年代，政府为了应对人口加速向城市地区集中的现象和扩大内需的需要，提出了"房产政策"。政府系统的金融机构降低了长期贷款的利率，并出台了贷款所得税减税政策，以此来促进工薪阶层购买房产。在当时的日本，工薪阶层大都在城市租房居住。可供出租的房产有公营和私营两种形式，但这两种形式所提供的住宅都非常狭小，只有2DK（2个房间及兼做厨房和餐厅的区域，共45m^{2}左右）。随着孩子的出生，家庭成员增加至3~4人时，就需要更加大一些的房子。因此，这些家庭就只能选择购买房产。同时，房产还能作为固定资产，给家庭带来安定感和升值的期待，这样就会更加激起大家购买房产的欲望。

东急多摩田园都市提供的高品质的住宅恰好满足了当时比较富裕的脑力劳动者阶层的购房要求，因此吸引了这一群体的大批入住，而这一群体的入住也进一步加速了高品质生活服务设施的开发。于是，东急田园都市线终点站"涩谷"这一城市经济中心就成为相当高质量的经济腹地，为城市整体高品质生活文化的形成创造了条件。

东急多摩田园都市建设时期（中期、后期）的策略

东急多摩田园都市建设时期（中期、后期）的策略

随着人们在沿线的定居，东急的轨道交通收入趋于稳定。在区划调整工程逐步完成的过程中，东急还不断地进行新策略的推进。

多摩田园都市在开发的初期阶段以"先吸引人口，后建设相应的生活服务设施"为策略。在这样的情况下，1973年东急提出了"舒适计划"，在满足了"量"的积累之后，寻求"质"的提高。东急在各个街区的主要车站附近，建造了百货公司、购物中心、运动设施、社区

活动中心、医院等生活服务设施。随着高品质的生活服务设施的运营，街区的整体价值得到了提升。

起初，沿线居住区的开发被限定在以车站为中心的步行圈内。为了进一步扩大开发的范围，东急公司设置了联系车站和居住区的巴士。当时，在其他公司的轨道线路上，站前广场的建设都不完善。但在东急多摩田园都市，东急却依靠区划调整工程对车站前广场进行了整顿完善，战略性地对路网和巴士站点进行建设，并进一步完善了自己公司的巴士线路，使得可供开发的居住区

面积进一步扩大。随着定点的公交班车的开通，周边房产的价值也进一步得到了提升。这些建设项目促进了该地区人口的进一步增长，也给轨道交通带来了更大的收益。

东急还积极地引进大学和私立学校等教育设施。当时，通向东京市中心方向的上班、上学的客流已经比较稳定，为了增加反方向的客流，同时也进一步提升轨道交通沿线的形象，东急在东急东横线的中间站点日吉站附近引进了庆应义塾大学。于是，产生了在早晚时分从东京市中心向东急多摩田园都市出行的反方向客流，这使得轨道交通利用效率得到了提高。

居民进驻东急多摩田园都市至今已经有50多年。为了应对早期居民的高龄化现象，东急公司开始进行住宅更替促进项目。由于东急多摩田园都市的建设开发过程比较

短，导致了该地区居民的年龄都比较相近，因此该地区老年人口的比例也在短期内大幅度增长，这成了多摩新城发展中所面临的问题之一。A·LA·IE项目是针对那些子女已经独立的高龄家庭推出的，通过该项目可以将那些高龄家庭的独立式住宅进行收购和更新，并转卖给年轻的育儿家庭，这样就可以促进年龄较低的新人口的流入。同时，这些原有的老年居民可以搬入设备齐全的老人住宅，这些老人住宅还可以根据住户的要求提供老年人看护服务。这样一来，这些老年居民也能在老人住宅安度晚年了。

东急多摩田园都市至今还维持着高品质住宅区的形象，并且非常有人气。这一切，并不是偶然产生的，而是东急在完成了宅基地的出售之后还继续通过品牌策略从城市经营的视角出发进行各种经营战略的成果。

东急多摩田园都市的获奖经历

东急多摩田园都市获得过包括1987年的日本建筑学会奖（业绩）和2002年的日本城市规划学会奖在内的3次大奖。获奖的理由为"和轨道交通一起成功的计划性的都市建设，和固定人口增长同步的生活环境整备""区

划调整工程的推进""规划下的市区环境维持和提升（基于建筑协定的住宅地环境保护），体系化的绿化"等，在学术界得到了很高的评价。

轨道交通工程的二次构筑

虽然在1973年的"舒适计划"时期，东急田园都市的规划人口从40万人调整为50万人，但是实际情况是已经有60万人在这里定居了，这就造成了上班上学高峰时期的拥堵现象，于是该问题就成为东急多摩田园都市发展中所面临的另外一个问题。不仅仅是东急田园都市线，在整个东京城市圈，由于长距离的上班和上学的出行而造成的早晚高峰时期列车的拥堵问题也成为一个亟待解决的大问题。在东急田园都市线建成之后，为了提高乘客们乘坐的舒适性和便利性，东急在轨道交通线路的复线化及与市中心地铁线路的互通等方面对轨道交通网进行了再编和改造工程。

东急将连接横滨和涩谷的主干线路东急东横线的一部分线路进行了复线化，并对现有线路进行了改造和重

新连接。于是，在东京市区出现了除了涩谷站之外的另一个换乘站点目黑站。在目黑站也可以通过与东急东横线相互直通的东京地铁线路和都营地铁线路直接到达东京市中心，这样一来就实现了东急东横线乘客的顺畅换乘。东急还实施了东急东横线涩谷站的地下化，由此东急东横线已于2013年实现与东京地铁副都心线相互直通，直接通向新宿和池袋等地区。

同时，东急还将东急田园都市线位于沟之口站和二子玉川站之间的一部分区间也进行了复线化，并同环状线路大井町线相连接。这样一来，就产生了两条和东京市中心相连通的新线路——东急目黑线和JR京滨东北线。乘客们在出行线路的选择上也更加的便利，早晚高峰的混乱局面也得到了缓解。

东急多摩田园都市开发、轨道交通建设的过程和东急的项目展开

1951年，东急文化会馆在涩谷开业。两年之后的1953年，随着东急多摩田园都市《开发意向书》的发表

和多摩田园都市的开发，旧东京希尔顿大酒店、涩谷的东急百货店总店等项目也在同一时期马不停蹄地相继开

展。但是，东急还是把主要的人力和资金投入在了多摩田园都市的开发项目和田园都市线的建设上。以东急东横线等轨道交通线路的收益为支撑，东急在多摩田园都市的建设上投入了相当大的精力。田园都市线的全线运营开始于1984年，当时多摩田园都市的固定人口已经达到了规划人口的90%。东急的轨道交通收益也随着和小田急线的相互连通，更加迅速地增长。随着多摩田园都市开发中的土地区划调整工程的基本完成，东急在土地和住宅销售上的利润得到增加，多摩田园都市项目也因此成为东急具有稳定收益的项目之一。

1988年，为了缓和轨道交通拥堵的局面，东急开始着手进行"轨道交通运输力大规模提升工程"。东急一方面持续地依靠轨道交通作为其主要收益，另一方面，随着多摩田园都市项目的进行，东急的收益结构也发生着转变。随着2013年东横线涩谷站的地下化，以及东横线与东京地铁副都心线路的直通，一系列的轨道交通改造工程陆续完成。以涩谷站的搬迁为契机，现有涩谷站解体后，以车站旧址和新涩谷站为中心的涩谷地区的大改造项目也应运而生。此外，针对京王电铁涩谷站、东京地下铁车辆基地及东急电铁公交车专用道进行一体化开发所建成的，包含了办公、酒店、商业设施构成的涩谷Markcity已经于2000年开业，位于东急总公司旧址上的涩谷地标Cerulean tower也已经于2001年建设完成。随着涩谷的魅力的逐步增加，作为其腹地的东急多摩田园都市的附加价值也将逐步增长。这些措施被认为是在人口不断减少的社会形势下，在沿线竞争中取胜的必要策略而得到大力推进。

接下来，本书将细述轨道交通事业和沿线开发齐头并进的东急商业模式及其规划建设，并对其中的具体措施进行详细阐述。

参考文献
「昭和62年日本建築学会賞　多摩田園都市　-良好な街づくりをめざして-」
発行 東京急行電鉄株式会社・1988年11月6日
「多摩田園都市開発の計画的プロセスに関する研究ー土地区画整理事業の組み合わせによって作られた計画プロセスに関する研究ー」
石橋　登　谷口　汎邦・2005年12月
「東急多摩田園都市開発50年史　多摩田園都市開発35年の記録　昭和23年～昭和63年」
発行 東京急行電鉄株式会社・1988年10月

私营（轨道）＋私营（开发）模式的优势

私营－私营的建设

在新城的开发中，根据轨道交通建设的主体和宅基地建设的主体的不同，可以分为公共开发和私营开发两类。因此，东急多摩田园都市的开发可以被归类为私营（轨道交通）项目—私营（开发）项目（图表3-3）。

		轨道建设		
		私营	第三方	公共
住宅地开发	私营	私铁的站前开发 ·东急多摩田园都市 ·阪急沿线开发		自然形成的站前城区
	公共	新城 ·小田急电铁 ·京王电铁 ·多摩新城	新城 ·千叶新城 基于宅铁法的沿线 开发与轨道基础建设 ·筑波快线与沿线开发	新城 ·横滨市营地铁与港北新城

图表3-3 轨道建设和宅基地建设中公共开发和私营开发的分类和案例

在新城的开发中，由同一开发商将轨道交通建设和宅基地整备进行一体化操作的方式具有以下的优点。

○可以通过对区划调整工程这样的城市规划制度的合理利用，来确保轨道交通开发中所涉及的必要的土地。
　→对土地所有者来说，轨道交通的建设将是抬升土地价值的必要方式，因此会给予协助。
　→区划调整工程的实施主体是作为公共企业的轨道交通公司，因此容易获得民众信赖。
　→作为区划调整工程的一部分，站前广场的建设得以落实。
　⇒基于以上原因，东急选择了以区划调整作为项目开展的方式。

○轨道交通建设、基础设施建设提升了土地价值，轨道交通公司可以将这些土地创造的房产收益尽收囊中，并实现整体平衡。
　→可以通过有计划地出售宅基地来增加沿线的人口，从而保证轨道交通项目初期投资的顺利回收。
　→可以通过利用自己持有的土地有计划地推进开发策略，保证开发用地整体附加值的提升。
　→在年度决算时可以将轨道交通和城市开发的收益进行全盘考虑，从而保证开发项目的有序推进。

由同一个开发主体进行轨道交通建设和宅基地开发，可以有序地将这两个项目同时推进并且获得双赢。
虽然在以前，作为公共事业的轨道交通开发和城市开发项目在行政管理上分别属于运输省和建设省管理，也没有一体化开发的相关法律。随着两省的合并，以及可以实现上述双赢效果的法律（《宅铁法》）的出台，以公营开发为主体的轨道交通和城市的一体化开发得以落实，筑波快线线路和沿线开发就是这一模式的成功实践。

与轨道交通一体化开发的东急多摩田园都市开发的商业模式

沿线开发的商业模式采用将轨道交通建设和沿线开发有计划地同时进行的开发手法,它的特征可以归纳为以下3点。

第一点,在铁路沿线提供高品质的居住环境和优质住宅,并配备充足的生活服务设施,从而吸引居民入住。常住人口的增长,可以保证铁路的客流量,即保证铁路的稳定收益。另外,随着住宅用地的升值,可以实现以住宅销售为支柱的房地产业收益的最大化。

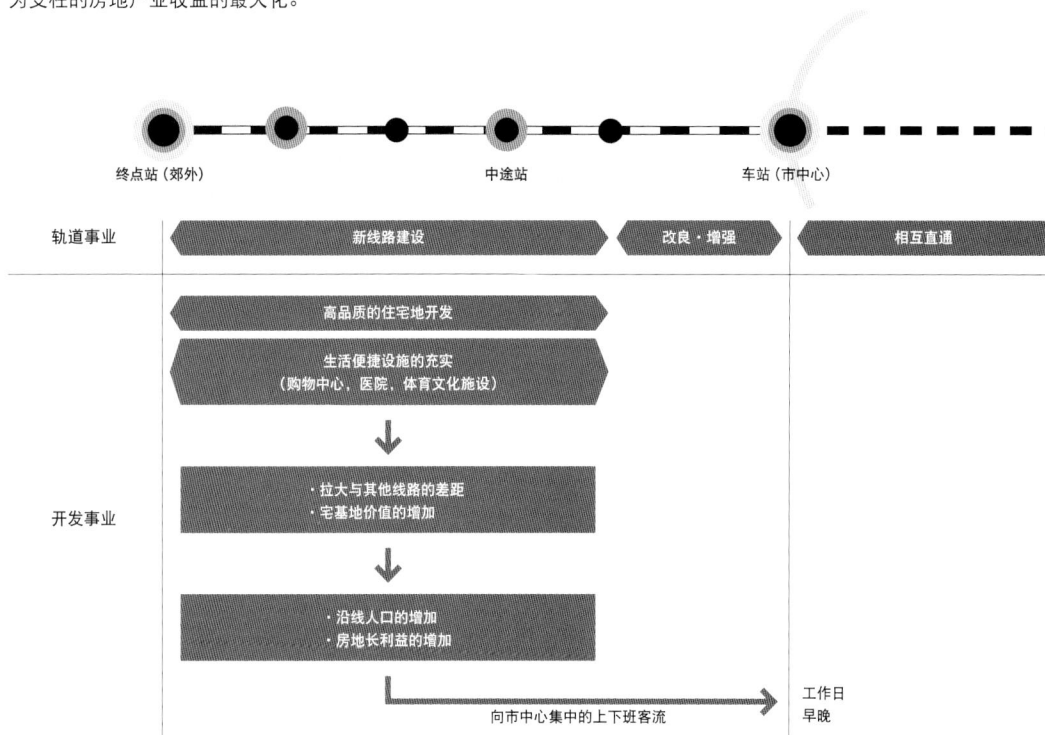

| 轨道事业 | | 新线路建设 | | 改良·增强 | 相互直通 |

终点站(郊外)　　　　　中途站　　　　　车站(市中心)

开发事业
- 高品质的住宅地开发
- 生活便捷设施的充实(购物中心,医院,体育文化施设)
- ·拉大与其他线路的差距 ·宅基地价值的增加
- ·沿线人口的增加 ·房地长利益的增加

向市中心集中的上下班客流　→　工作日 早晚

图表3-4 商业模式A

第二点,吸引大学和大客流的设施入驻沿线各地。由此产生与平日以东京市中心为出行目的地的上班客流相反方向的,以上学和购物为出行目的的客流。另外,在位于东京市中心的铁路枢纽站点设置广域商业设施、酒店、文化娱乐设施等,从而在节假日产生以东京市中心为出行目的的客流群。在上述两方面的高品质策划下,铁路沿线的附加值得到提升。通过沿线品牌的创立,房产价格得以增加,开发收益的最大化也得以实现。同时,随着轨道交通运行效率的提高,轨道交通的收益也得到提升。上班上学的乘客一般使用的是有折扣的定期通勤车票,但在平日的购物和节假日的乘客中,使用定期通勤车票的却很少,一般使用的是正价的车票,因此这部分的收益直接和轨道交通的盈利相联系。

通过沿线、节点的开发项目,东急在生活服务设施、商业、办公、宾馆、文化事业等领域都开创了自己的业务,扩展了各种附属产业。

东急通过一体化的项目规划和实施,以私营的方式完成了轨道交通和城市的一体化开发,在实现这两个商业模式的过程中完成了东急多摩田园都市的建设。

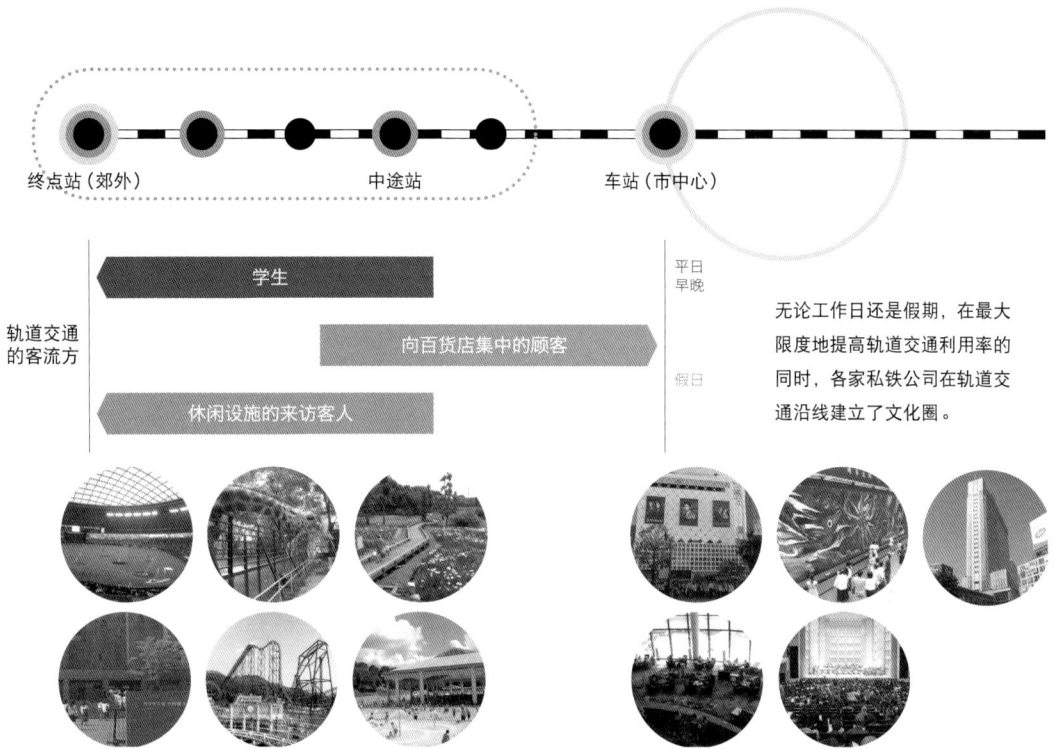

終点站（郊外）　　　　　中途站　　　　　　车站（市中心）

轨道交通
的客流方

| 学生 |
| 向百货店集中的顾客 |
| 休闲设施的来访客人 |

平日
早晚

假日

无论工作日还是假期，在最大
限度地提高轨道交通利用率的
同时，各家私铁公司在轨道交
通沿线建立了文化圈。

图表3-5 商业模式B

第三点，商业设施的运营方式。房地产业一般是通过住宅的销售、办公
及商业设施的租金来获得收益，东急另辟蹊径，自己经营商业设施而非出租，
商业收益成为东急公司的第三大支柱产业。东急在商业领域拥有百货店、购
物中心、GMS（大型综合超市）、专卖店等各种品牌，并开设了分公司，近
年来又重新设立子公司，明确地提出了总体的计划运营方针，并以各节点和
沿线为中心拓展商业业务。

在公司的产业结构上，商业成为继房地产业、轨道交通业之后的第三大
支柱产业，但是在收益上，商业却给公司带来了最大的盈利。作为和消费者
活动联系最为密切的产业，商业已经确立了它在东急业务领域中的地位。

不同业态的营业收益比例（相关）

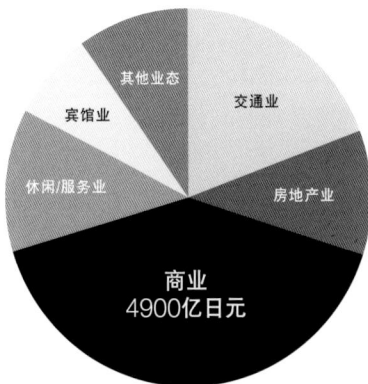

其他业态
宾馆业
休闲/服务业
交通业
房地产业
商业
4900亿日元

不同业态的营业收益比例

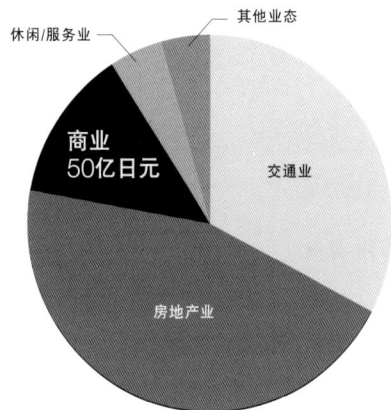

休闲/服务业
其他业态
商业
50亿日元
交通业
房地产业

图表3-6 业务种类别经营收入，经营获利的比较

私企开发的规划特征

从《开发意向书》的发表到新城市计划的汇总，最后到城市规划的制定

1953年，为了解决东京市人口增长问题，以伦敦郊外的田园城市"莱奇沃思(Letchworth)"为范例而提出了《城西南地区开发意向书》。下面是它的基本框架。

①通过轨道交通和公路联络城市，实现城市人口的疏散。

②收购1300～1600ha的土地建设新的城市。

③该项目最适合由当时已经在都市营造方面取得一定成果的东急来实施。

这个时期，高速公路也在规划考虑范围之内，以轨道交通还是高速公路作为基础交通，这个问题在当时还没有被决定下来。

《开发意向书》发表之后，城市规划专家就具体的规划方案进行了探讨。另一方面，针对东京市区的扩张，政府于1956年公布了《首都圈整备法》。在与都市整备相关的综合规划中，将东京都市圈划分成3个地区，其中现有市区外围15～25km的范围为东京近郊地带，这个地带的作用就如同防护绿带，作为屏障防止东京市区无序蔓延。多摩田园都市正位于该地带。东急制定了田园都市的总体规划——多摩川西南新城市计划（以下简称"新城市计划"），该总体规划确立了规划的方针、土地利用规划和基础设施建设规划。在此基础上，东急以"获得《首都圈整备法》所规定的城市开发区用地和将这个新城市计划纳入最终版城市规划蓝图"为目标，开始和当地政府及国家进行协商。

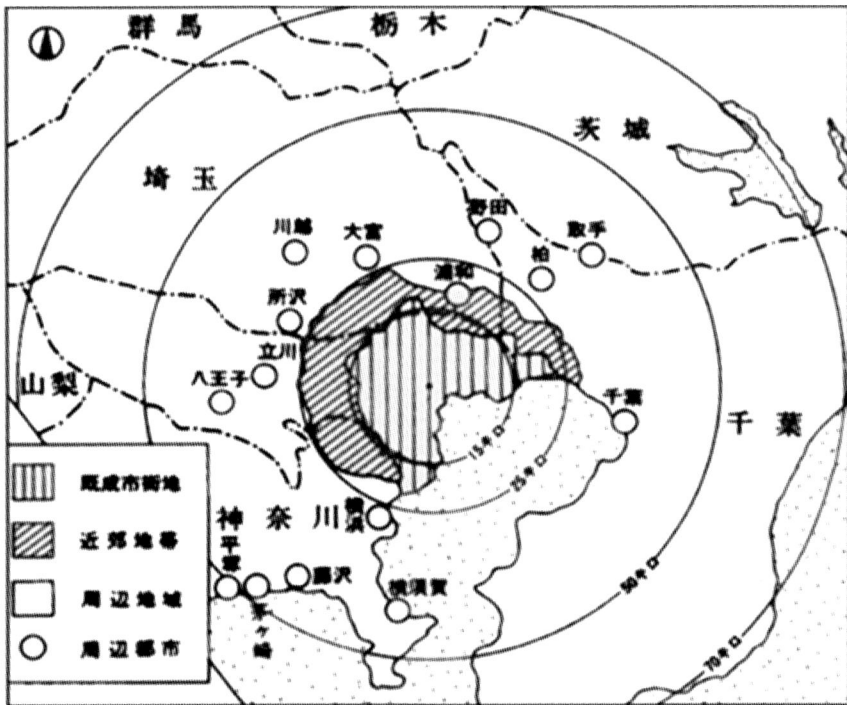

图表3-7 《首都圈整备法》中的地区划分构想图

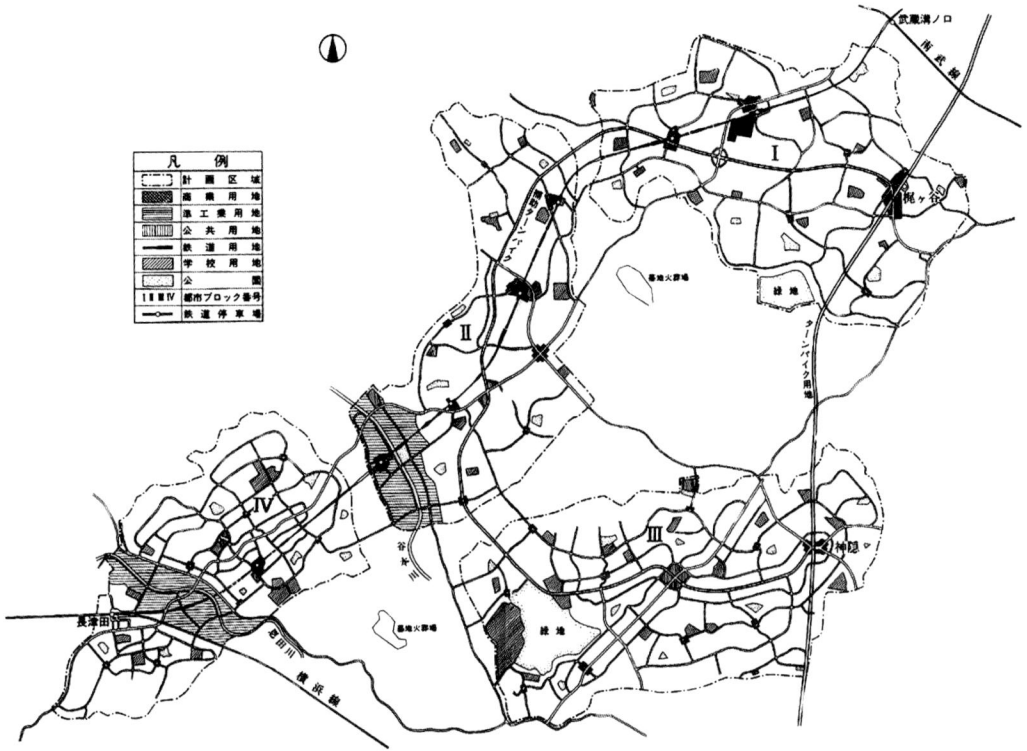

图表3-8 多摩川西南新城市计划：土地利用规划图

　　对当地政府来说，一旦该地区被指定为绿带地区，该地区的住宅开发和工厂建设将被禁止。这将导致当地作为独立城区功能上的不完全，因此，当地政府为了避免被指定为绿带积极地进行活动。当地的土地所有者也希望通过住宅建设来带动资产提升，因此也采取了反对指定绿带的行动。再加上，土地所有者寄希望于通过新的轨道交通线路建设来带动当地的城市化，因此支持将土地的开发权交给东急。另一方面，高速公路建设也因为国家的政策变成了公共开发的项目。

　　但是，在1958年东急多摩田园都市的主要区域还是被指定为了绿带区。为此，横滨市在进行区划调整项目认可手续的同时，还在国家和县（注：市上一级行政单位，相当于中国的省）的层面进行了各种努力。日本终于在1961年，由国家发布公告，允许在轨道交通车站1km范围内进行城市化建设，东急多摩田园都市的整体区划调整也因此变得可能。

　　根据图表3-9与图表3-10表明了横滨市范围内的东急田园都市线沿线被划入城市规划区的时期（图表3-9），与土地区划调整协会的设立时期（图表3-10）。以轨道交通沿线附近地区被划入城市规划区和区划调整协会的设立为开端，这个区域逐步得到扩张，新的用地不断被划入城市规划区域，与此同时区划调整工程也开展得如火如荼。

城市规划区域

1957

1961

1963

1966

1968

1969

1970

—— 规划不完全地区

━━━ 东急田园都市线

● 轨道车站

---- 干道

—— 高速公路

多摩广场

蓟野

江田

市尾

藤丘

青叶台

田奈

长津田

图表3-9 东急田园都市线沿线被划入城市规划区的时期

协会设立时期

1961~1965

1966~1969

1970~1975

1976~1979

━━━ 东急田园都市线

● 轨道车站

---- 干道

—— 高速公路

东京都町田市

神奈川县川崎市

多摩广场

蓟野

江田

市尾

青叶台

藤丘

田奈

长津田

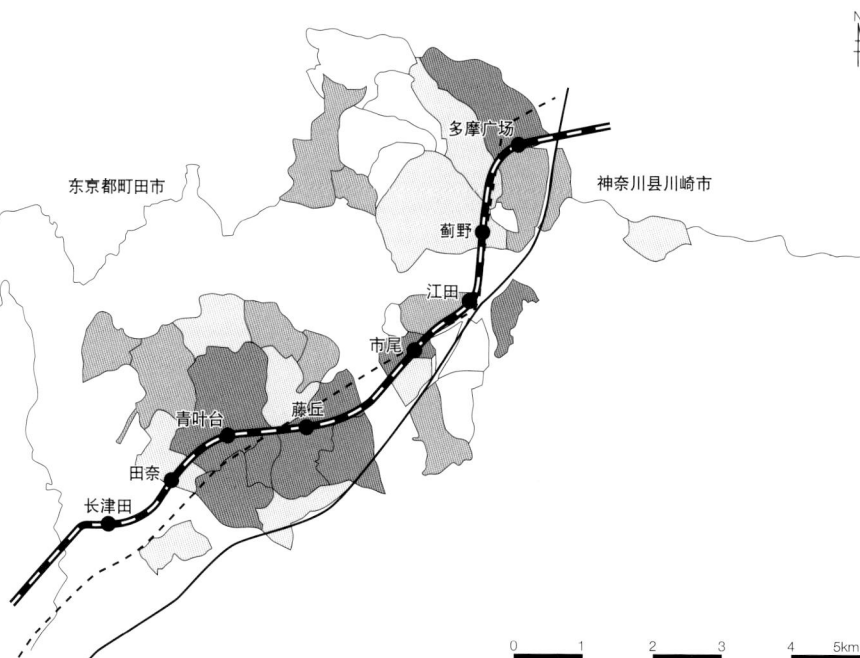

图表3-10 东急田园都市线沿线的土地区划调整协会的设立时期

　　为避免被划定为绿带的全面反抗运动波及东京都市圈全域，从而导致了各种私营住宅区不断向外拓展，东京市区的范围继续扩大，最终发展成为东京大都市圈。另一方面也同时导致了被称为"通勤地狱"的长距离通勤圈的产生。

　　在此之前，东京试图发展成为一个工作区和居住区互相靠近的高密度都市圈，但实际上东京市区却在不停地向郊外扩张。在这个向郊区蔓延的过程中，最具规划性的，连带生活环境的改善一并落实的就是东急多摩田园都市的开发。

梨城规划（纳入了社会变化和时间演变的规划方法）

依据1953年发表的东急多摩田园都市的《开发意向书》，东急制定了与之相应的名为"多摩川西南新城市计划"的总体规划。根据总体规划，东急确定了以轨道交通建设为优先，轨道交通沿线在可能的范围内按照顺序进行区划调整的开发计划。

1966年，在轨道交通开通的同时，东急发表了"梨城规划"。该规划阐明了东急多摩田园都市构造的开发理念。"梨城"的名称和加利福尼亚的"桔子城"相似，由于东急多摩田园都市周边盛产梨，于是用"梨"命名。

"梨城规划"认为城市由"城市核（节点）"和"城市构造体（网络）"构成，并随着社会的变迁，通过阶段性地对这一结构进行调整，使之与时代相适应。"都市核"分为cross point、village和Plaza三个层次，它们通过3种形式的网络构成都市骨架。这3种形式的网络包括交通网络（步行者、自行车、汽车、轨道交通、停车场），商业体系网络和绿地系统网络（自然绿地、河流、开放空间、文化设施、神社、公园、街巷、步行系统）。通过这种构成方式就可以在单调的新城中创造出多样的景观。另外，东急还将"时间演变"列入规划中，提出了通过依次地追加各种功能，来满足社会变化需求的措施。

三种节点具有下图所示的等级关系。

半径

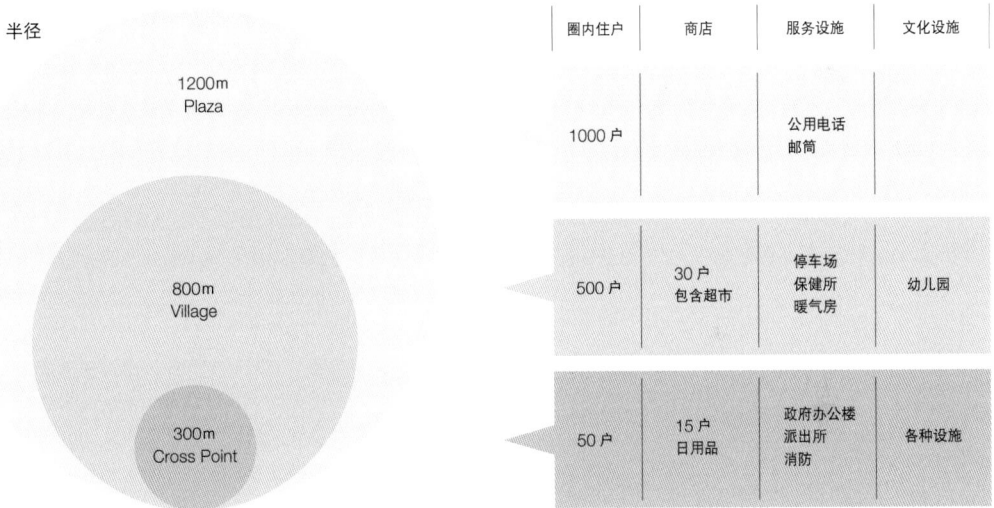

	圈内住户	商店	服务设施	文化设施
1200m Plaza	1000 户		公用电话 邮筒	
800m Village	500 户	30 户 包含超市	停车场 保健所 暖气房	幼儿园
300m Cross Point	50 户	15 户 日用品	政府办公楼 派出所 消防	各种设施

图表3-11 梨城市节点概念图

"cross point"是在城市发展的初期阶段所建立的节点，它位于交叉路口，为了满足日常生活需要而设立的小规模的生活服务设施。

"village"是指位于主要节点的大规模公共服务设施，包括商业、公益设施、娱乐设施等。

"plaza"指位于车站前的像购物中心之类的更加大规模的设施。

另外，以超高层塔楼为核心的城市节点，即"城市中心"的开发构想也包括在"梨城规划"中。但实际上，被规划为"cross point"的土地，必须通过和土地所有者进行交换取得，实行过程可谓困难重重。因此，即使在若干个区划调整项目推进的同时，这样全新的概念也仅仅在一部分地区以试点的方式进行了实施。虽然不能说东急完全实施了"梨城规划"，但是这个充满魅力的规划方案的提出，无疑是面向全社会的对东急多摩田园都市的宣传，

东急以此成功吸引沿线人口，实现了轨道交通初期投资回收。从这一点上来说，这个规划可以算是成功的。

如今，在当初被规划为"cross point"的土地上，土地所有者也自发地开设了一些像便利店这样的生活服务设施。"梨城规划"的基本理念是一种考虑了社会变化的规划方式，并将自发产生的要素纳入规划考虑范围。也就是说，该规划并不是一开始就计划好了所有的东西，而是能够根据居民需求、社会背景和经济情况等自发地产生新的功能，是一种柔软灵活的城市规划方式。这个案例，和多摩新城那样由公共开发建设的新城不同，多摩新城彻底贯彻了总体规划，通过全面的土地收购，经过了20年左右的时间才完成了整体的开发。如今，与其他的新城相比，东急多摩田园都市随着时代变迁，逐步进行着住宅和商业的更新，同时，城市的人群和经济也由此得到循环再生。这也是"梨城规划"的概念被高度评价的原因之一。

私营开发的方式特征

土地区划调整工程和业务全权代理方式

1.在多摩田园都市的开发中，与用地相关的必要条件
如下所示。

　①在轨道交通铺设方面，需要保证大范围的轨道交通
用地（轨道交通线路、车站、车辆基地、整备工厂、
变电所等）。

　②在沿线都市开发方面，需要确保一定量的可供房地
产开发的用地（商品房、商业设施用地）。

　③需要保证公共设施和基础设施用地，并对其进行整备。

　　·公交车系统的设立和作为城市窗口的交通节点——
站前广场的建设。

　　·道路、公园的建设和公共设施（学校、邮局等）
用地的确保。

2.若5000ha用地全部采用收购的方式，会存在以下问题。

　①在土地收购过程中，需要减少资金投入，避免风险。

　②在收购来的土地上进行公共设施和基础设施建设，
还需要投入更大的资金。大量地收购房地产开发用
地，将增大资金回收的风险。

3.解决对策主要考虑以下三个方面。

　①该开发需要具有法律上的强制性。

　　·在轨道交通建设方面，由城市规划来决定土地征用权。

　　·在城市开发方面，通过城市规划来对土地区划调
整工程和法定再开发工程实施地区的土地利用进
行控制。

　②在开发的过程中，需要土地所有者的广泛参与。

　　·区划调整工程由土地所有者协会执行，因此在私
有利益的维护和协调上起到了良好的作用。

　　·土地所有者也非常期待能够通过开发来获得更大
的利益。

　③采取必要措施使轨道交通等设施建设上的资金投入
能够通过城市开发的收益来平衡。

　　针对以上的问题，东急选择了以土地区划调整工程
（参照第4章）来作为该项目的进行方式。

土地区划调整工程，由地权者（土地所有者）所结
成的协会主导实施，在其所拥有的一定范围的土地上，
通过道路、站前广场、公园等城市设施的整顿完善，划
分出新的住宅用地，从而创造土地的附加值。工程经费
通过销售价格相当的住宅用地（保留地）获得，这样就
能保证该协会的收支平衡。地权者还可以根据区划调整
之前的土地价格，将余下的旧宅基地换成整顿后新宅基
地。于是，通过这个工程，使得多摩田园都市所在地区
从之前都是农田山林的城市郊区，变成了高档的住宅区。

东急在收购了当地一定量的土地之后，也成为地权
者协会的一员，并且参与了土地区划调整项目。为了尽
早地使得全体协会成员意见达成一致，东急接受协会的
委托来管理该协会的业务。东急还和地权者协会协商，
一次性买下了该地区的所有保留地，并且通过业务全权
代理的方式，来承担地权者协会在区划调整事业中的所
有风险。这样，地权者就可以通过该地区的轨道交通建
设获得更加便利的生活环境，并且通过基础设施的改善，
将原来的农田等用地变成宅基地。对地权者来说，由于
不用进行任何资金上的投入就实现土地的升值，同时出
于对轨道交通公司东急的信任，致使地权协会将区划调
整的业务全权交由东急代理。

东急通过区划调整的土地置换和收购保留地，取得
了用于轨道交通建设、站前节点开发、商品房建设等的
全部开发的1/3的土地，因此就具备了进行城市整体性开
发的条件。

开发初期的土地大量供给

为了获取轨道交通铺设用地，在轨道交通开业的时候，东急就开始对全体开发区域的40%的面积进行区划整理，在第二年的时候进行区划整理的面积已经达到了50%。

在轨道交通开业的时候，为了满足区划整理事业的资金需求，以及轨道交通初期投资回收的需要，就必须吸引大量的居民来沿线定居。于是，东急出售了大批量已经完成了基础设施建设的宅基地。轨道交通开业（1966年）前后的7年间，宅基地销售的面积达

到220ha，相当于东急到2003年为止的销售总面积的25%。到1969年，已经完成区划整理的换地公告的土地面积只达到了区划整理总面积的28%，但是东急的宅基地销售面积却达到了土地总面积的32%，从中可以推测出，东急在完成区划整理之前，就已经提前销售了一部分土地。销售的土地除了用于东急自己进行独立式住宅的开发之外，东急还进行了以回收资金和吸引沿线居民为目的的集合住宅用地等大量土地的销售。

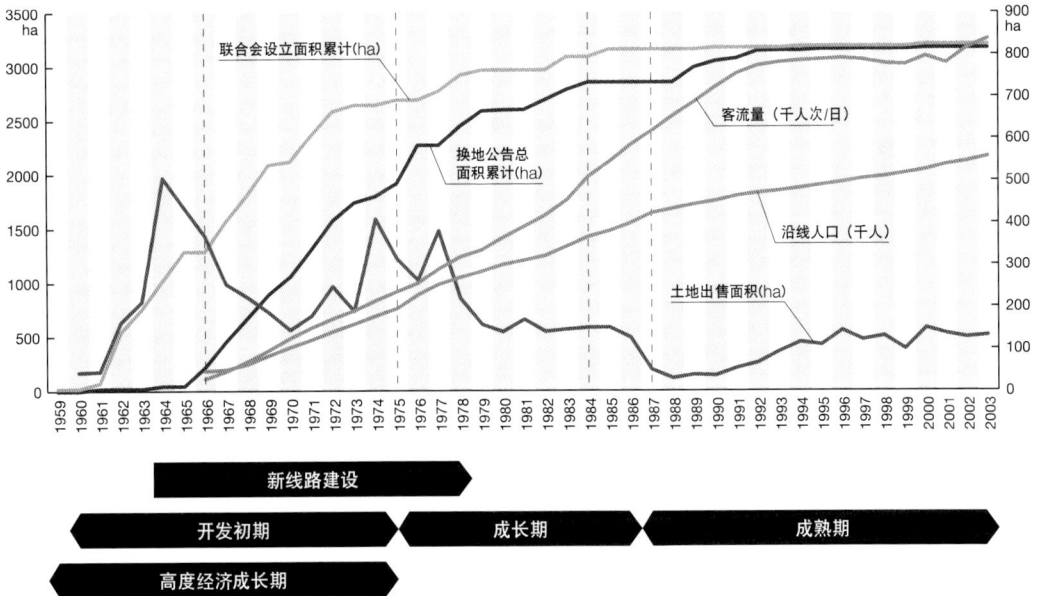

图表3-12 运送人口数量变化

1. 面向公共住宅供应公司和私营公司的土地销售

开发初期的集合住宅用地位于多摩广场、青叶台、长津田等主要车站附近。东急将这部分的土地出售给公共住宅供给公司，通过公共住宅供给公司所进行的大规模住宅区的开发，来增加沿线的人口。另外，东急还将土地以企业的员工住宅用地、运动场用地的形式，进行大量销售。

图表3-13 鸟瞰图：多摩广场团地

图表3-14 青叶台居住小区的状况

2. 其他设施用地的销售

另外，出于学校、邮局、电信局等公共设施的扩充需要，东急在开发的过程中不得不牺牲一部分开发收益，长期地将公共设施用地免费提供或者是按照土地收购的原价出售。此外，东急从开发初期就积极地引进私立的知名教育设施，向大学、私立学校销售了大量学校用地。

供当地土地所有者使用的集合住宅建设——地上权对价方式

由于东急仅拥有很少量的适合作为开发节点的用地，因此，在"梨城规划"中提出了和地权者以换地的方式来取得开发节点用地的设想。与此同时，拥有土地的地权者也在思考土地的合理利用方式，因此，同意了东急提出的土地所有权等价交换方式，即"地上权对价方式"。

地上权对价方式的构架如下所示。

1. 土地所有者以在该地区进行商品房开发为条件，与东急签订地上权设定契约。
2. 利用地上权，东急在该地区建设带有店铺的商品房。

3. 作为地上权的等价交换，东急把新建成的商品房的一部分转让给土地所有者。
4. 东急将商品房的剩余部分以具有地上权的住宅的形式进行出售。

通过这个构架，地权者可以零成本地获得可供灵活运用的出租设施，东急也可以通过充分利用他人的土地，来推进当地的都市营造和人口吸引。1967年，第一个设施建成，此后，共计19项、总用地面积14万m²的设施也相继完成。

规划人口的达成和赶上高度经济成长大潮的多摩田园都市开发

1984年，田园都市线全线开通。1987年，固定人口达到初期所规划的40万人。这时，区划整理事业也基本完成，土地销售面积也已经达到了80%。但是，这个时期的销售额却还未达到累计销售总额的50%。

在区划整理事业中，东急收购了所有可以收购的土地。东急作为土地所有者，在换地的同时还一并收购了保留地。东京都市圈扩张时期正值经济高速成长期，全国六大城市的市区土地价格在1965年到1980年的15年间上涨了大约4倍。在多摩田园都市开发初期，该地区的土地价格远比城市土地价格低，1953年的土地收购价仅为170日元/m²。开发初期开始的土地收购及东急多摩田园都市的区划整理事业正赶上了日本高度经济成长之大潮。同时，具有合理规划的居住区开发又推动了土地价

格的猛增，使得东急所拥有的土地资产获得了大量的潜在收益。在初期的大量土地销售之后，东急开始根据各年度的年度结算收益有计划地销售土地，并享受土地增值的过程。也就是说，这些土地的大量潜在收益，成为了之后东急年度结算收益的主要来源。之后，东急担心开发初期所取得的住宅用地不足，控制每年的销售面积，在享受开发收益的同时，还积极实施一系列提升街区价值的措施。下文提到的所谓"定期借地权事业"就是提升城市魅力的措施之一，该措施也可视为将所有土地进行有计划销售的措施。东急为了维持和提升铁路沿线的附加值进行着不懈的努力，并通过多种措施来增加沿线年轻人群体的流入数量，以及确保沿线的消费收益。

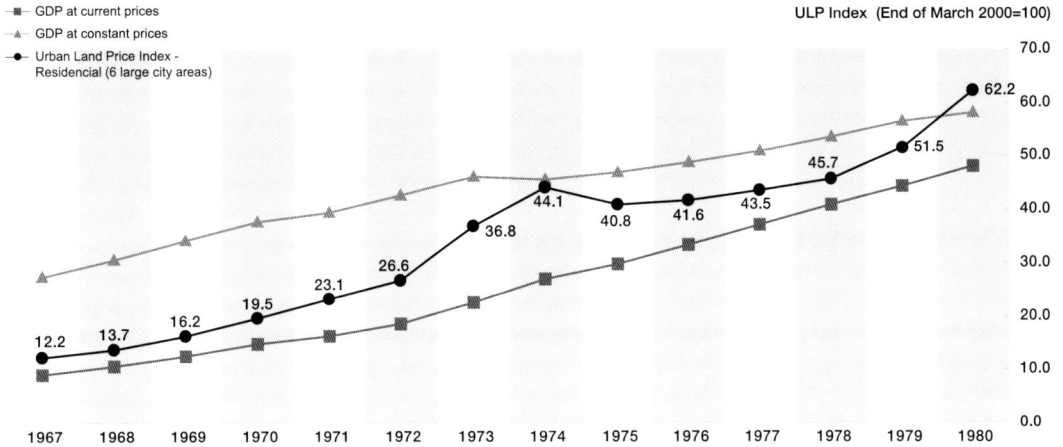

Source:
Japan Real Estate Institute. Economic and Social Research Institute, Cabinet Office, Government of Japan.

图表3-15 居住用地价格指数和GDP（1967年~1980年）将2000年的价格指数作为100

轨道交通客流量的进一步增加

　　随着人口的增加，以上班、上学为目的的轨道交通利用人数不断上升，但是客流量的上升速度却超过沿线固定人口的增加速度。这其中一个很大的因素是港北新城的建设。

　　港北新城地区曾在开发意向书中作为东急的一块开发区域被提出过。但是，在最终的多摩川西南都市计划中，这一地区未被列入允许城市化的地区中，因此，它就处在了东急的开发区域之外。之后，它成为公共开发地区，规划区域为2530ha，规划人口30万。新建成的市营地下铁3号线是该区域的主要交通手段，该线路在1993年实现了与始发于横滨的东急田园都市线的蒂野站的连接。该地区的人口迁入始于1983年，在市营地下铁3号线和蒂野站连接之前，居民们通过巴士到达附近的东急田园都市线的车站，通过东急田园都市线和东京市中心联系。目前，港北新城还在进行着住宅建设，人口也在进一步增长。因为港北新城的开发，使得东急田园都市线蒂野站的客流量从1993年的6万4千人次/日达到了2009年的13万人次/日。作为联系港北新城和东京市中心的动脉，东急田园都市线的客流量大大增加，轨道交通的收入也随之提高。

　　另外，东急在1984年开通了东急田园都市线至中央林间站的全部区间，随着和通向新宿的小田急电铁的连通，来自小田急的前往涩谷、东京方向的换乘旅客，也使得东急田园都市线的客流量进一步增加。

参考文献
「日本の私鉄東京急行電鉄」広岡友紀·毎日新聞社·2011年1月15日
「鉄学「概論」」原 武史·新潮社·2011年1月1日
「昭和62年日本建築学会賞　多摩田園都市 _良好な街づくりをめざして-」
発行 東京急行電鉄株式会社·1988年11月6日
「人口密度変動特性から見た多摩田園都市における住宅宅地供給及び土地利用規制との関連性について」
石橋登、谷口汎邦·日本建築学会計画系論文集　第609号、91-98　2006年11月

以沿线价值创造为主题

有选择地进行社区营造及品牌形成

①居住环境建设

热门线路之东急多摩田园都市

东京的轨道交通网是以环形的"山手线"为中心建设的放射状轨道交通网。图表3-16和图表3-17是距离东京站20km左右有代表性的街区房地产价格的比较。由图表可见，大多数人都认为"多摩广场"（Tama plaza）的土地价格与郊外其他周边区域的住宅用地相比，更高端也更有价值。"多摩广场"在住宅用地人气排行上位列第七位，在东急多摩田园都市圈不仅地产价格高，而且还开创了很多深受欢迎的住宅开发事例（图表3-16、图表3-17、图表3-18）。

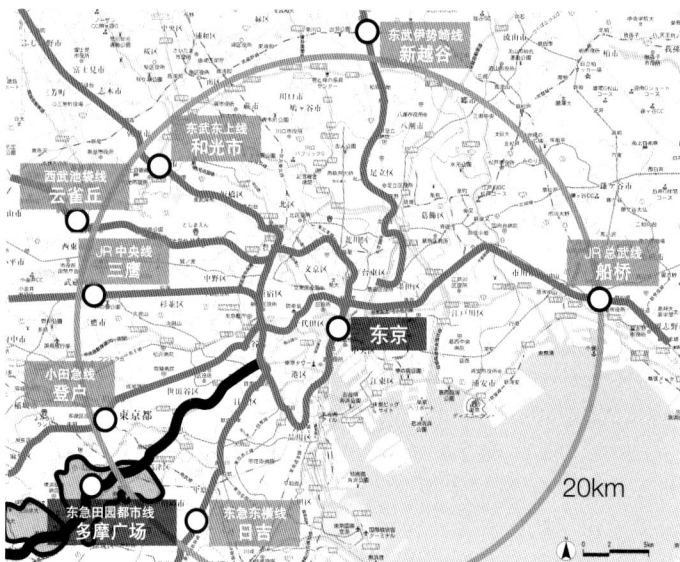

图表3-16 距离都心20km内轨道交通沿线的车站

轨道线路	车站	公示价格（千日元/㎡·100%）
东急田园都市线	多摩广场	443
东急东横线	日吉	323
小田急线	登户	140
JR中央线	三鹰	412
西武池袋线	云雀丘	303
东武东上线	和光市	132
东武伊势崎线	新越谷	101
JR总武线	船桥	208

图表3-17 车站附近住宅用地公示价格表（2010年）

顺序	街区（车站）
1位	吉祥寺
2位	自由丘
3位	横滨
4位	镰仓
5位	惠比寿
6位	田园调布
7位	品川
7位	多摩广场
9位	成城学园前
10位	池袋
11位	町田
12位	新浦安
13位	目黑
14位	中野
14位	二子玉川
14位	武藏小杉
17位	新百合丘
17位	立川
19位	荻洼
20位	新宿

图表3-18 住宅用地人气排行榜
前20位（首都圈）（2009年）

"田园调布"地区的开发

"田园调布"地区在住宅地热门排行中位列第6，是东急公司的前身"田园都市株式会社"所进行的轨道交通与沿线住宅一体化开发的代表事例。根据现在的公示价格距离车站600m左右的住宅用地平均价格高达每平方米62.9万日元。

在人口开始大量迁入东京的初期，涩泽荣一先生怀着针对东京圈郊区的无序扩张这一现象的质疑于1918年创设了"田园都市株式会社"，并提出了开发计划。目黑站到田园调布地区的轨道建设于1922年开始，这一建设同时也推进了周边住宅用地的开发。田园调布地区的住宅开发规划参考了艾比尼泽·霍华德（Ebenezer Howard 1830—1928）根据田园城市理论规划的莱奇沃思（Letchworth）的模式。周边环境的设计则是旧金山（San Francisco）的圣法兰西斯乌德（St Francis Wood）[注1]城市规划在日本的再现，其从站前广场向外呈放射状扩散的街道特征，可谓是崭新而独特的。开发涉及的26ha范围内道路和公园等基础设施的建设是依据当时的《耕地整理法》[注2]（现在《区划调整法》的前身）进行的。该地区的公共用地比率与当时平均值5%相比达到了18%，且住宅用地面积达650m²，是居住环境优良的住宅区。因此不仅入选了日本国土交通省公布的100例城市景观名单，即便到现在也是作为高级住宅区而广为人知。

另外，周边的其他土地开发也采取了和土地所有者合作共同推进的方式来实施，这些初期开发的经验均成为多摩田园都市开发得以持续的原因。

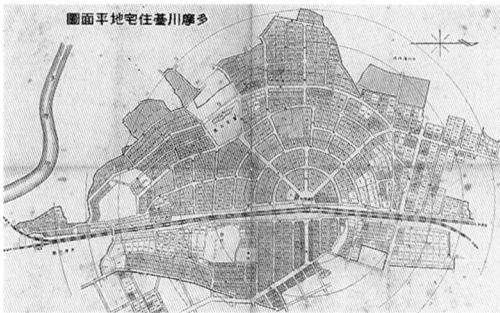

图表3-19 开发时田园调布地区的住宅平面图

图表3-20 模仿圣法兰西斯乌德（St Francis Wood）街区设计建设的"田园调布"地区的街区景观

安静的住宅环境的形成

多摩广场地区具有代表性的开发项目"美之丘"于地区开发初期的1963年开始实施土地区划整理工程。

住宅区内的道路采取了人车分离的"拉德堡模式（Radburn）"，并在车行道上设置了几处防止非社区居民的社会车辆通过（图表3-21）的旋涡状"尽端回路（cul-de-sac）"。通过这些新尝试，安静的居住环境得以保留。"美之丘"地区的平均住宅用地的销售面积达480m²，是多摩田园都市中最为优质的住宅用地。

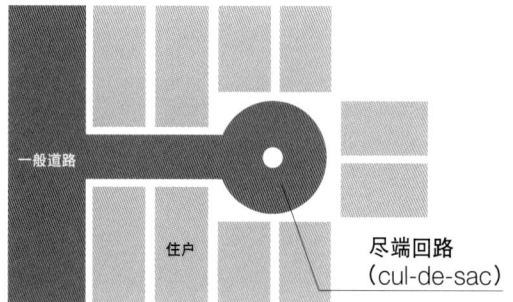

图表3-21 尽端回路（cul-de-sac）模式图

【尽端回路（cul-de-sac）模式】

在道路设计时采取一端打断，汽车在尽端绕回的小型道路。这种设计可以阻止车辆穿越住宅区，从而保证了安静的居住环境。

【拉德堡（Radburn）模式】

20世纪20年代后期，出现在美国的新泽西州拉德堡地区的街区规划。由于预测到汽车时代即将到来，以及对建成既能保证汽车使用的便利，又完全消除汽车带来的公害的乌托邦式梦想，将排除汽车对近邻住宅区影响的想法付诸实施，规划了人车完全分离的道路系统。

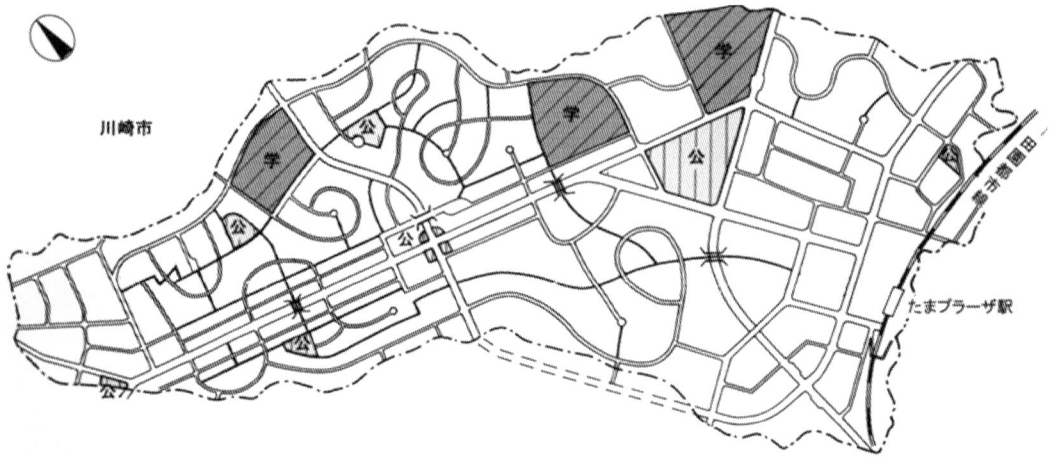

图表3-22 多摩广场地区土地分区整理规划图

制定建筑规范协议，创造良好街区

　　东急多摩田园都市地区内缔结建筑规范协议的有51处、7943个宅基地范围，面积达317ha。

　　其中不乏如小黑地区一样全体缔结了建筑规范协议的案例。这种建筑规范协议得到了上文所提到的美之丘地区居民的有力支持。图表3-23是小黑地区建筑规范协议的内容。

【建筑规范协议】

　　建筑规范协议是为了保证和促进居住用地的环境及商业街的便利性，土地所有者们缔结的关于建筑物标准（高于《建筑基准法》所规定的最低标准的一种较高标准）的契约。通过公共行政主体（如特定行政厅）的认可，且在不影响第三方和保证其稳定性和可持续性的情况下，按照当地居民的意愿所推进的创造环境良好街区的一种制度。

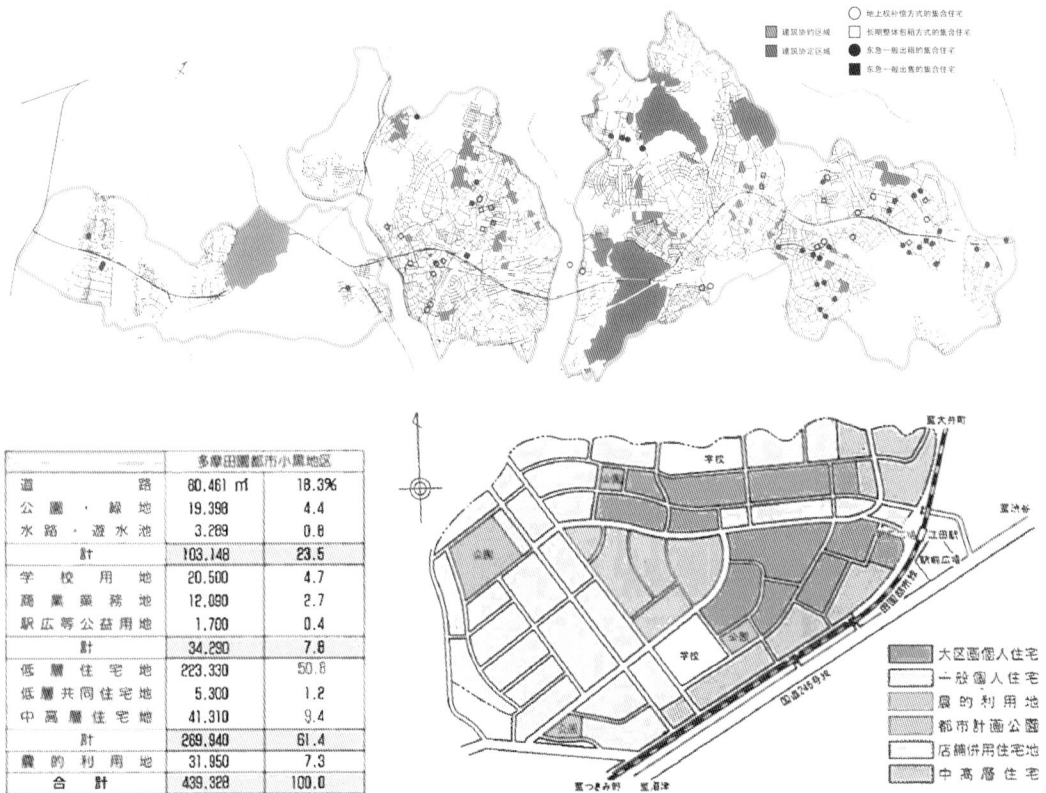

	多摩田園都市小黒地区	
道　　　　路	80.461 ㎡	18.3%
公園・緑地	19.398	4.4
水路・遊水池	3.289	0.8
計	103.148	23.5
学　校　用　地	20.500	4.7
商業業務地	12.090	2.7
駅広等公益用地	1.700	0.4
計	34.290	7.8
低層住宅地	223.330	50.8
低層共同住宅地	5.300	1.2
中高層住宅地	41.310	9.4
計	269.940	61.4
農的利用地	31.950	7.3
合　　　計	439.328	100.0

图表3-23 小黑地区的建筑规范协议——用途・住宅用地规模

小黑地区的建筑规范协议规定了建筑的用途，建筑用地面积的最小规模、并通过对建筑用地的分割出售来保证街道景观、居住环境，以及整个地区房地产的价格。与这一地区类似的，在多摩田园都市地区内，通过居民之间达成一致而缔结"建筑规范协议"的地区还有很多，从而保护了街区景观的统一。

在"美之丘"地区，一旦民间缔结的建筑规范协议失效后，协定内容将会以地区规划的形式成为城市规划内容的一部分，并根据居民的意向缔结有利于保存街区景观的"街区景观设计指南"，通过这些新的形式，东急的街区规划已经在慢慢进化为以居民为主的社区营造。

注1）圣法兰西斯乌德（St Francis Wood）
圣法兰西斯乌德是位于加利福尼亚州旧金山地区的城市。其为我们展示了形成街区地的主要因素及其重要性，例如提升街区质量的景观要素（开放空间、街道等）；丰富的绿色植物、行道树、植物，以及其他对街区影响的考虑（建筑物的朝向）；当地居民间自然形成的关于交流、环境环保等问题的关心。另外，最重要的还是在这里居住的人们能够理解究竟什么因素对于街区和居住的价值的维持和提高更加重要，并同心协力致力于此，这也是这个事例最重要的特征。

注2）《耕地整理法》
《耕地整理法》是以提高耕地的利用率为目的的，通过对分散土地的整合，使一个片区一个片区的形状更加规整，并通过将道路直线化等手法，达到改良耕地的耕作的便利性。

参考文献
「日本の私鉄東京急行電鉄」広岡友紀・毎日新聞社・2011年1月15日
「鉄学「概論」」原 武史・新潮社・2011年1月1日
「昭和62年日本建築学会賞 多摩田園都市 −良好な街づくりをめざして-」
発行 東京急行電鉄株式会社・1988年11月6日
「人口密度変動特性から見た多摩田園都市における住宅宅地供給及び土地利用規制との関連性について」
石橋登、谷口汎邦・日本建築学会計画系論文集 第609号、91-98 2006年11月

②与生活相关的设施建设（高规格·车站集约型设施的建设）

多摩田园都市地区与生活相关的设施建设具有以下两个特征。

第一，以高品质、多样化的设施为建设目标。建设与生活水准相关的较高档购物中心等生活相关设施，从而提升街区品质，达到创造"多摩田园都市"这一品牌的目的。

另外，除了日常生活便利设施以外，也建设和运营文化、体育等相关设施。根据"多摩田园都市——健康和运动城市"理念，在区域内建设了体育设施，在车站前建设和运营了文化学校（Culture School）。随着人口的增加，在其他项目升级的同时，这些设施也在升级。根据时代变化及不断增加的居民需求，更新建设相关设

施，创造街区品质，提升街区形象，这些均与房地产价格的提高相关联。

第二，在车站的附近建设商业核心。在早期的总体规划——梨城规划（Pear City Plan)中，在距离车站较远的cross point区域规划了销售日常生活必需品的商业设施。这些为满足初期居民生活所需所设立的店铺，可以说是冒着预计会亏本的风险配备的政策性商店。在经过一段时间后，随着街区的发展成熟，才将方针变换到下文中将提到的生活福利设施规划（Amenities Plan），即在车站及其附近建设满足各种需求的综合性商业店铺的阶段。

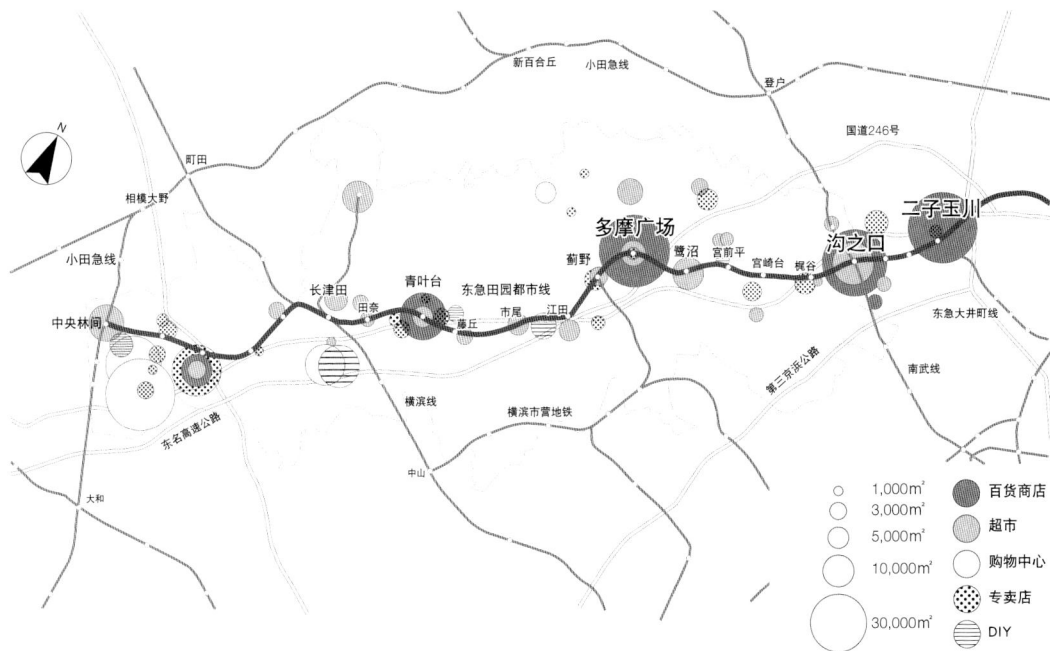

图表3-24 大型店铺分布图

在开发初期，东急集团不仅建设了与生活相关的公共设施，而且也在规划中明确了小学、市场和集会场所等各种设施作为人口稳定居住的必要条件。

但事实上，在铁道开业运行后，为了回收早期的先行投资，吸引居民前来居住成为首要目标，结果导致了生活相关基础设施的建设洛后于人口增长速度的问题。

东急于1973年公布了新的"生活便利设施规划"，将原有"梨城规划"在"plaza"、"village"和"cross point"3个层面分散设置生活必需设施的构想进行变更，将其在成为各个区块中心的3个车站（鹭沼、多摩广场和青叶台）附近集中建设，以创造出作为居民生活中核的社区中心。

参考文献
「昭和62年日本建築学会賞　多摩田園都市　－良好な街づくりをめざして-」
発行 東京急行電鉄株式会社・1988年11月6日
「多摩田園都市における生活関連施設の立地経緯について－土地区画整理事業の組み合わせによって作られた郊外住宅計画に関する研究－」石橋登・谷口汎邦・2009年1月
「東急多摩田園都市開発50年史　多摩田園都市開発35年の記録　昭和23年～昭和63年」
発行 東京急行電鉄株式会社・1988年10月

私营主体实施的基础设施建设

高标准的城市基础设施规划（轨道交通、道路、公园、绿地）

私营主体实施的新城建设

作为私营项目，东急多摩田园都市实现了开发项目的利益最大化和轨道交通运营的高效化，使得东急获得了稳定的收益，并且还扩大了东急的经营范围，打造了东急的品牌。这种通过私营主体实施的新城建设与以供应公共住宅为主要目标的开发项目在开发的目的、手法上有很大的差异。在本项目中，作为私营开发商的东急、在轨道交通、道路、公园、绿地等基础设施建设上，提出了具有整体性的开发理念和详细的开发措施。

多摩田园都市的骨架结构

多摩田园都市的开发用地位于距离东京站15～35km，涩谷站12～25km的山林和耕地区域。当时该地区还没有进行公共交通设施的建设，当地的基础设施也仅仅只有还在规划中的国道246号的旧道，当时还只是砂石路。

现在，这个区域不但有串联多摩田园都市中央地带的东急田园都市线，还有起到广域干线公路作用的国道246号和东名高速公路。

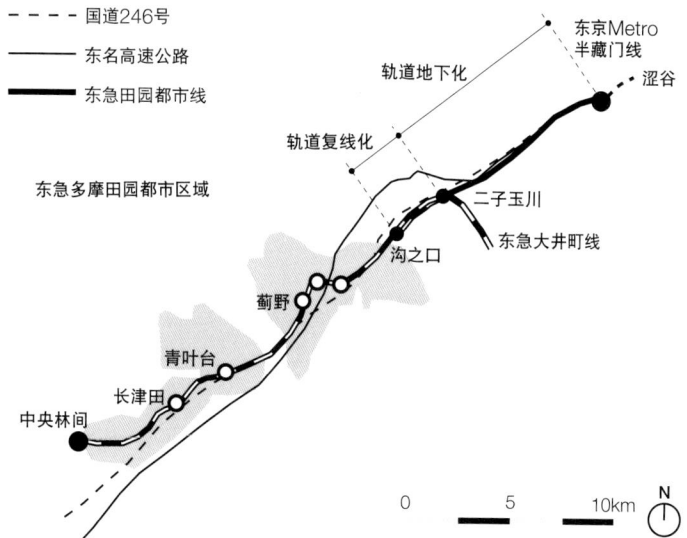

图表3-25 通过东急田园都市线和其他线路相互连通而，实现多摩田园都市和东京市中心的连通

以确保居民便利性为目的、以规划人口为依据的轨道交通建设

东急多摩田园都市的规划人口为40万，根据规划人口，以作为广域交通工具为目的的东急田园都市线，制定了10辆编组列车的建设计划，并计划在当时已经开通的二子玉川和沟之口之间的区段实现线路的全面高架化。为了确保在沟之口到长津田、中央林间之间的新建轨道交通线路的用地，在项目开始之前就通过土地区划调整工作对规划区域内的土地进行了整备，并对规划整理区域以外的土地进行了收购，确保了项目于3年之内完工。为了实现涩谷至二子玉川之间线路区段的全面地下化，在国道246号线的下方规划建设隧道，该工程同位于国道上方的首都高速3号线一起进行建设。由于地铁车站在建成之后很难进行延伸，因此在规划阶段的判

断失误，会给轨道交通设施带来致命的伤害。东急在规划阶段就考虑到了还没入住的东急多摩田园都市扩大的可能性，明智地制定了可供10辆列车停靠的车站建设规划。但是，由于地下建设的规划调整，工程调整非常困难，直到田园都市线沟之口~长津田之间区段开始运营的12年之后，才实现了田园都市线与东京地下铁半藏门线的相互连通。

另外，为了提升运行速度，东急设计了每站停列车和急行列车两种运行方式；并且在沿线的多个车站设置了待避线路（为了等待其他列车的通过而设置的单线轨道交通线路），连位于地下的线路区间也拥有了一个具有待避线路的车站。同时，在车站的设计上还为将来的换乘改造留出余地。

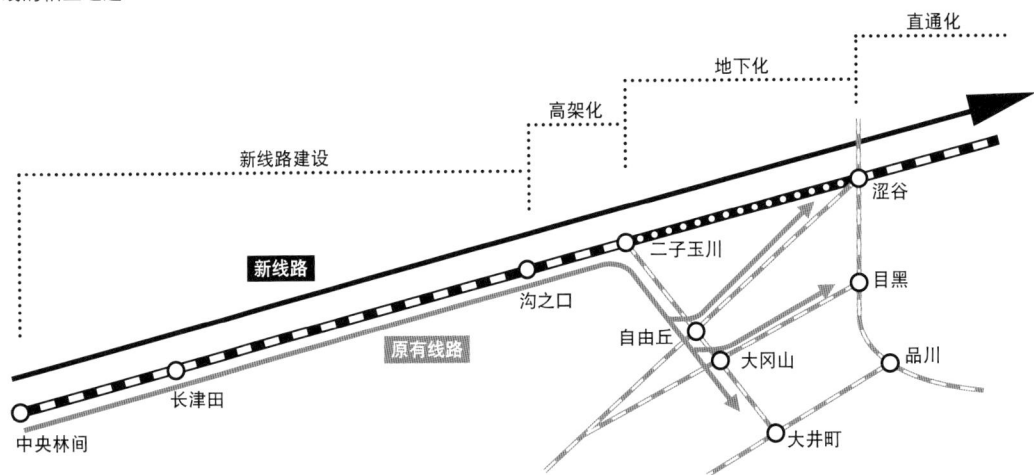

图表3-26 通过东急田园都市线和其他线路相互连通，实现多摩田园都市和东京市中心的连通

以高效机能著称的道路建设

在道路建设方面，为了提高居住环境，在初期进行了各种各样的方案探讨，并在土地区划调整项目中进行了具体的实施。在道路规划方面，主要有以下4点。（以下部分引用自《多摩田园都市——以高品质的都市营造为目标》）

1. 干线道路在多摩田园都市外围绕行
避免通过住宅区内部。
为了保证居住区安静的居住环境，将过境交通排除在了居住区之外。在广域干线国道246号线通过居住区的情况下，居住区内部干线在国道线的下方以立体交叉的方式进行建设，保证居住区内部交通的畅通。另外，在规划工作中对国道的直线化提供了大力协助，从而确保了现在的30m宽的国道用地范围。

2. 铁路和公路进行立体交叉，不设置路岔
如今，在东京外围的其他轨道交通公司还在进行着以解决交通堵塞和营造都市为目的的轨道交通立体化和地下化等项目。田园都市线因为在规划时期提出了铁路和公路的立体交叉方案，有效地预防了由于公路被铁路隔断和交通堵塞等问题，实现了巴士等公共交通的畅通、准时。

3. 道路的分级及灵活的线形设计
道路被划分为以下不同的等级：干线道路、地区干线道路、住区内道路、细街路。对不同等级道路的宽度，配置等进行了研究。另外，在道路网建设中，还避免了单纯的格网状的道路形态，通过和自然相结合的道路线形设计来创造良好的景观。

4. 具有行道树的街道
在不同的地区栽种不同的树种，作为该地区的象征。从而避免了新城中景观单调的问题，实现了景观的多样化。

图表3-27 国道246号线的现状

图表3-28 开发前的国道246号线

提升居住环境品质的公园、绿地规划

公园、绿地作为居住环境的一部分，对城市魅力的提升起着相当大的作用。位于距离东京市中心30分钟交通圈内，充满绿色的居住环境对人们有着巨大的吸引力。这也是多摩田园都市至今还是具有高度人气的住宅街区的原因之一。

具体的规划方案是：在该地区建设由公园、绿地构成绿地系统。在土地区划调整工程中，除了有规划地进行公园的配置之外，还对绿地的连续性格外重视。另外，还形成了小规模公园、住区公园、地区公园、都市公园的公园等级体系，对于公园的规模和数量也进行了理论性研究。虽然梨城的规划理念并没有得以全面实施，但是这个规划理念很好地在该地区绿地系统建设中得以体现。

同时自然生态系统还得到了重视和保护。除了建设与自然地形相适应的公园，还将公园纳入了该地区的防洪系统之中。从而建造了在平时可以作为普通公园，在洪水来临时可以作为防汛池的公园。另外，在东急田园都市的规划中也对自然和生态系统进行了统一考虑。

在绿地建设方面，住宅区中的绿廊也得到了建设。除了通过人车分离系统将步行者进行分离之外，还在步行者专用道路上栽种了大量树木，建成了具有良好品质的景观绿廊。绿廊和主要设施或目的地形成绿网系统，构成了该地区城市骨架的一部分。东急田园都市的绿廊，与其他的新城相比，范围更大，并且在私营开发的居住区中，东急多摩田园都市绿网的规模居日本首位。

至今，这里还保持着丰富的绿化，并且随着树木地成长，形成了更加良好的居住环境。正是因为该地区进行了系统的城市规划，才能够如此有计划地导入绿地系统，提升当地街区的品质。

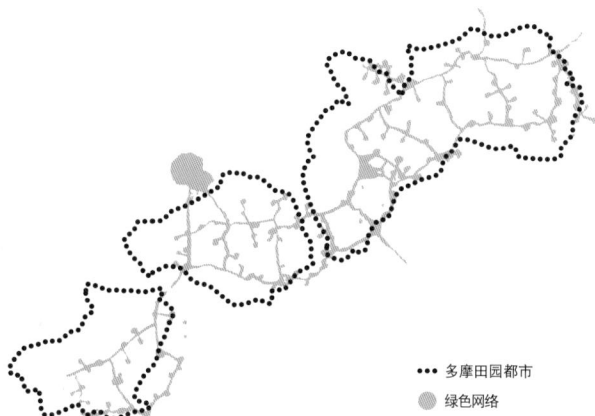

●●● 多摩田园都市

● 绿色网络

图表3-29 梨城的绿地系统图

土地区划调整工程中的公共用地比率

通过土地区划调整工程，使得平均公共用地率（道路、水路、公园）从5.3%上升到了21.3%。虽然作为东急田园都市骨架的道路网，也在区划调整中进行了建设，但是由于住宅的规划建设是分两阶段建造完成的，因此，该地区的实际公共面积比率比统计数据还要大。当时东急取得了大约35%的土地，剩下的土地，基本上都是其他土地所有者所希望保留的农业用地，因此，该地区可以说从整体上进行了区划调整。另外，出于都市营造的目的，东急将所取得的住宅用地作为学校用地进行了销售和转让。

参考文献
「昭和62年日本建築学会賞　多摩田園都市　−良好な街づくりをめざして-」
発行 東京急行電鉄株式会社·1988年11月6日
「多摩田園都市における生活関連施設の立地経緯について−土地区画整理事業の組み合わせによって作られた郊外住宅地計画に関する研究−」石橋登·谷口汎邦·2009年1月
「東急多摩田園都市開発50年史　多摩田園都市開発35年の記録　昭和23年〜昭和63年」
発行 東京急行電鉄株式会社·1988年10月

随着巴士线路网建设
而扩大的沿线区域

通过轨道交通与巴士的整合实现便利性的提升

    东急田园都市线车站间的距离结合人的步行距离进行考虑，这样就能以车站为中心形成连续的步行圈。以车站为中心、半径为750m的步行圈与站间距离重叠，形成沿着轨道交通连续的街区（图表3-30）。另外，东急还在比多摩田园都市在更大的区域内，通过巴士路线的建设来支持多摩田园都市的开发。通过巴士线路网的建设，使得在车站步行圈之外的区域也能成为具有高度交通便利性的居住用地，进而推进住宅的开发。目前，巴士在工作日早晨每隔5～6分钟有一班次，在主要的线路上仅有3分钟的班次间隔时间，以此来满足居民上班和上学的需要。

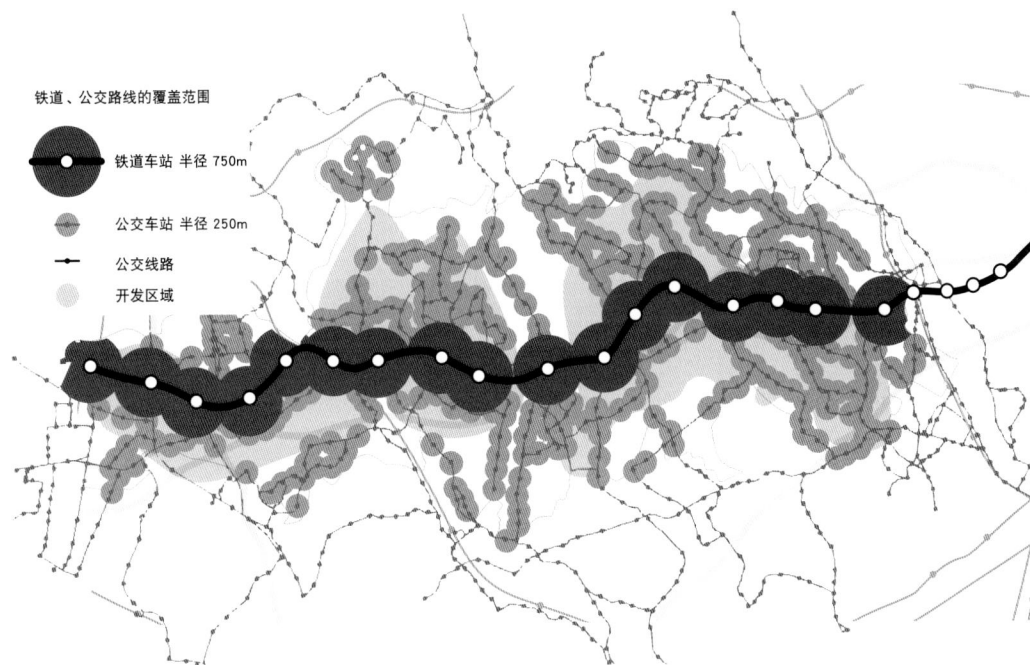

图表3-30 巴士线路网和开发区域

围绕巴士项目展开的基础设施建设

在东急多摩田园都市的建设中，东急在区划调整阶段就开始考虑巴士运行，并进行了与此相关的基础设施建设。在前面所述的舒适计划（1973年）中，提出了"在多摩田园都市地域范围确定时，进行巴士线路体系建设，并开辟新的线路"的基本构想。

以巴士线路建设为目的的基础设施建设包括以下两个方面：

1. 巴士运行预定道路的建设；
2. 车站前广场的完善。

第一个方面是为了确保巴士的准时运行而进行的基础设施建设。在东急田园都市线开通之前，该地区主要通过巴士和东京市中心联系，将长津田和沟之口进行连接。随着东急田园都市线的开通，进行了巴士线路的重组，以连接车站和住宅区之间的短线巴士为主，并确保巴士的定时性和快速性。一般来说，巴士虽然便利，但准点性欠佳，道路的拥堵状况会对巴士的运行时间造成重大影响，特别是巴士终点站的铁路站点周边道路拥堵。

因此，像前面所述的那样，东急将道路和轨道交通采用高架方式进行交叉，以减少由于轨道交通而引起的道路拥挤。另外，广域交通干线——国道246号和东名高速公路也分流了大量过境交通。由于没有过境交通影响，东急多摩田园都市住宅区具有道路拥堵少、巴士运行顺畅等特征。另外东急还通过一些规划措施来提高巴士的乘坐率，从而带动了巴士项目的整体发展。相反，大都市圈的大部分轨道交通建设都在城市成熟之前完成，为了减少由轨道交通的路岔所引起的交通隔断和拥堵，至今，日本国家和各轨道交通公司还投入了大量的税收和资金，在各地进行着连续立体高架工程（以"减少轨道交通路岔"为目的的轨道交通高架化工程）。这样的问题可以说在东急多摩田园都市得到了预先的解决。

作为巴士起点的多摩田园都市外围区域，东急在20世纪70年代以公共住宅供给为契机出售了大量土地，另外在这一地区还具有许多的商品房和出租房，这些因素确保了该地区的人口数量及巴士运营收入。

图表3-31 巴士线路的案例

图表3-32 港湾式车站

在规划调整的道路建设时期，建设了港湾式巴士站点，这样就可以减少由于巴士的停车而带来交通拥堵。在基础设施建设的同时，出于景观考虑，还在巴士道路两侧种植了行道树。

第二方面，由于铁路站点是巴士的固定目的地，东急在规划整理项目中也适时地进行了站前广场的建设。在1969年通过的完善规划中，提出了"将巴士和出租车的上下客点，通过铁路站点前的步行通道直接与站点相连"的方针。与其他私营铁路站点相比，在田园都市线沿线的车站中，建设有巴士上下客点的站前广场的比率相当之高，这也是推进沿线开发的战略之一。位于交通节点的站前广场提高了列车与巴士之间换乘的便利性，巴士项目也由此步入正轨。

另外，这些站前广场在城市设计方面也得到了很高的评价。多摩广场的站前广场由于其特有的美丽整洁而受到了横滨市的表彰。这样的站前广场，除了出于巴士运行的需要而进行了实用性建设之外，还出于景观的考虑，进行了相应的设计和建设。这些站前广场对城市形象及东急品牌的提升都起到了重要的作用。

图表3-33 多摩广场站前广场

需求巴士（Demand bus）等

东急多摩田园都市在已有的巴士线路的基础上还增加了被称为"需求巴士（Demand bus）"的巴士线路。需求巴士线路由基本线路和迂回线路（需求区间）两种类型的线路构成。乘客在需求区间可以自由地召唤巴士，同时也可以自由地下车。以此作为一种介于巴士和出租车之间的交通方式。

这种需求巴士通常行驶在原本道路比较狭窄，不能通行大型巴士的线路上，可以服务到更加广泛的区域。随着交通量的连年递增，这种交通方式，不仅能在交通拥堵时增加巴士的运输量，还能够服务到居住区内部大型巴士所不能服务到的地区。

近几年，东急开始导入能向乘客们提供巴士位置等信息的系统，这样就可以减少乘客们在等待巴士时的焦急感。另外，还开通了从多摩广场到羽田机场、成田机场的直行巴士，这使得居民们在旅游、出差时感到更加便利。巴士车辆本身，也根据当前老龄化社会发展的需要，以及保护环境方面的考虑，导入了残疾人无障碍车和混合动力车等车型。

如以上所述，东急在多摩田园都市的建设中积极发展了巴士交通，与轨道交通系统一起各司其职，这不仅改善了该地区自身的交通条件，而且还带来了多摩田园都市整体便利性的提升，从而使该地区的房地产升值。

参考文献
「東急バス」編集・発行人　加藤佳一　発行所　BJエディターズ・2010年2月1日
「昭和62年日本建築学会賞　多摩田園都市 −良好な街づくりをめざして−」
発行　東京急行電鉄株式会社・1988年11月6日
東急バスホームページ　http://www.tokyubus.co.jp/top/index.shtml
「東急多摩田園都市開発50年史　多摩田園都市開発35年の記録　昭和23年〜昭和63年」
発行　東京急行電鉄株式会社・1988年10月

轨道交通运行效率的提升及逆向需求的创造

以吸引轨道交通双向客流为目的的沿线开发

由于位于郊外的沿线开发地区成为东京市中心的"卧城",因此在上班和上学的时间带出现了轨道交通运行高峰和交通拥挤。另外,反方向的客流量却很少,导致了回送列车的运行效率低下。像东急东横线这样两端同时连接涩谷和横滨这类核心城市的非常少,而其他各家私铁的情况却不同,因而他们都在为创造城市郊区内部的客流而进行着各种尝试,为提高轨道交通的运行效率而进行着努力。

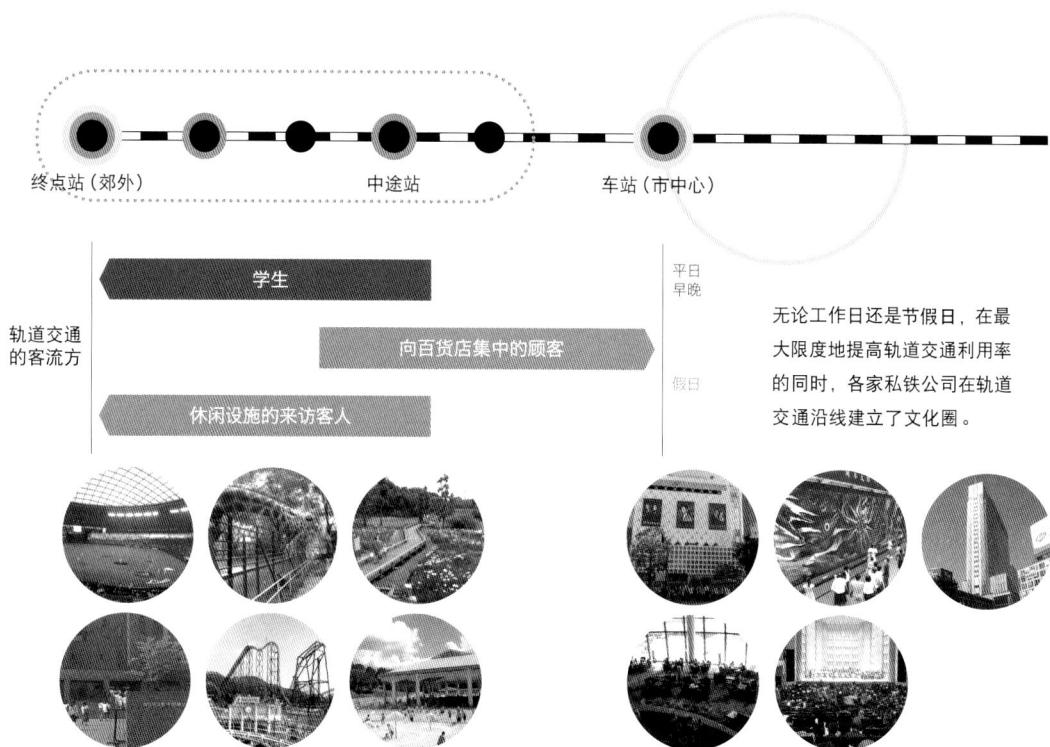

图表3-34 轨道交通的客流方向

通过多功能设施的建设来吸引轨道交通的逆向客流

轨道交通公司为了创造逆向客流而施行的措施可以归为两大类:

1.吸引名牌大学及私立高中等来轨道交通沿线建立校区;

2.吸引大型集客设施进驻轨道交通沿线。

为了保证郊外沿线方向的持续客流,轨道交通公司吸引知有名的高等教育设施及广域集客设施入驻郊外沿

线,成为促进郊外客流的必要措施。因此,各大轨道交通公司除了进行相关的沿线形象塑造、品牌构筑之外,还采取了设施用地的确保、设施入驻的交涉等战略性的措施。西武轨道交通收购了职业棒球队,在郊外建设了棒球场,以达到吸引客流同时提升轨道交通形象的目的。

第一次成长期内对大学入驻沿线的引导

东急在先于东急田园都市开发的第一次成长时期，就为了吸引大学入驻而采取了一系列的努力。通过大学的入驻而在沿线形成文教地区，来达到提高轨道交通运行效率和塑造沿线城市品牌的目的。

在关东大地震（1923年）中校区遭受毁坏的东京工业大学，在东急的邀请下，于1924年在大冈山车站前重建。1929年，东急将位于东横线日吉站附近的一块面积为23ha的土地赠送给了庆应义塾大学，从而成功地实现了吸引庆应义塾大学入驻轨道交通沿线的愿望。之后，

东急还邀请了东京都立大学、东京学艺大学、多摩美术大学等名牌大学来轨道交通沿线设立校区。在庆应义塾大学的湘南藤泽校区（1990年开设）的建设过程中，虽然该校区并不位于东急轨道交通沿线，但是出于对于东急的信任，该工程从取得开发许可到工程建设的各个阶段都委托东急进行开发。该项目在开发过程中结合了藤泽市的城市规划建设及神奈川县中央交通公司的巴士建设项目。

为促进东急多摩田园都市内轨道交通逆向利用的项目开展

东急多摩田园都市开发初期，在东急大量销售土地的时候，也向Salesio学院和桐荫学园这两所私立高中销售了土地。1968年，东急还通过转让17ha的土地，成功邀请了东京工业大学的研究设施入驻到起始于长津田的轨道交通延伸区间，该校区于1975年投入使用。之后，

东急还邀请了森村学园、东京女学馆等多所学校入驻沿线。通过邀请那些追求广阔校园用地和优美校区环境的大学、私立高中等教育设施入驻，东急成功吸引了早上流向多摩田园都市方向、晚上经由东京市中心返回其他郊外住宅区的稳定客流。

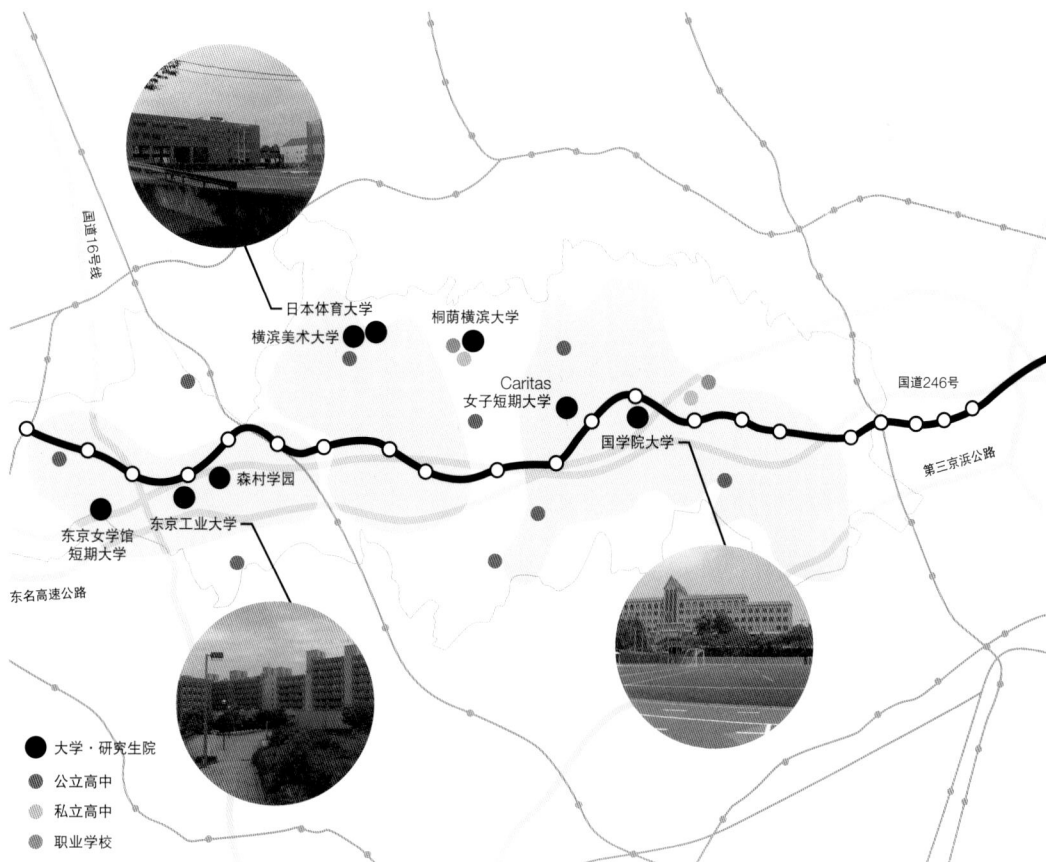

图表3-35 位于东急田园都市线沿线的大学

广域集客设施

2000年，美国式的开放型奥特莱斯购物中心"Grandberry Mall"开业。所谓奥特莱斯购物中心是位于高速公路出入口附近的具有大范围集客功能的商业设施。"Grandberry Mall"位于东名高速公路横滨出入口附近的田园都市线南町田站前，具有优越的区位，已经成为一个辐射半径约为30km、服务人口约1200万的大型商圈。

"Grandberry Mall"占地面积87,000m²，除100余家餐饮及购物店铺外，还设有一个影院综合体。"Grandberry Mall"开业当年就吸引来客达760万人次以上。

以吸引广域客流为主要目的的开放型购物中心还成为周边居民带宠物散步的区域，受到了广泛的好评。

图表3-36 Grandberry Mall（奥特莱斯购物中心）

图表3-37 鸟瞰图：Grandberry Mall

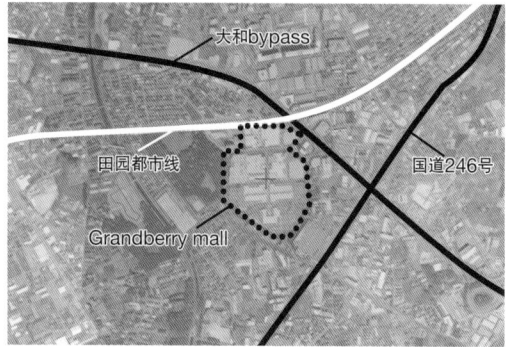

图表3-38 地图：Grandberry Mall 交通线路图

为了避免交通拥堵，并且吸引人们通过轨道交通来到购物中心，东急在周末停止了南町田站的急行列车的运行，购物中心的营业时间也与轨道交通的运营相衔接。

南町田车站的轨道交通客流量也因此获得了增加。奥特莱斯开业当年，轨道交通客流量增加9000人次/日，由此带来每年约5亿日元的增收。

上班、上学的乘客所使用的定期车票虽然可以带来较为稳定的轨道交通收入，但是由于定期车票往往具有一定的票价折扣，因此利润相对较少。另外，沿线集客设施所吸引来的与上班上学反向的客流，使用的却是没有折扣的车票，这部分的收入可直接算作轨道交通的增收。这个模式就是和轨道交通一体化的沿线开发商业模式B（图表3-41）。

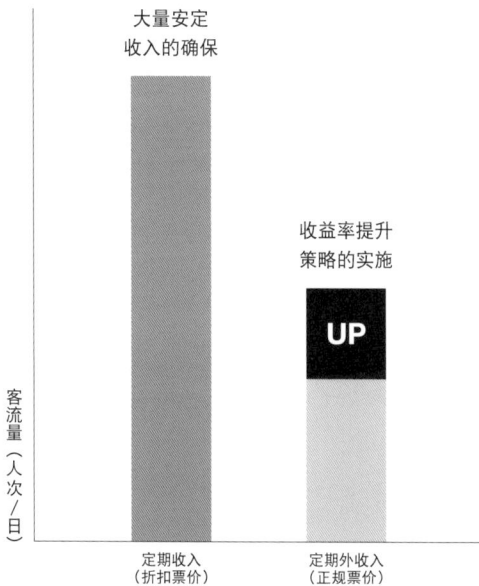

图表3-39 定期、定期外利用者人数的比较

车站客流量增加	9 千人（次／日）
平均票价单价	150 日元／人
年收入增加	5 亿日元／年

图表3-40 激活内部移动的策略和效果
（参考）奥特莱斯卖场（2000年开业）的效果

商业模式B

· 在枢纽节点开发的推进、扩充下的沿线品牌、形象的激活。
· 由沿线内部集客设施的建设而带来的人口流动激活，以及轨道交通收益的增大。

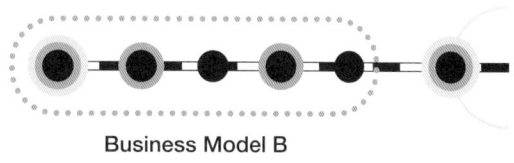

Business Model B

图表3-41 商业模式B

参考文献
「日本の私鉄東京急行電鉄」広岡友紀·毎日新聞社　2011年1月15日
「鉄学「概論」」原 武史·新潮社　2011年1月1日
「昭和62年日本建築学会賞　多摩田園都市 －良好な街づくりをめざして-」
発行 東京急行電鉄株式会社·1988年11月6日
「人口密度変動特性から見た多摩田園都市における住宅宅地供給及び土地利用規制との関連性について」
石橋登、谷口汎邦·日本建築学会計画系論文集　第609号·91-98　2006年11月

column 8

多摩新城 —— 公共主导模式下的开发及轨道事业

【概要】

多摩新城是位于东京西南部多摩丘陵地区，开发面积约为3000万m²，到2003年大约有20万人居住（规划人口为34万）。

多摩新城是由1965年城市规划决定，基于《新住宅市区地开发法》（以下简称《新住法》），以公共主导模式开发的日本最大规模的新城开发项目。

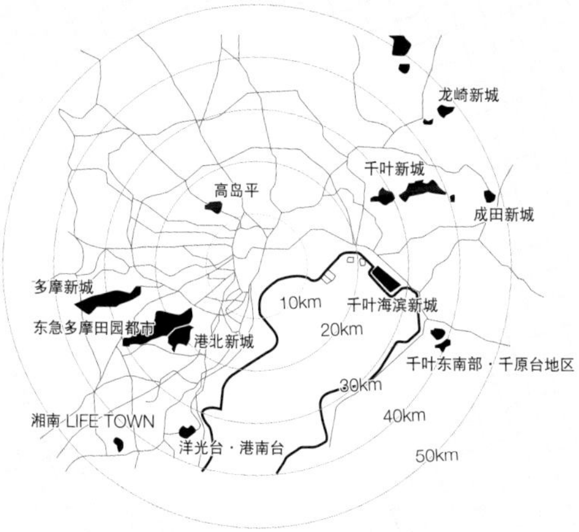

图表3-42 多摩新城的区域位置

用地种类	面积（ha）	比例（%）
住宅用地	785.6	35.3
商业用地	77.6	3.5
教育用地	212.6	9.6
其他公益设施用地	229.2	10.3
道路用地	421.7	19.0
公园绿地	432.9	19.4
其他公共设施用地	4.8	0.2
特定项目设施用地	61.2	2.7
总计	2225.6	100.0

图表3-43 依照新《住宅市街地开发法》对开发项目规划决定区域(2225ha)内土地利用分配的设定

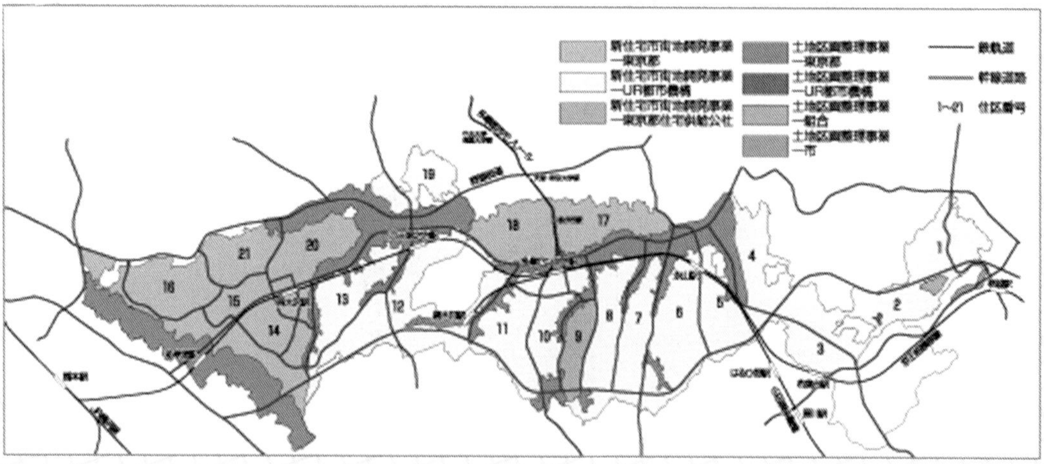

图表3-44 多摩新城的概要

1964	建设省、东京都首都建设局、日本住宅公团等联合提出名为"南多摩"的规划方案。同年，东京都城市规划地方审议会通过此规划。
1965	建设大臣批准多摩新城的建设项目，正式开始土地购买等工作。
1967	京王电铁获得建设京王多摩川到稻城中央段线路建设的施工许可。
1969	小田急电铁获得建设小田急新百合丘到黑川段线路建设施工许可。但是，由于此后向新城延展的原因，两家不同公司在经营的方面无法达成共识，遭到搁置。
1971	多摩新城，第一批入住开始。
1972	大藏省、运输省、建设省等3大部门间，缔结关于大城市高速轨道建设资助相关的协议，政府资助的具体方策形成。
1973	小田急、京王两家私铁公司与施工单位缔结建设协议，开始了日本铁道建设公团最初的私铁建设项目。
1974	京王相摸线抵达多摩中心段线路的开通。
1975	小田急多摩线抵达多摩中心段线路的开通。

图表3-45 多摩新城开发的概要

【开发的背景（项目的进展方式）】

伴随着高度经济成长，人口向大城市集中的问题逐渐严重，出现了由民间主导的无计划开发引起的城市向地价较低的城市边缘无序扩张的问题。

为解决无序开发的问题，且同时能提供居住环境良好的住宅地，多摩新城的规划得以展开。

【开发主体】

日本住宅整备公团（现名为都市再生机构）之外，还有东京都政府及东京都住宅供给公社

【项目运营方式】

依照1963年修正后的新《住宅市街地开发法》，采用全面收购（有土地收用权）方式及部分实施土地区划调整工程的方式进行。

【开发理念】

开发以建设理想的居住环境为目标，将住宅区设定为占地约100ha，户数为3000～5000，人口为12000～20000的单位。各住宅区原则上设置中学1所、小学2所，配置步行者专用的生活道路、公园（邻里公园、小区公园）等公共空间和绿化带，提供日常生活所需食品及日用品的商店，以及综合了派出所、邮局、医院等为居民服务的邻里中心等设施。

【面向民间轨道建设投资者发放补助的措施】

多摩新城的巨大开发规模致使配备能承担大量运输的轨道交通设施成为必需，因此从规划一开始就设想了轨道设施的建设。

但是，轨道建设相关业者由于下列的理由，提出了参与向新城方向延伸路线的建设难点。

①在不能预见土地分割转让等开发利益的前提下，无法全额承担轨道建设所需的费用。

②由于轨道建设的前期投资巨大，在入住人口较少的开发初期阶段，容易出现经营上的问题。

③因为需要以上班和上学的人流为运输主体的对象，所以必须迎合人流高峰期的需求，针对各项配套设施进行投资和建设，但非高峰期的利用率低下则会导致投资收益很低。

④由于是在城区建设新轨道，在必须考虑立体化的情况下可以预见需要更多的建设费用。

针对轨道建设相关业者的意见，政府颁布了《关于大城市高速轨道建设资助相关的协议》，明确了对参与轨道延伸段建设的开发者进行补助的措施和办法。

①将由日本铁道建设公团负责铁道的建设，并以25年为期转让给民间轨道交通开发商。
公团的财政投融资等资金投入和利息补给由国家和地方政府进行（P线方式）。
实际的施工由公团委托给民间轨道交通开发商进行。

②新城区域内的开发主体，将轨道建设用地以土地净价（平均收购价格＋利息）转让给轨道交通开发商，并负担一半道路基盘以下部分的建设费用。

【项目特点】

从公共的角度看，通过该补助办法不但解决了与城市中心的交通接续需求，也在确保公共性的同时促进了民间的轨道交通开发商的自主开发。

从轨道交通开发商的角度看，由轨道建设导致的外部影响无法直接转化为自身利益，建设项目本身并不是很有吸引力。

column 9
多摩广场站周边规划

[竣工] 2010年
[施工] 东急电铁
[总建筑面积] GATE PLAZA-87,872.49m², SOUTH PLAZA-24,656.52m²
[线路数] 1线路1站
[乘降客数] 73,700人次／日（2011年）

规划概要

【车站，站前广场与商业设施叠加的复数街区】

多摩广场站是以东急电铁为中心，历时半个世纪开发形成的东急多摩田园都市的中心地区。当初由轨道交通与周边街区一体化规划而形成的该地区，在开业后约40年时迎来了以多摩广场站的改良为主轴，将现存购物中心与交通广场等车站周边的城市机能进行综合考虑，并分阶段地制定了相应规划。

原本由于轨道的通过，车站的南、北两侧被隔断，并形成了地形上的高低差。新方案通过约3ha的人工地盘的构筑，将南、北两侧联系起来。车站南侧主要是住宅用地，因此相对车站北侧发展起步较慢，但通过轨道相关设施与商业设施进行一体开发，可以将轨道线路的南北连接为一体，最终激发多摩广场街区整体的活力。

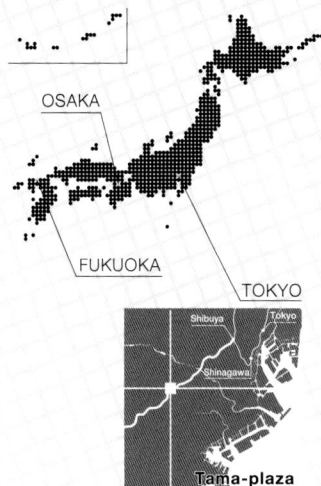

空间结构

该方案的创新点是在轨道的上部设置人工地盘，上方架设大跨屋顶，以形成开放的大空间，并通过商业设施与车站设施一体化的设计，形成一个适合作为街区入口的空间。另外，通过将公交车站和停车场等设施尽可能设置在地下，实现人车分离，形成了以车站为中心，街区南、北两侧安全，顺畅连同的城市空间。

车站北侧于1982年开业的东急购物中心经过扩建更新，形成新的北购物广场（North Plaza），它与轨道上方的入口购物广场（Gate Plaza），以及车站南侧的南购物广场（South Plaza）通过人工地坪连为一体。人工地坪以车站北部的地面标高为基准设定，有效解决了南北高差问题，使得使用者可以在同一地平高度上顺畅通行。

方案以车站为中心，通过沿街布置店铺及以广场为中心的室外空间的组织，将车站与周边地区整合起来。在这块总用地面积超过5万m²的基地内，特意为容积率留下了一定的余量，目的是为了实现与周边街区的和谐，刻意将建筑物高度控制在检票层以上3层。

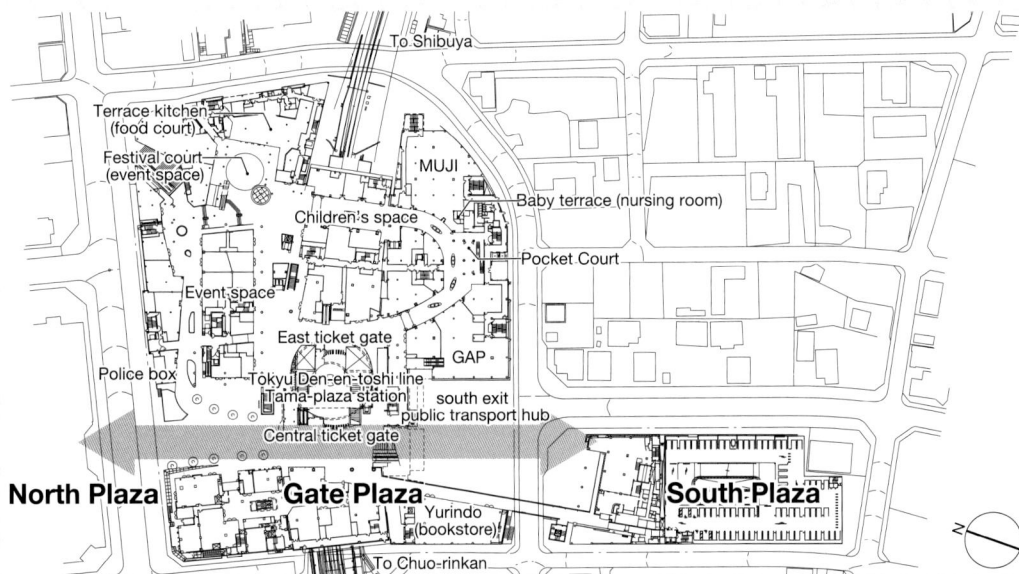

图表3-46 连接南北的人工地盘（参见：《新建筑》新建筑社，2011年3月）

换乘大厅上方30m高的大屋顶

车站大厅上方架设大屋顶，将检票口内外及两侧商业设施连为一体，乘客们可以直接透过车窗感受到外部热闹的空间。通过与对站台进行管理的轨道交通主体的协议，大屋顶最终被归入车站设施。这种车站与商业设施的一体化设计，创造了双赢价值，也创造了新型的象征性空间。

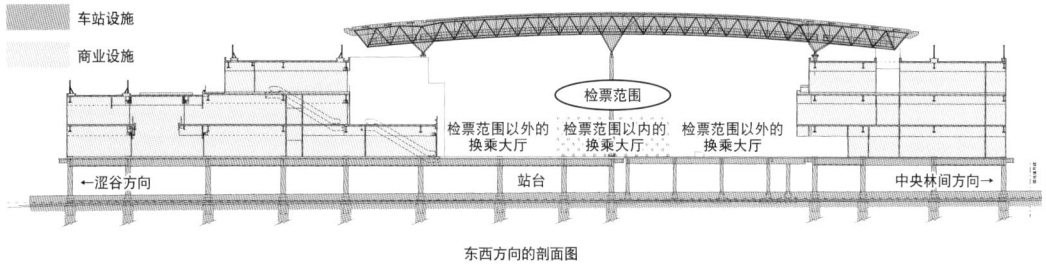

图表3-47 车站设施、商业设施的区分定位

图表3-48 换乘大厅与大屋顶结合的空间

商业设施的空间构成

商业设施设计由LAGUARDA.LOW＋TANAMACHI建筑事务所的John Low担任。车站周边由小体量、连续分布的底层商业组成，建筑高度不超过检票层开始计算的3层，以营造多摩广场的开放感及与周边街区的协调感。另外，也通过设置连接天桥，将道路另一侧的购物中心联系起来，实现与已建成设施之间的一体化。

图表3-49 商业设施的空间

通过土地用途区域变更实现的南北回游空间

　　东急电铁在跨越半个世纪开发的东急田园都市项目中，同时考虑了短期和长期的发展目标。在通过宅基地售卖获得短期收益的同时，也通过设置停车场和住宅展示场（注：别墅、独立式住宅样板房区域）等方式预留了二次开发的用地。正是由于东急电铁这种具有预见性的考虑，才使得多摩广场这种集合大规模的人工地坪、广场等一体开发的项目得以实施。

　　东急电铁在1986年联合横滨市，成立了推进地区规划制定的理事会，充分讨论了未来街区建设的可能性，2002年该地区的地区规划获得批准，道路基础设施用地与一部分的住宅用地变为商业及邻近商业用地，并制定了规划方案。

■ 商业区域
■ 生活性商业区域
■ 第一种住宅区域
■ 第二种住宅区域
□ 第一种低层住宅专用区域

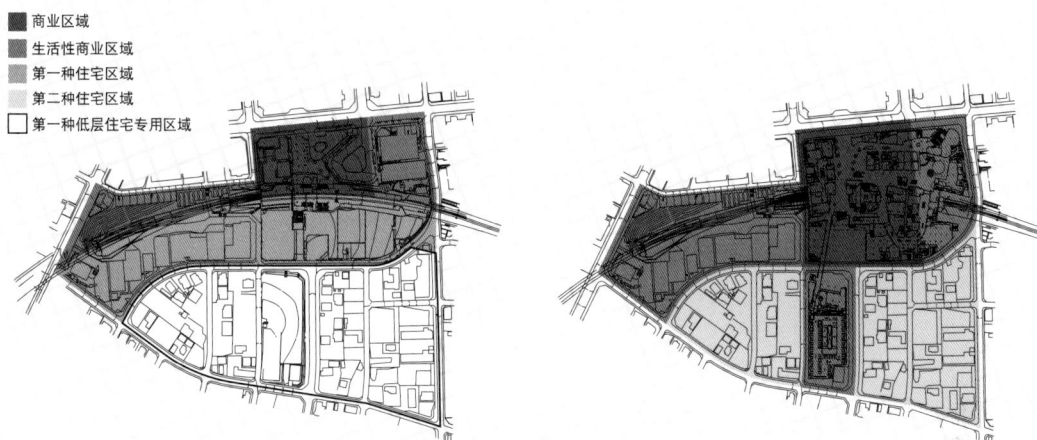

图表3-50 更改前后的用地性质比较（参见：《新建筑》新建筑社 2011年3月）

开发大事年表

1982.10	多摩广场东急购物中心开业
1986.3	多摩广场地区规划推进联络协议会成立
2002.11	多摩广场站周边地区规划 多摩广场站周边地区规划协议
2007.1	South Plaza （B栋）开业
2007.10	Gate Plaza 1期（A栋I期）开业
2009.10	Gate Plaza 1期（A栋II期）开业 ※车站部分 North Plaza （东急购物中心）更新
2010.10	Gate Plaza 3期（A栋III期）开业【全体开业】

图表3-51 开发大事年表

建设提高生活质量的城市设施

规划中包括了建设面向本地居民的育儿设施，以及保育所、学童保育、社区中心、地区广播室等为居民日常生活服务的设施。另外规划还采用了将强化城市功能的停车场及交通广场地下化的手法，来确保新建设施与周边环境的融合。

规划中对育儿设施赋予了特别的关注，商业构成以提供儿童和家庭生活用品的店铺为主，并将通常设置在顶层或者地下层的餐饮广场移到了容易到达的检票层。通过这些吸引顾客的策略，对比规划实施前后，多摩广场站的乘降客数增加了约一成。

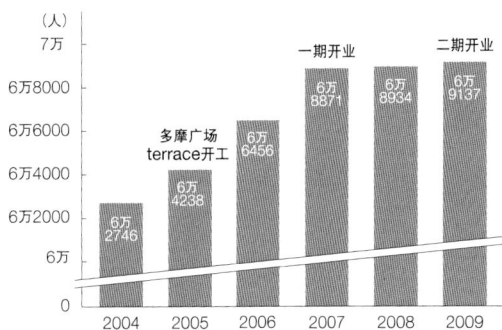

图表3-52 多摩广场站日均乘降客数的变化（参见：《日经建筑》日经BP社，2010.12）图表3-53 育儿设施

东急电铁事业中的定位

东急电铁将包括零售在内的"生活服务事业"定义为与"交通事业"和"房地产事业"并列的第三大核心事业，在东急沿线地区采取了3大核心事业相辅相成，发挥叠加效应的成长战略。在《东急集团零售业项目提升方案》中，不仅根据此战略重新定义了沿线地区的已建成设施、开发规划的区域特性、达成目标、商铺构想等，更是提出了继续整体提升沿线地区价值的大目标。

多摩广场站在其中被归纳为"满足多样性需求的且体现地域特征的商业及地标"的地域象征型类别，通过以车站为中心强调"复合积累"及"物、事、深入人心的混合区域"等概念，实现了上文所述的扩展到满足育儿需求的规划形式。

适应时代变化的持续性开发

伴随着价值观与社会背景变化的规划理论调整

多摩田园都市的设施规划 —— 为适应社会变化的总体规划修正

到1975年，东急预售土地的50%被购买，区内的常住人口已近20万，达到了计划人口的约50%。土地区划调整工程进行到总体面积的84%，田园都市线涩谷站的开通，以及与地铁线的相互直通也即将实现，因此街区的概貌已经大体形成。地权者土地也以租赁等多种多样的形式得以开发，并对应人口增加带来的各种需求。

早在1973年，总体规划就已被修改为"生活福利设施规划（amenities plan）"。在铁道开业前后，为回收开发初期的先行投资，以及优先增加沿线人口而吸引了国营住宅小区的建设。虽然在开发初期将人口密度设定为90人/ha，但由于高度经济的成长，同时土地价格高涨超过了一般工薪阶层的购买能力，因此售卖部分的土地面积变小。另外由于行政调整致使的用途区域、建筑覆盖率、容积率的变化，使得人口密度上升，特别是车站附近的公共设施建设的基准调整到了140人/ha，导致了住环境恶化、绿地不足、学校不足等问题。当初设想塑造的"田园都市"样式的低密度、居住环境良好的城市理念被逐渐瓦解。另外，由于承载城市功能及提供生活便利的设施没有了吸引力，所以非常有必要重新确认最早的设计理念并付诸实际可行的方案设计。因此名为"综合调整推进规划"的城市相关设施扩充的提案得以诞生，并将规划落实到具体实施地点的"生活福利设施规划"中。从根本上重审开发的方向性，放缓对住宅供给这方面的建设，从另一方面充实多种多样的生活相关设施，并因此将开发转换到追求高质量和树立品牌的方向上来。同时也将规划人口从40万提高到50万，规划面积从4180ha提高到5000ha。

根据《多摩田园都市 —— 以高品质的都市营造为目标》所述，多摩田园都市设施规划主要考虑了七大方面：

（1）城市服务设施的建设。
（2）中心点（"cross point"）的建设。
（3）绿化建设。
（4）公交巴士系统化。
（5）引进高等教育设施。
（6）个人高级住宅的建设。
（7）具有集中效应的、面状的集合住宅建设。

基本的城市结构还是遵循梨城规划时的结构，没有大的变化。对于绿地，除确保住宅用地中的绿地之外，还设定了更加详细的绿地建设方针。由于在这个时期，区域内的基础设施已形成，因此规划主要还是集中在公交巴士的系统化及关于向居民普及绿化知识等软件上的改善方面。另外，由于成功引进高等教育设施（高中、大学），整体社区建设也顺利进入了新的发展轨道。

从单纯的以售卖土地为主的房地产开发，转向以建设和完善整体社区为目标的轨道上来。

1973年，横滨市发表了《集合住宅建设相关的指导纲要》，根据此要纲，多摩田园都市内的小学将不能满足学区内孩子上学的需求，会导致学校不足的严重问题，也致使实质上无法推进集合住宅的建设。因此，直到1985年该规定废止之前，东急不得不在多摩田园都市的各处向横滨市出让了中小学校的建设用地。东急公司这种公共用地的提供的行为，其实是为实现其他开发利益而不得不做出的妥协。

通过以上这些具体方针的实施，形成了在推进开发的同时，针对原本无法推进的规划理念进行重新整合后的东急多摩田园都市开发的实例。

实际上这个实例的实施过程并非完全是按照最初的规划方案逐一实施的，但是规划提出的维持生活的便利性这一点，始终作为中心思想贯穿了多摩田园都市开发的始末，也对形成目前街区内良好的居住环境起到了非常重要的作用。

生活相关设施的历史背景

1975年，可承担高水平的医疗功能的大学医院在藤之丘站前开业，其用地的售卖可以追溯到1967年，这个事实反映了在开发初期生活便利设施的充实就已经得到了考虑。同年，相邻地块也陆续开设了体育俱乐部、文化学校等设施，基本形成了以"医疗，健康，文化"为中心的街区。到了1978年鹭沼站前GMS开业，再到1982年多摩广场站前百货店、专卖店等大型购物中心也陆续开业。特别是多摩广场购物中心开业之后，1985年成立了"多摩广场地区规划推进联络协议会"，并开始了车站周边再开发相关内容的讨论。讨论包括了街区质上的提升和充实、使用便利性的增强、街区活性化等议题，并在多摩广场地区内从车站上方延伸到周围街区，通过购物中心与相关专卖店的聚集积累、体育设施等内容的充实、多摩广场TERRACE的开业等，促进了该街区热闹氛围的再生。

到了1992年，青叶台增设了标准的古典音乐厅及其附带商业。另外，还出现了从以往体育俱乐部向"健康休闲与交流"的概念切换，比如高级会员制健身俱乐部"ATRIO"连锁1号店在蓟野站附近的开设。到2000年，东名高速公路横滨收费站附近的南町田站前开设了大型

奥特莱斯卖场，引入了一种吸引更远距离客流的新业态。

此外，针对从20世纪80年代后半期开始形成的生活便利设施都是东急旗下企业的问题，以及为满足居民更多样化的生活需求，制定了"定期借地权项目"这一为促进设施多样化的政策，积极引进进口车展示卖场、餐饮等非东急旗下的品牌入驻。这好比是在街区内添加增加魅力的调味料，且能通过定期讨论开发概念和商业模型，达到街区活性化的目的。

这就是东急多摩田园都市建设的开端。东急公司就在建设生活相关设施的方面开始了独自的探索。虽然在社会和经济状况变化的大条件下，规划在具体实施时做了相应的调整，但是原规划中对于车站的重要性的认识从始至终没有发生变化，并以车站为中心的推进配套设置的建设。这种在站前区域持续地进行城区营造，并对不同时代人们的需求做出及时反应和调整的规划方式，在轨道沿线形成了具有多样化内容的生活设施，增强了沿线地区的吸引力。另外目前还有一个趋势是，以往通过开发项目的股份升值获利的模式正在向通过地区常住人口的消费获得盈利的商业模式转换。

图表3-54 青叶台东急广场

图表3-55 ATRIO 蓟野

图表3-56 南町田GRANDBERRY MALL

图表3-57 多摩广场TERRACE

与时俱进的住宅开发理念

　　东急多摩田园都市项目中，东急公司提出的宣传口号是"建成一座满足人类多样化生活追求的城市"，同时曾任社长的五岛昇先生也提出"因为城市总是在生长和变化中的，因此必须经常地改善"的主张。这种轨道建设一体化的大规模开发中，充分考虑各种设施的建设需求，并同时重视环境保护的郊外住宅地开发，在当时可以说是完全独创的新形式。另外，在大量提供住宅建设用地的任务完成后，又从城区营造的观点出发开始了新的探索。因此，东急多摩田园城市在人口稳定后经历了50年以上的今天，仍保持着年1%～2%的人口增长。

沿线人口老龄化问题的对策

人口减少和少子老龄化社会

当前，日本步入了人口减少型社会，并逐渐呈现少子老龄化趋势。随着日本经济发展的进程，在国家和地域的人口结构中经历了平均寿命增加、人口剧增的阶段，正在向老龄化时期迈进。在2007年，日本人口的老龄化率(65岁以上人口占总人口的比例)超过了21%，标志着日本已经进入了超老龄社会。另一方面，受到女性就业和晚婚化的影响，出生率低的问题也逐渐显露出来。

1947年~1949年，日本由婴儿潮而引发了人口的剧增。随着这一年龄层（团块世代）[注]的人们向东京圈迁移，核心家庭增多，引发了面向核心家庭的、位于大城市近郊区的居住区建设热潮。同时为解决这些家庭上班和上学的需要，进行了轨道交通和道路交通网建设。这就是所谓的大都市圈扩张和城市膨胀。多摩新城和东急多摩田园都市等居住区开发，以及与此相伴的轨道交通新线路的建设，就是在这样的时代背景下展开的。随着城市膨胀而出现的社会需求带来了难得的商机。

几年之后，团块世代将进入老龄期，这将进一步加重日本的老龄化问题。特别是以团块世代为目标群体而建设的位于大城市近郊的新城，急剧老龄化这一特征也将比其他地区来的更为显著。同时，购买了这些住宅的团块世代的孩子们也将和团块世代同样地成立核心家庭，因此将会离开现在的家庭搬到别处居住。由此可以预见，这些居住街区将步入老龄化阶段。

注）团块世代指日本在1947年~1949年生育高峰时出生的一代。其人口比例高，对社会的影响大。

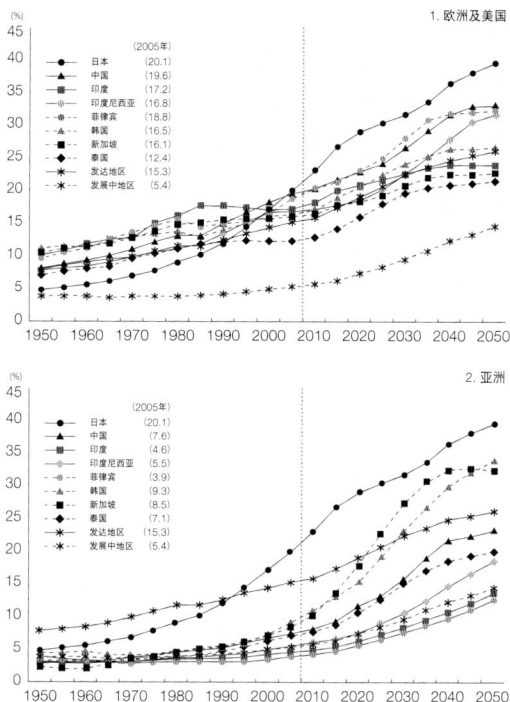

图表3-58 世界老龄化比例的推移

数据来源：
联合国，世界人口展望：2008
有关日本的数据截至2005年部分根据日本国总务省[国势调查]得出，2006至2010年部分根据"国立社会人口问题研究所"的[日本未来人口推计（2006年12月推计）]中的出生率和死亡率的假设平均值推算而出。
※ 发达地区由北美洲、日本、欧洲、澳洲及新西兰组成，发展中地区由非洲、亚洲(不包括日本)、中南美洲及美拉尼西亚、密克罗尼西亚及波利尼西亚诸岛组成。

新城的课题

受到少子老龄化的影响，退休金等社会保障费用的增加将成为社会性的课题，同时，这些问题也将对城市的发展带来影响。1971年，居民开始迁入多摩新城。多摩新城规划人口为30万，当前已有20万人居住在这里。但是，这个当初的开发区却开始出现人口减少和小学关闭的现象。由于缺少年轻人导致了街区缺乏活力，并且出现了地域共同体的崩坏和独居老人孤独死等问题。伴随着核心家庭化的进程，老年人很少和子辈们同住。因此，和以往多代人一同居住的情况不同，还引发了子女们难以照料老人的问题。从商业方面上来说，随着具有强烈购买愿望的年轻人的减少，商店也被迫关门。另外，由于对现有住宅进行电梯增设和改装也比较困难，从而很难实现无障碍化。因此，一些有闲钱的人们开始搬到其他地区居住，而没有闲钱的居民们只能在这种非常不便的条件下继续在该地区居住。但是，迟早这些老朽化的建筑是需要重新改建的。虽然，当前已经开始对那些由公共开发建设的公寓进行重建，但是重建的方法还是基本上通过对当前建筑所未达到的容积率部分进行活用，来增加新建筑的建筑面积并进行出售，从而解决重建的资金问题，实现低资金负担的重建。也就是说，这是一种需要在房地产价格比较高的时期才可以进行的一种重建策略。因此，如果新城地区的人气变低，就不能带来新的住房需求，从而该地区将由于没有资金进行重建而出现整体老朽化，这将进一步导致该地区的活力丧失、地价降低和衰退，这将是可以预想的最差局面。

多摩新城和多摩田园都市的比较

从人口密度的比较来看东急多摩田园都市和多摩新城的比较

从人口密度的变化来看，多摩新城建成后，由于对人口的吸引，导致了该地区的人口的急增，但是，而如今多摩新城却陷入了人口减少的局面。而相反，多摩田园都市的人口却是经过长时间逐渐增长的，并且还在继续增长中。另外，从图表3-59可以看出，多摩新城在开发的初期实现了短时间内人口的急剧增长，而多摩田园都市的人口密度却是从0开始逐渐上升的。

东急多摩田园都市的这种循序渐进式的发展可以使其不易突然遭受老龄化的影响。当前，东急多摩田园都市还在年轻人群体中颇具人气，因此，该地区的人口新陈代谢效率相对较高。

多摩新城是以公共开发为背景的，为了解决首都圈人口密度过高的问题，以规划人口为基础，在短时间内进行了大量住宅的供给。并且，通过《新住法》的应用，保证了公共可以进行土地的整体性购买，这也使在短时间内的住宅供给成为可能。多摩新城由于是公共性质的开发，因此没有利润上的追求，这就使多摩新城的住宅价格可以低于市场价格，这也是吸引购买者的重要原因之一。相反的，东急多摩田园都市却是由民间企业开发的。因此，多摩田园都市的住宅和宅基地的供给不仅需要符合社会的需求，而且还受到企业运营情况的影响。在土地收购的时候，东急电铁与一般土地所有者的比例为35：65，因此，除了东急电铁的运营情况之外，一般土地所有者的意愿也对宅地供应的速度产生了很大影响。东急多摩田园都市采用渐进的方式进行宅地供给，

根据公司的财务状况，以每年提供少量宅地的方式进行，并且根据销售情况来调整宅地的供给数量。从图3-59可以看出，东急多摩田园城市的人口密度是渐进式增长的，这也说明，这些年来该地区每年都存在着新的住宅需求。

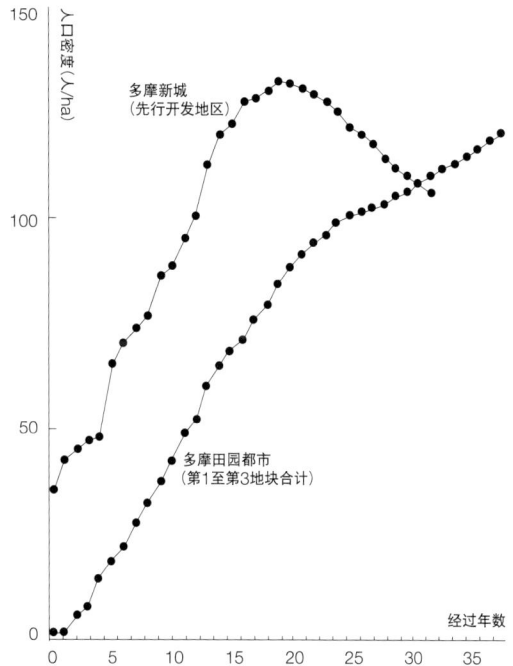

图表3-59 东急多摩田园都市和多摩新城的人口密度推移
资料：东急多摩田园都市的人口数来源于横滨市和川崎市的居住人口数据/多摩新城的人口数来自原多摩市的居住人口数据（引自日本都市计划学会论文）

东急多摩田园都市的问题

但是，田园都市沿线从1960年代左右就开始进行宅地销售，和当时日本其他新开发的大型新城一样，已经经过了30年左右的时间。由于多摩田园都市在开发初期所销售的大量住宅的购买者几乎是同龄人，因此这些地区的老龄化问题也开始显现出来。

在山坡较多的丘陵地带，在轨道交通建设的带动下进行了居住区开发，并随着公共巴士的开通，而使居住区范围扩大到了车站徒步圈以外。但是，这些地区对老年人的生活来说却是非常不方便的。郊外的独立住宅通常是4个或5个房间加厨房和餐厅的格局（4LDKg、5LDKg）建设的，这种户型对子女独立后的高龄夫妇来说就过大了。但是，位于在人气线路沿线的大面积住宅本身还是非常具有吸引力的，由于家族和育有子女的人群对大面积住宅的需求，因此这些住宅并没有贬值。

A·LA·IE

在这样的社会背景和问题之下，作为对策A·LA·IE项目^{注)}被提出。东急电铁于2005年4月开始对东急田园都市沿线的居住区进行该项目的实施。这个项目主要有以下3个目标：

(1) 通过年轻的家族群体的流入来促进老龄群体换房，从而维持当地的人口平衡。

(2) 通过对已有住宅的更新来维持街区的吸引力。

(3) 通过对现有建筑物的再利用来提倡环境友好型的新型居住方式。

在"A·LA·IE"这个项目中，具有进行置换的"翻新住宅"；进行重建的"订购住宅"；和进行整体改造的"我家·翻新"这三种服务。在本文将对进行住户置换的"翻新住宅"进行介绍。

为了解决前面所述的问题，挖掘街区的现有价值，东急采取了以下的措施：①通过住宅置换的方式使老年人搬入临近车站的公寓和老人住宅；②对独立住宅进行翻新；③育有子女的家庭搬入独立住宅，这一过程由东急电铁进行整体操作，这就是A·LA·IE中的翻新住宅。

东急电铁通过对独立住宅的100%的收购保障，并采取民间融资等方式，来减轻住宅所有者的卖房负担，从而吸引住宅所有者卖房。同时，东急电铁对现有的住宅进行整修，来提高房屋的质量，并以相对低廉的价格提供给新家庭。东急的这项措施使得老年人和年轻家庭的需求相互联系，这不仅维持了街区的活力，也让轨道交通的收入和生活服务设施和商业设施的收益能够得到持久的保障。

经过了房屋置换的老年人，可以居住在车站周边的商品房和可供租用的老人住宅中。这可以方便老年人出行、购物和用餐，并且老年人可以通过轨道交通的使用到达都心或者城市节点涩谷来满足文化和艺术上的需求。在享受充满活力的老年生活的时期，如果出现了健康问题，老年人还可以方便地使用附近的医院和看护设施，这也是促使老年人进行住宅置换的重要原因。

这三项措施的优点可以总结为如下几点。

◇东急电铁（开发商）
成熟且优美的居住区景观的维持；
由年轻人的流入而激发的街区活性化；
轨道交通票价的稳定收益（老年人和年轻家庭共同提供）；
商业设施收益的保证；
从卖房者处获得工程费和咨询费，
从购房者处获得中介费收入；
与新建住宅相比，可以减少建筑材料的
浪费和对环境的影响，从而提升公司的品牌形象。

◇老年人（卖房者）（利用者）
通过住宅的置换从远离车站的住宅搬入临近车站的住宅；
未能在一定时期内售出的住宅将由东急电铁进行收购；
收购保障：
通过民间融资，在其所有的住宅出售之前就可以进行房屋置换，搬入方便出行的地区，工程费可以在获得房款之后再支付，维持现有街区，不给邻居添麻烦。

◇年轻家庭（买房者）（利用者）
可以以较低的价格入住旧房较多而新房较少的人气轨道交通沿线；
由东急电铁负责住宅的后期服务和长期保障，减少购买二手房的顾虑。

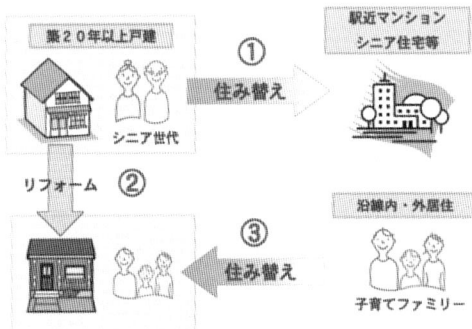

图表3-60 "A·LA·IE"的置换策略

① 居住在老旧住宅内的老龄层，可以置换到位于车站附近的公寓及老年住宅居住

② 空置的独立住宅通过翻新接近于新建住宅（通过优于新建住宅的布局和设备来增加附加价值）

③ 低于新房的价格，更容易被年轻家庭所接受

注) 包含新建住宅，改造住宅等意义的新词，能使人联想到新建独立住宅（Neu + Ie）的命名。

●リニューアル事例

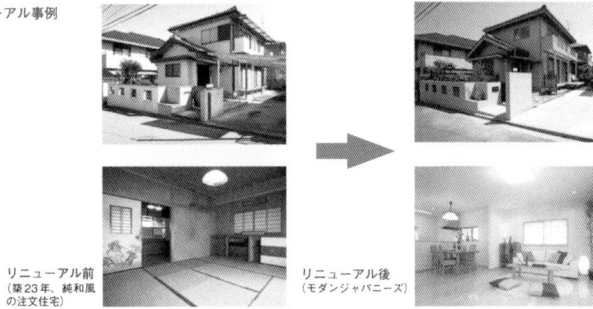

リニューアル前
（築23年、純和風
の注文住宅）

リニューアル後
（モダンジャパニーズ）

图表3-61 更新案例

资料：国土交通省住宅局，一般社团法人住区营造城市营造中心联合会网页

东急多摩田园都市一直进行着土地区划调整事业，从开发开始到如今已经经过了60年，可供出售的土地资源已经枯竭，因此A·LA·IE的住宅置换项目可以被看作是活用现有资本的新开发项目。

作为新一代"住宅置换"项目的"具有定期借地权的商品公寓"

第一个项目是多摩广场及其相邻地块的公寓和复合设施建筑的整修，从而建设成车站、商业设施、服务设施和住宅一体化的具有高度便利性的设施。商品住宅具有52年的定期借地权，在将来还有可能进行更为适合的土地利用的调整，并且东急还对希望进行住宅置换的人群给予价格上的优惠和优先购买权，这些商品公寓在发售当天就被抢购一空。复合设施建筑内设有横滨市地域care plaza[注]和托儿所、老人院（day service）、干洗店等设施，在方便生活的同时，老人院和托儿所等设施还以"促进老年人和儿童之间的交流"为目标，是可以增强当地居民之间联系的设施。

图表3-62 多摩广场Terrace：集合住宅和复合设施

注）作为地区的节点，支持地区的福利、健康活动，能在附近的场所综合提供福利、健康服务的设施。

老人住宅

在高度成长时期流入东京首都圈并购买了独立住宅的人群现在都已经老龄化。在过去，老年人和儿孙们共住，并且由家族来看护。但是，伴随着经济的高速成长，家族开始核心化，生活方式也随之改变，另外也有部分老年人并不希望被子女所照料，于是产生了被称为"老年人看护"的新型社会需求。为了解决这个问题，产生了老人住宅这一商业模式。

东急电铁于2008年开展老人住宅开发，并针对这一事业设立了东急wellness作为开发经营主体。东急wellness最先进行开发的老人住宅是东急welina大冈山。它位于大冈山车站的正上方，原本为东急医院。在东急welina大冈山设置了一般居室和看护居室两种类型的户型，在需要进行看护的时候，可以免费地搬到看护单元居住。居住者在享受充满活力的老年生活的时候，可以利用临近车站的地理优势享受便利的生活。而当需要看护的时候，还可以搬入看护单元享受看护服务。看护居室内有24小时常驻的看护师，并且一般居室内还设有紧急的呼叫按钮，可以通知看护师，使居住者更为安心。东急welina大冈山还活用了东急集团的综合服务，比如和东急医院合作、由集团公司的宾馆供应伙食等。

属于东急集团的东急不动产也展开了老人住宅的开发，它分为老年人专用住宅和带有看护的住宅两个系列进行项目展开。2012年，已经有9套老年人专用租赁住宅和3套带有看护的住宅投入运营。

东急电铁和东急不动产都以沿线的富裕阶层为目标客户，通过高档的装修和常驻职员所带来的充实的服务来提供更加高品质的空间。由于东急沿线有很多富裕层居住，因此东急所提供的服务档次远高于其他同行业的公司，并且获得了成功。虽然每月约80万日元（每月支付的情况下）的价格相对较高，但这一价格对拥有住房和资产的富裕阶层来说，还是在可以承受的范围内的。

东急集团将老人住宅作为新的事业领域，在今后的老龄化社会中，这将是一个必要的设施。作为创造街区的开发商，实施面向适应于未来的都市营造，并将住宅置换作为商业模式进行展开。

图表3-63 东急welina大冈山

横滨市推进"下一代郊外都市营造"的协定

横滨市被选定为"环境未来都市"后，其中的一个主要项目是与东急电铁公司签订的关于下一代郊外都市营造的协定。"环境未来都市"构想，作为日本国家"新成长战略"（2010年6月提出），是21个国家战略工程之一。它不仅仅只是针对环境问题，还要针对超老龄化社会的问题，同时，发挥都市创造力，使其更具活力，平衡各方面的要素，营造富裕的都市。东急田园都市线沿线住宅区是20世纪50年代开始通过大规模开发而形成的。到如今，几十年过去了，居民老龄化、建筑老化、地区活力下降等问题开始显现出来，而且这些问题将会越来越严重。面对这种境况，从2011年开始横滨市与东急电铁联合成立研究会，推进郊外住宅区课题的解决，推进既存街区的生活，以及重视社区的下一代郊外都市营造等超出现有框架的"官民合作"，展开可以称为"横滨模式"的最先进的"郊外住宅区再生型都市营造"。"下一代郊外都市营造"是以"既存街区的维持、再生"为目的，通过居民、政府、大学、民营企业的联合协作来重建生活基础设施和住所，以期一体化解决老龄社会的各种问题，推进参加型、课题解决型等新型都市营造手法的可持续住宅区工程。

首个示范区是在2012年被指定的位于多摩广场站北侧的120公顷的地块。该地块在东急田园都市线开通后被卖给了住宅供给公社，之后建成了大规模的小区和企业公寓，同时还有通过建筑协定保存下来的优良独立式住宅区。而在今后的都市营造中将由官、民、学协作，同时邀请市民参加的方式进行。

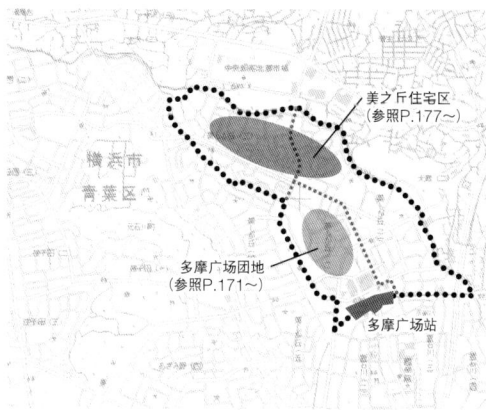

美ヶ丘住宅区
（参照P.177～）

横浜市
青叶区

多摩广场团地
（参照P.171～）

多摩广场站

图表 3-64 "下一代郊外都市营造" 示范区

参考文献
「人口密度変動特性から見た多摩田園都市における住宅宅地供給及び土地利用規制との関連性について」石橋登、谷口汎邦・日本建築学会計画系論文集第609号、91-98　2006年11月

解决上班出行拥堵和提高便利性

为了增加轨道交通的价值，东急先与其他铁道公司开展了运输能力增强的项目，通过改善交通的拥堵来增加轨道交通的舒适性，通过实现轨道交通之间的相互直通和提供通向目的地的多条出行线路的选择来增加轨道交通的舒适性，通过特急、急行列车的运行来提高轨道交通的运行速度。轨道交通的价值提升，引起了人气线路沿线的住宅用地的价值的持续性升高，同时还促进宅基地的销售和沿线公寓的入住率的提高。沿线住宅用地的价值的提升，将吸引新的居民入住，从而促进轨道交通乘客数量的增加和收益的提升。同时，增强轨道交通运输能力为目的的《特定都市铁道整备促进特别措置法》的立法，通过导入提前收取车票费用、免税基金的手法，保证对现有轨道交通线路进行改造的巨额资金，使得资金能够顺利地运转，改良工程得以顺利实施。另外，东急与其他轨道交通公司相比，在相同出行距离的情况下票价相对较低，因此还具有票价上涨的潜力。由

此可见，东急还可以通过一定幅度的票价的上涨来确保资金的运转和轨道交通的收益。

随着人口减少型社会的到来，为了更好地应对沿线间对居民的争夺（沿线间竞争），通过改善拥堵，缩短运行时间等方式来创造更加舒适的乘车环境，是维持轨道交通的品牌力和沿线吸引力的重要手段。

至今为止，JR同各私铁公司之间对于轨道交通乘客的竞争已经白热化，并且各公司对相互临近地区的线路中的具有相同目的地的线路进行了重新整编。另一方面，通过各公司的相互协作，通过各公司间的轨道交通线路的直通，促进了轨道交通线路的改善，从而形成了更加舒适并且更具可达性的轨道交通网络系统。轨道交通线路网络的改进同时也激发了更多的潜在出行需求的产生。

在本节中将对轨道交通的相互直通和复线化进行叙述，这一方式可以达到缓解拥堵、提高便利性的目的，是提升轨道交通价值的手段之一。

相互直通

像在前文"私营主体实施的基础设施建设"中所述的那样，东急田园都市线在建设初期就考虑了与其他公司的地铁线路的相互直通的可能性。通过线路的相互直通，东急田园都市线的乘客就可以不必换乘而直达永田町、大手町等办公地区。相互直通所带来的便利性，正是宅基地销售的主要目标群——东京都心的上班族群体所追求的。因此，这也是田园都市线成为人气线路的原因之一。

同样地，东急东横线、东急目黑线也和地铁线路实现了相互直通。东横线可以直达霞关，目黑线可以直达永田町、大手町。2013年，东急东横线又在涉谷站实现了与通向新宿、池袋的东京地铁副都心线的相互直通。

通过使用类似Suica和PASMO这样的交通IC卡来实现不同轨道交通公司之间票价结算的自动化，这样更有利于倡导使用公共交通出行和提升相互直通的便利性。

双复线化（四线化）

在东急东横线沿线和东急田园都市线沿线由于沿线人口的增加，列车车厢内的空间出现了严重的拥挤现象。将东急东横线在东京圈快速扩大期的拥挤率以240%表示，随着列车运行间隔的缩短而达成运行车次的增加等措施的实施，在1985年该线路的拥挤率降低到了204%。

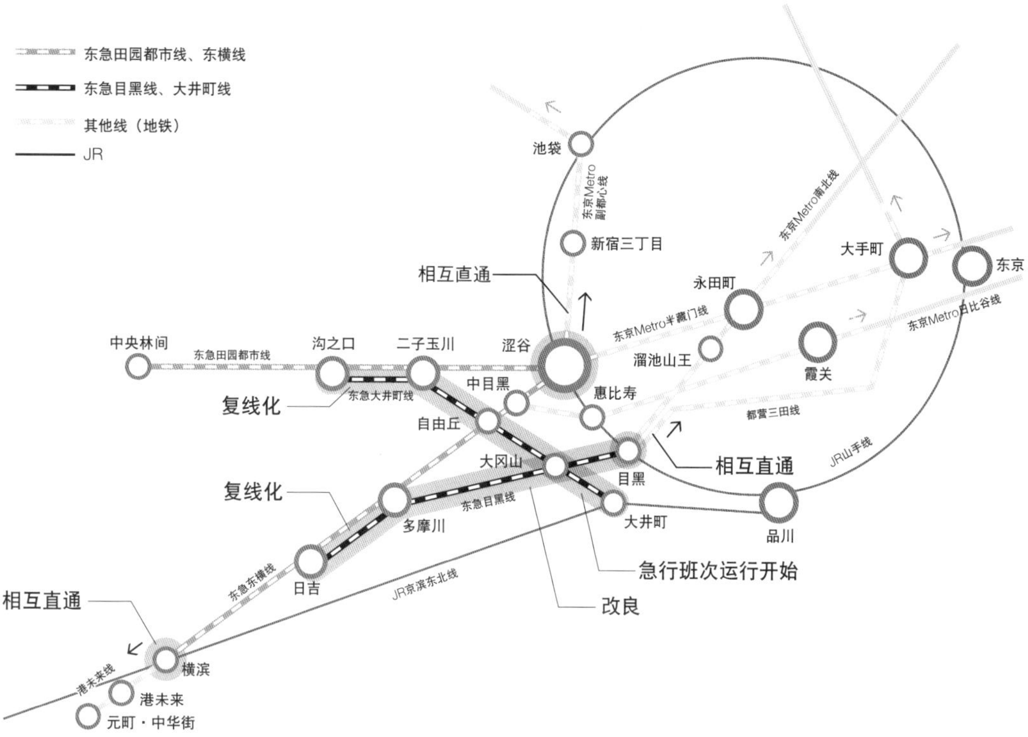

图表3-65 东急电铁公司通向东京都心的线路的相互直通和复线化

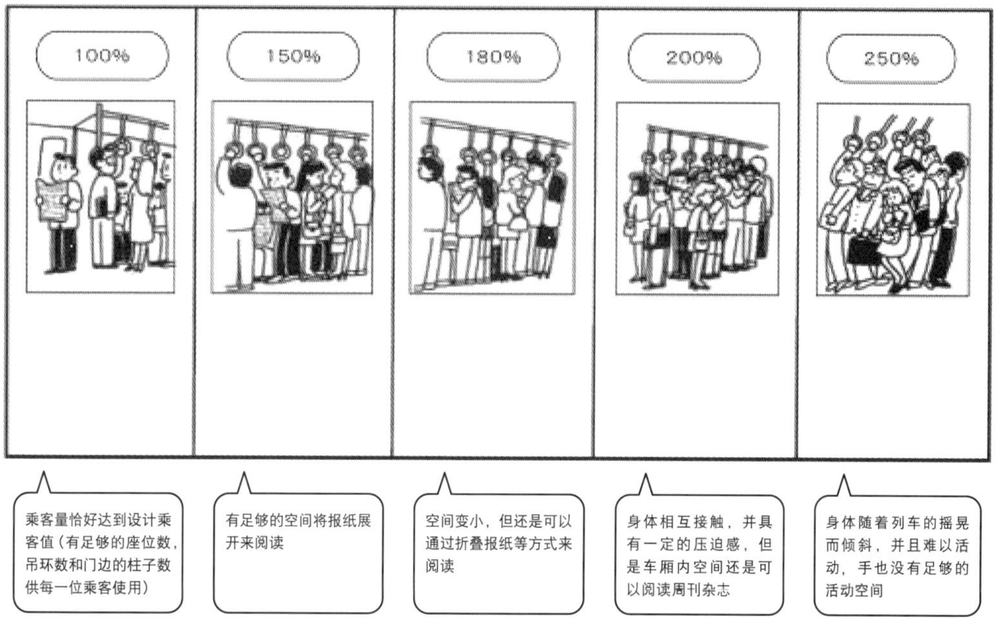

图表3-66 拥挤率标准

另一方面，环状线的东急大井町线和旧东急目黑线的拥挤却相对比较低。因此，可以通过对现有线路的活用，来减少复线化的范围，在降低线路建设成本的同时，提升线路整体的运行效率。

    1.东急东横线在日吉和多摩川站之间区段实行完全的复线化，在这段区间之后连接东京都心的区段，则对已有线路进行了改造，连接至目黑站。同时为了消除轨道线路与地面道路的交叉，东急东横线在相当大的范围内实行了地下化。

    2.东急田园都市线在沟之口和二子玉川间进行了完全的复线化，这一工程是东急大井町线的延伸项目，出于急行列车的运行需要，还以设置避让线路为契机进行了车站的改造，这也为向目黑、大井町方向出行的乘客提供更多的选择。于是，在2000年，随着东急东横线和目黑线的相互直通，其线路拥挤率降低到了170%左右，而田园都市线的拥挤率也降低到了180%。

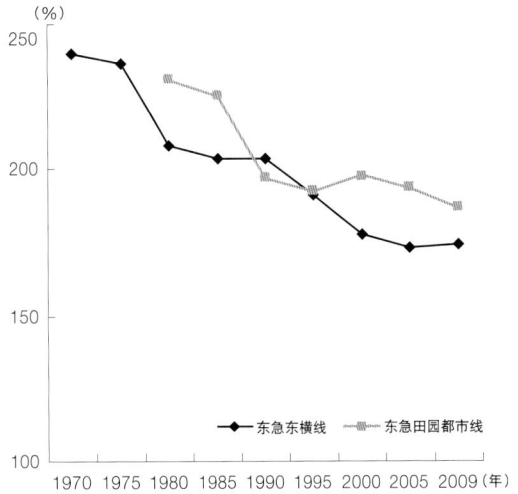

图表3-67 拥挤程度的变化（资料来自东急电铁相关资料）

像上述这样，为了满足交通需求的增加，创造更加舒适的乘车环境，通常采用各种各样的方法对已有线路进行改建。但是，为了能够使改建工程不影响线路的运营，通常需要花费更多的资金和时间。然而如果能够在线路建设的初期就对该线路的交通需求增长进行预测，就可以在线路建设时期就保证线路设备的完善。地铁站台的延伸通常比较困难，也会花费较多的建设成本，因此，在车站规划时期就应该对车站的发展需求进行考虑。

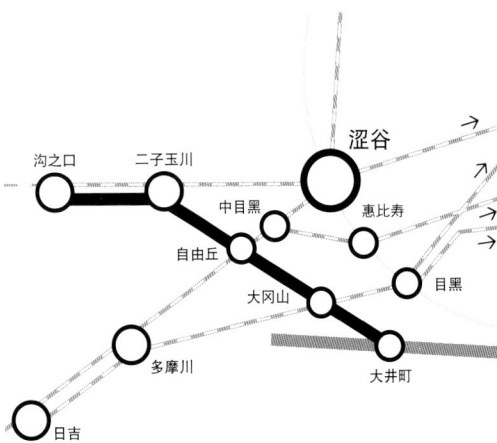

图表3-68 东急大井町线的延伸增加了东急田园都市线向东京都心方向的交通联系的选择性

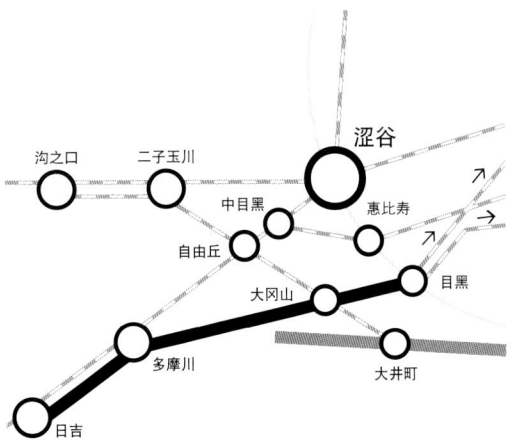

图表3-69 东急目黑线的延伸增加了东急东横线向东京都心方向的交通联系的选择性

港未来线

　　联系横滨与元町中华街的港未来线是和港未来21规划同时期进行建设的新线路。港未来线在横滨站与东急东横线相互直通。另外，东急东横线还于2013年与东京地铁副都心线在涩谷站实现了相互直通。因此，元町中华街—横滨—涩谷—新宿—池袋—西武铁道通过一条轨道交通线路相互联系，这条线路进一步充实了跨越1都2线的广域轨道交通线路网络。

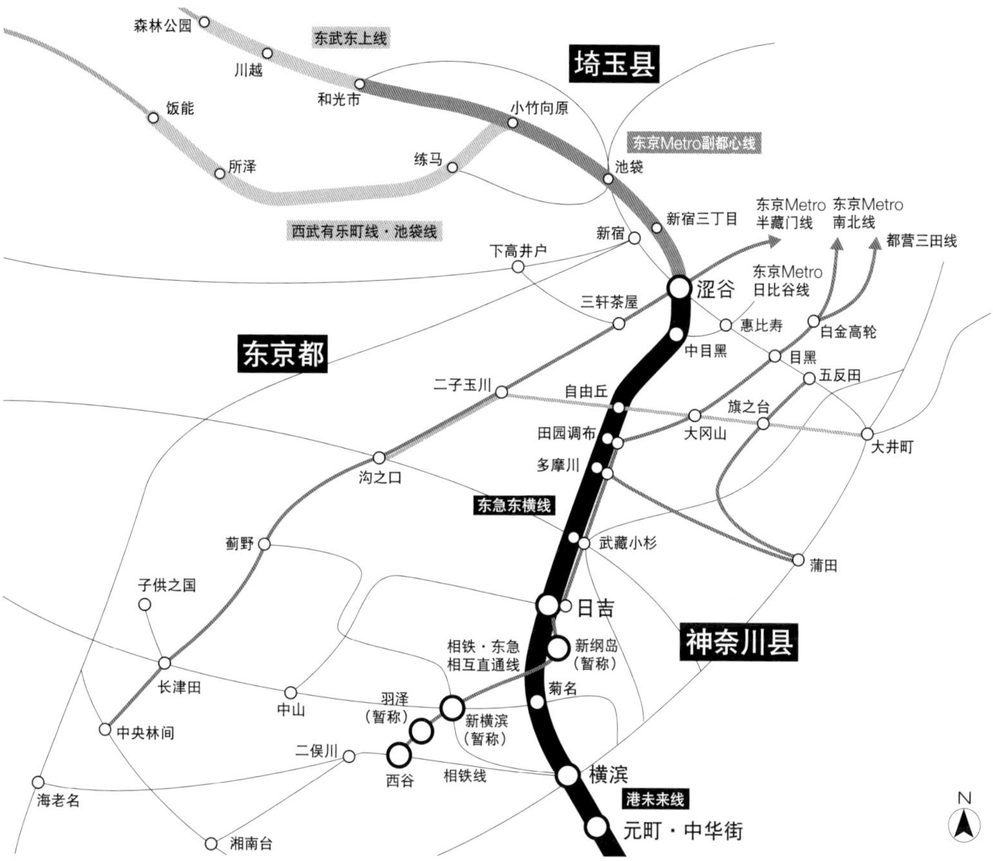

图表3-70 跨越1都2线的广域轨道交通线路网络

城市中心的再建设

与城区规划建设的一体化展开

东急在进行前节所述的轨道交通改造工程的同时，还创建了轨道交通的节点，并进行了节点再生的工程，如第2章所述的涩谷再生项目和横滨港未来21地区的QUEEN'S SQUARE横滨项目。QUEEN'S SQUARE横滨项目是以三菱、住友、东急这三家开发商为核心来进行项目的规划和运行。在该项目中，将港未来的地铁车站和上部的建筑物进行了一体化的规划，该区域成为港未来地区的核心。东急运营和建设了其中的宾馆（The Yokohama Bay Hotel Tokyu）和部分商业设施。

连接目黑区与东京市中心的溜池山王地区拥有首相官邸、国会议事堂等建筑，是日本政治中心地区。1958年，在与首相官邸相邻的山王神社旁边，东急建设了东京希尔顿大酒店。1984年之后，该酒店改名为Capitol Tokyu Hotel，由东急直接经营。随着酒店设施的老化，2010年，东急对该地块进行了更新，建造了名为Capitol Tokyu Tower的宾馆写字楼综合体，成为东急宾馆中的顶级品牌。

如之前所述，东京地下铁副都心线和东急东横线于2013年在涩谷站互通，同时东急东横线涩谷站也实现了地下化。以此为契机，确立了东京地下铁银座线涩谷站的移设和JR线涩谷站的改造项目，以及涩谷站周边地区的大改造和再生项目。随着东京地下铁副都心线和东急

东横线在涩谷站的互通，涩谷商圈将继续扩大，新的办公楼和商业体等设施将陆续建成。如此，轨道交通和车站建设与城区规划建设实现了一体化联动。

在东急田园都市线全线运营4年之后的1988年，东急实施了以增强轨道交通运输能力为目的的工程。当时东急完成了对东急多摩田园都市的大规模投资，东急多摩田园都市开始产生了稳定的轨道交通收益和房地产收益，接着东急把视线转移到了轨道交通的节点车站涩谷站的再生项目上。首先，东急建设的涩谷Mark City和Cerulean tower分别于2000年和2001年开业。其次，在2012年东急东横线和东京地下铁副都心线互通之前，涩谷Hikarie也作为先行军率先开业。此后，在包括旧东急东横线涩谷站、八公广场的涩谷站街区及周边的3个街区进行的一系列连锁开发项目已经开始实施，这将进一步提升作为东京副都心之一的涩谷的魅力和价值。

轨道交通的改造不仅是基础设施的大改造，同时也是城区规划建设的契机，可以借此来扩大商业圈，提升节点的魅力，并最终带来沿线住宅区和轨道交通线路自身魅力的提升。节点和沿线的价值提升，会带来乘客数量的大幅度增加，从而增加轨道交通的收益。

东急将轨道交通建设和城区规划建设进行了整体的规划和实施，通过站城一体开发的推进，使得两者相辅相成，实现了两者魅力和收益的同步提升。

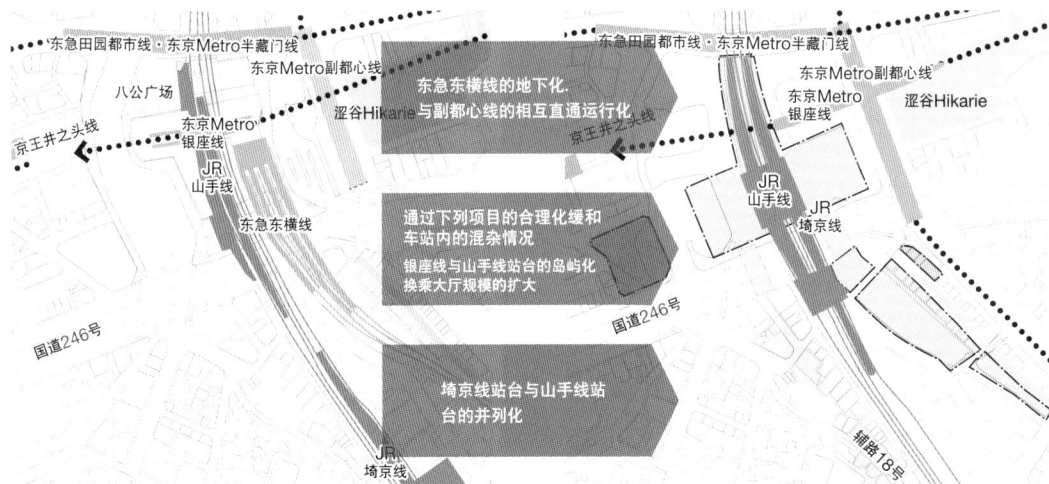

图表3-71 涩谷站的改造和开发规划 （参见：涩谷站中心地区都市营造指南 2010）

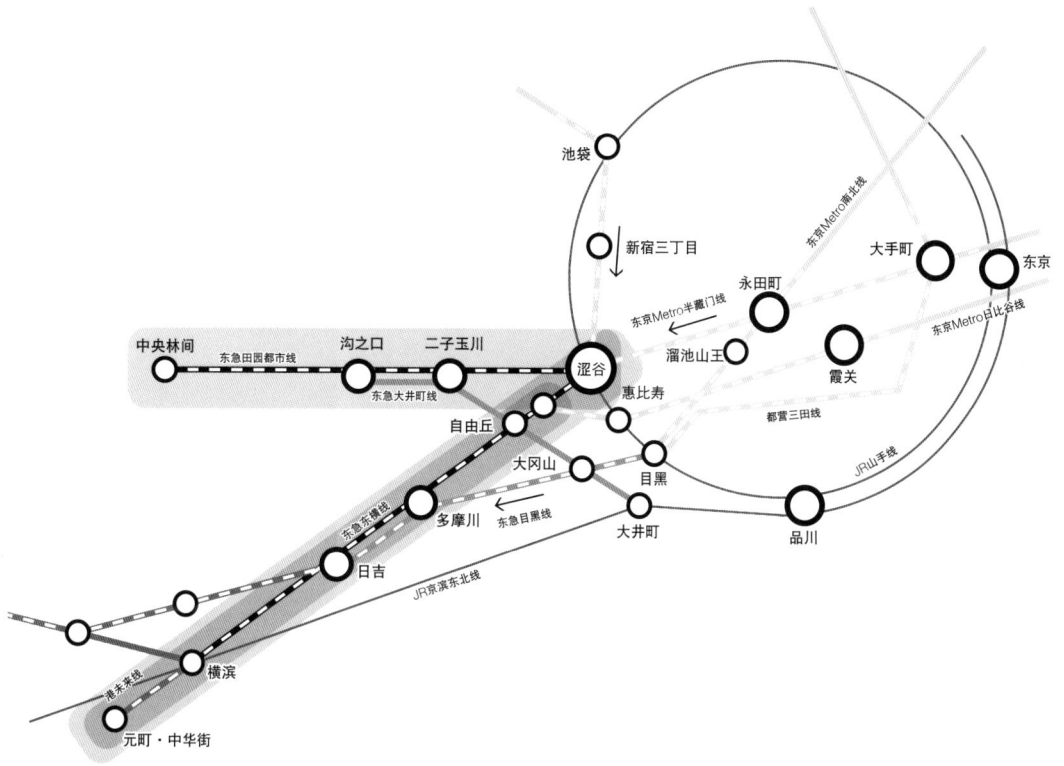

图表3-72 通过节点开发带动沿线发展的概念图

多摩田园都市开发、铁道整备的经过和东急的事业开展年表

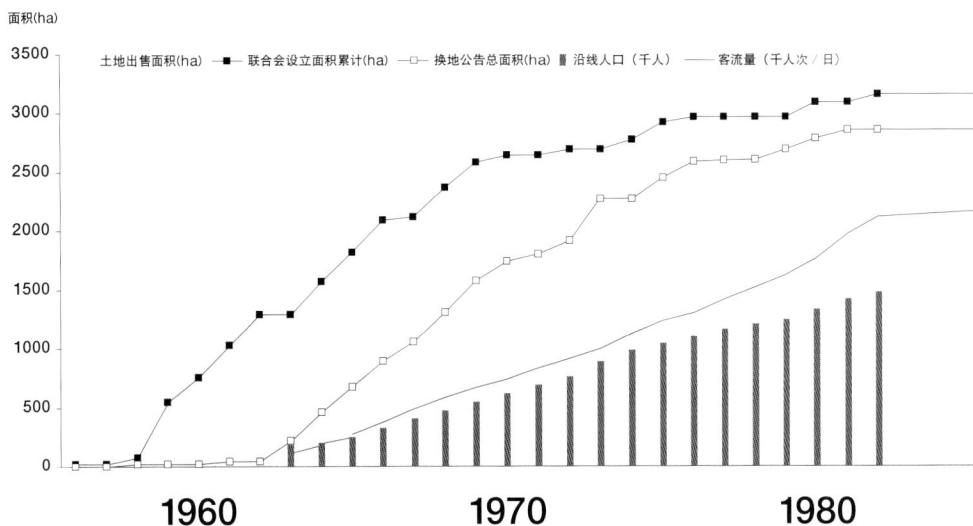

图例：土地出售面积(ha) ■ 联合会设立面积累计(ha) □ 换地公告总面积(ha) ▨ 沿线人口（千人） ── 客流量（千人次／日）

面积(ha)
纵轴刻度：3500 3000 2500 2000 1500 1000 500 0

横轴：1960　1970　1980

规划·政策	初始期	成长期
	▼1953 开发意向书发表　　▼1966 梨计划发表　　1973 舒适计划发表	▼规划人口的50%定居

多摩田园都市开发·投资注入期

东急多摩田园都市开发	开发项目	▼1959 区划调整协会第一号设立获得批准　▼1961 居民开始入住多摩田园都市	1975 东京工业大学开学▼　1975 藤丘大学医院开业▼　1975 东急运动庭场开业▼	1982 多摩广场 开业▼　1978▼鹭沼东急商店开业　1979▼剑山运动庭院开业
	铁道整备（东急田园都市线）	**建设·投资期**　▼1956 开发资格申请（长津田～涩谷）	▼1963 东急田园都市线工程开工　▼1966 儿子玉川～长津田之间区段开通	1978 相互直通运行开始（长津田～涩谷～青山一丁目）
	获奖			
	(参考)附近新城	▼1965 多摩新城规划通过　▼1971 港北新城构想发表		

铁道大规模改良项目	铁道大规模改良项目			

涩谷开发	▼1951 涩谷文化会馆　▼1934 东急百货店（现东横店）	▼1967 涩谷东急百货店总店	1979 涩谷109▼

沿线节点开发其他项目	▼1963 东京希尔顿大酒店（旧）

沿线人口（千人）/
客流量（千人次/日）

900
800
700
600
500
400
300
200
100
0

1990 **2000** **2010**

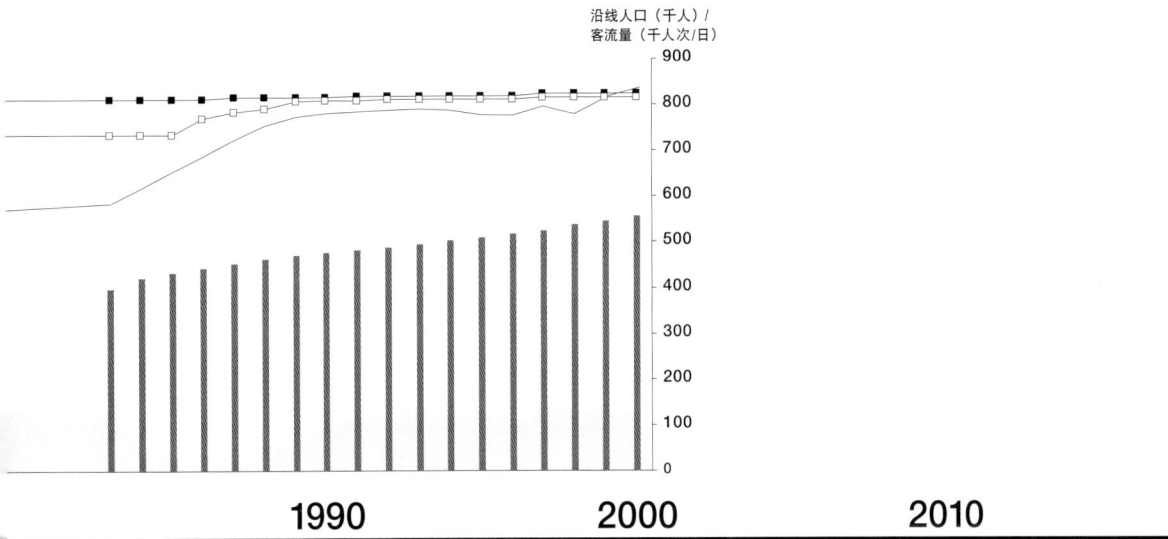

▼1984 CATV
项目获得许可

安定成熟期

▼1987 初期计划人口的达成

住宅更替促进项目

▼1990 活动计划2

▼2010年代～下一代郊外都市营造

▼1992 青叶台大厦・Philia Hall　　▼2000 Grandberry Mall开业　　▼2010 多摩广场 Terrace 开业

▼1984 东急田园都市线全线开通

▼1988 获得日本建筑学会奖　　　　　▼2001 城市绿化功劳奖：国土交通大臣表彰
　　▼1989 获得绿色城市奖：内阁总理大臣奖　　▼2003 获得都市计划学会奖

铁道大规模改良项目

▼1988 开始东急东横线复线化工程　　▼2000 东急目黑线开通、　　　　　▼2009 东急大井町线延伸工程完工
　　　　　　　　　　　　　　　　　开始和地下铁相互直通
　　　　　　　　　　　　　　　　　▼2004 港未来线开通，　　　　　▼2013 东急东横线涩谷站搬迁，
　　　　　　　　　　　　　　　　　和东急东横线相互直通　　　　　开始与地下铁相互直通

涩谷再生项目

▼1989 涩谷文化村　　　　▼2000 涩谷Mark city　　▼2001 Cerulean Tower　　▼2012 涩谷Hikarie

▼2003 被指定为城市再生紧急整备地区

▼1983 Mauna Lani Bay酒店　　　　▼1997 港未来皇后广场　　　　2010 二子玉川rise▼　　　　2013 武藏小杉东急广场▼

站城一体开发的
实施方法

4

在前几章本书主要从历史变迁和城市规划的视点出发对站城一体开发进行了说明。本章将对作为站城一体开发基础的基础设施建设方法和公共空间建设方法进行论述。同时，将对①土地区划调整工程、②市区再开发项目及③将轨道交通建设和土地区划调整工程一体化推进的宅铁法进行详细说明，主要包括建设方法的概要及将这些方法进行应用的新城建设案例。另外，本章还将对近年来在日本实施的以有效利用民间力量为特征的城市基础设施建设方法之一——都市再生特别地区进行简单介绍。

起初在日本，很多人认为站前广场应该在承担城市间交通的国有轨道交通的主要车站建造，而城市中的所谓地方轨道交通车站不需要建造站前广场（引用自[第77次运输政策会谈 站前广场的管理现状与今后的方向性]）。从战前到战后，在国有轨道交通车站前广场建设过程中，编制了一些轨道交通用地和城市道路用地一体化的城市规划，并通过土地区划调整工程的方法来进行站前广场地区的建设。但是，后来人们逐渐地意识到私营轨道交通也需要进行站前广场的建设（引用自[第77次运输政策会谈 站前广场的管理现状与今后的方向性]），至今日本已经建造了将近2000个站前广场。

轨道交通建设和城市节点开发、沿线开发都需要一定量的土地。其中，轨道交通建设中线路、车站、车辆基地、维修工厂、变电设施等需要土地。交通节点建设中的站前广场、公共停车场等也需要土地。另外，城市节点开发·沿线开发还需要供房地产开发的住宅用地，以及建设道路和公园所需要的公共用地。进行这些开发所

需要的土地可以通过向土地所有者购买得到，但是却会产生以下几个问题：

1. 由于需要和很多的土地所有者进行交涉，因此获得土地需要很长的时间。
2. 进行土地的收购需要大量的前期资金。
3. 土地收购之后还要为该地区基础设施的建设投入资金。

如上面所述，开发商仅仅在进行土地收购的时候，就需要花费大量的资金和时间。为了解决这样的问题，如今在日本大多采用以下方法：

① 使铁道事业，开发事业具有法律的约束力
　（财产权限制、土地征用）。
② 在项目实施的过程中引导土地所有者参加
　（土地区划调整工程/市区再开发项目等）。
③ 通过开发利益归还的方法实施项目
　（土地区划调整工程/市区再开发项目等）。

第一个方法针对那些能够提供公共利益的项目，因此在轨道交通建设、交通节点建设的情况下可以运用，但是在城市节点开发和沿线开发的情况下却不能用。近年，日本为了推进站城一体开发，将上述的①～③进行组合运用，并由此制定了《宅铁法》。

本章将要介绍的内容从公共空间的建设方法到包括《宅铁法》在内的站城一体开发方法。并通过案例来对这些方法进行说明。

土地区划调整与市区再开发

像上述的那样，在轨道交通用地没有得到保证的情况下，以及在被选为站前广场的用地已经作为其他用途被第三方使用的情况下，就必须要考虑如何来获得该用地。因此，在公共空间建设的时候，需要通过土地区划调整工程、市区再开发项目等方法来确保开发所需要的土地。

已经建成的市区，可以粗略地认为是由①道路·广场·公园·绿地·河流等公共设施、②建筑物、③建筑用地这3个要素构成。与上述要素相对应，既存市区的建设方法也是多种多样的。有针对这三个要素中任意一个单一要素所进行

的建设，也有同时针对三个要素所进行的一体化综合性建设。针对单一要素进行建设的案例包括在城市规划制定后，对规划道路进行拓宽、新建等针对公共设施的街路建设工程。与此同时，还存在将公共设施建设与建筑基地的整理这两个工作结合进行的土地区划调整工程这一手法，而将公共设施建设、建筑基地整理以及建筑物的建设这三者进行一体化建设的手法则是市区再开发工程。

图表4-1和图表4-2为土地区划调整工程和市区再开发项目的意向图。

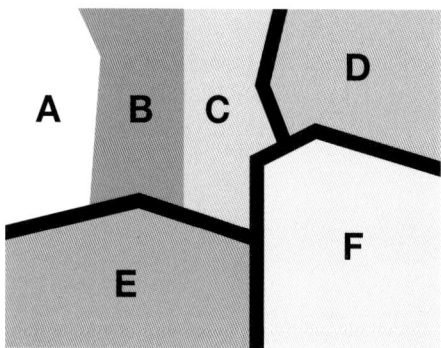

图表4-1 土地区划调整工程意向

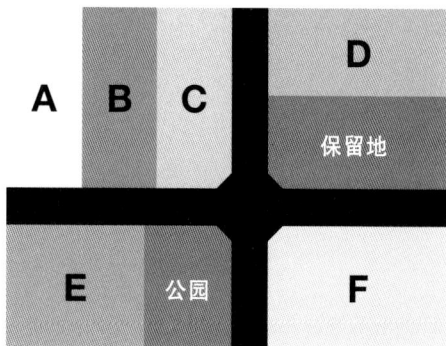

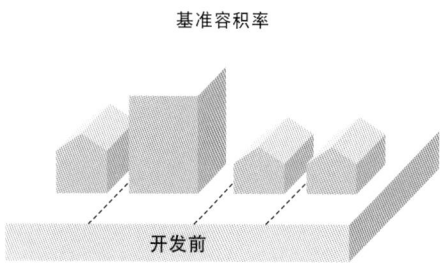

图表4-2 市区再开发项目示意

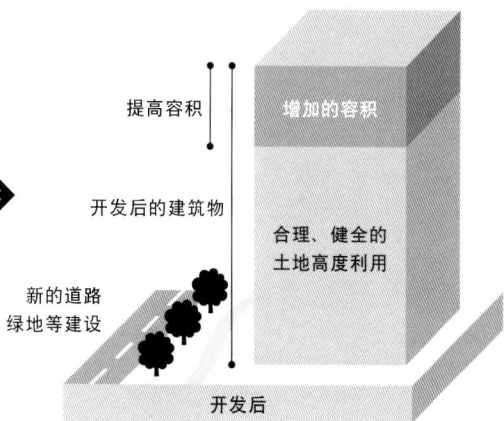

土地区划调整工程指在城市基础设施尚不完备的地区和即将实现城市化的地区，以形成基础设施完善的城区为目标，进行道路、公园、河流等公共设施的整备和改善，这是一个谋求规整土地区划和提高宅基地利用率

的工程。即使在城市建成区，也可以通过合理地利用区划调整手法，公共设施的再配置和土地集约化来形成高品质的城市空间。

市区再开发项目指在低层的木造建筑物密集，生活

环境质量低下的平面型城市建成区中，整合一些零碎的宅基地，在新的基地上建设具有防火功能的公共建筑，并且通过公园、绿地、广场、街道等公共设施的建设来确保开放空间，这是一个追求城市土地合理、高效利用及城市功能的更新的项目，并且是一个以《都市再开发法》为依据的法定项目。

根据基地的特征和需要建设的公共空间的用途，选择相应的项目方法，这对促进项目进展来说是非常重要的。

这些公共项目的土地收购有如上所述的几种方法，在开发项目的开展过程中，不仅仅是土地的收购，项目资金的确保也是非常重要的课题。土地区划调整工程中的资金筹措方法是将从土地所有者处得到的土地（保留地）除了留足作为公共用地的土地外，将其中的一部分进行销售，从而获得保留地处分金。这些保留地处分金可以用作建筑物建设和公共设施整修等工作的资金。另外，在市区再开发项目的资金筹措方法是将建筑基地共有并进行高强度开发，由此可以产生公共设施用地。将通过高强度的开发所新产生的建筑面积（保留面积）的一部分进行销售，可以获得保留面积处分金，这些资金也可以作为公共设施项目的开发资金。土地区划调整工程及市区再开发项目，不仅与拥有地权和出租权的相关权利者有关，同时也与周边的居民及相关政府部门等多个对象有利益联系。因此，为了顺利推进项目，最重要的是与这些项目相关者行进协调。

开发利益的返还

一般来说，开发利益指：①通过道路、轨道交通等的交通设施的建设来缩短出行的距离和时间，通过公园和生活基础设施的建设来改善生活环境；②通过容积率的调整、用地功能的变更来对土地开发利用条件进行调整，从而增大土地的开发可能性，实现土地的功能、收益性、实质性价值的增长。

在土地区划调整工程和市区再开发项目中，随着未进行基础设施建设的市区开始土地的开发和集约化，以及基础设施、开放空间建设，与施工前相比，施工完成后可以预见地价的增长。

土地所有者及建筑物所有者在施工完成后获得与施工前其宅地估价相应的土地，如施工后的宅地估价超过施工前的估价，那么其差额部分将作为保留地。这些余下的保留地或者保留面积被认为是开发所带来的利益，可用以充当公共空间的整修等工作所必需的资金。

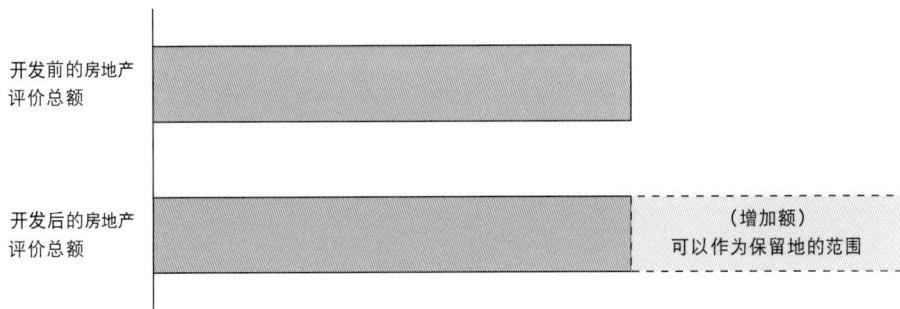

图表4-3 开发利益的考量①

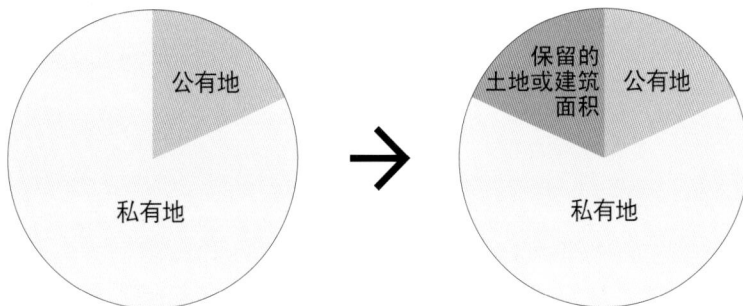

图表4-4 开发利益的考量②

基础设施建设方法的起点

土地区划调整工程

前文已经简单地介绍了土地区划调整工程，本节将对其做详细说明。

土地区划调整工程，如前文所述，在城市基础设施尚不完备的地区和即将实现城市化的地区，以形成基础设施完善的城区为目标，进行道路、公园、河流等公共设施的建设和改善，实现规整土地区划和宅基地利用的项目。即使在城市建成区，也可以通过合理地利用区划调整手法，公共设施的再配置和土地集约化来形成高品质的城市空间。

土地区划调整工程的模式是：使地区内的土地所有者逐步地提供土地（减步），除了将其中的一部分作为道路、公园等的公共用地和保留地之外，将剩余的一部分进行销售，所得的资金作为项目资金的一部分（作为公共用地的部分称为"公共减步"，作为保留地进行销售的部分称为"保留地减步"，以上这两者统称"合算减步"）。

下面是土地区划调整工程的项目意向图。

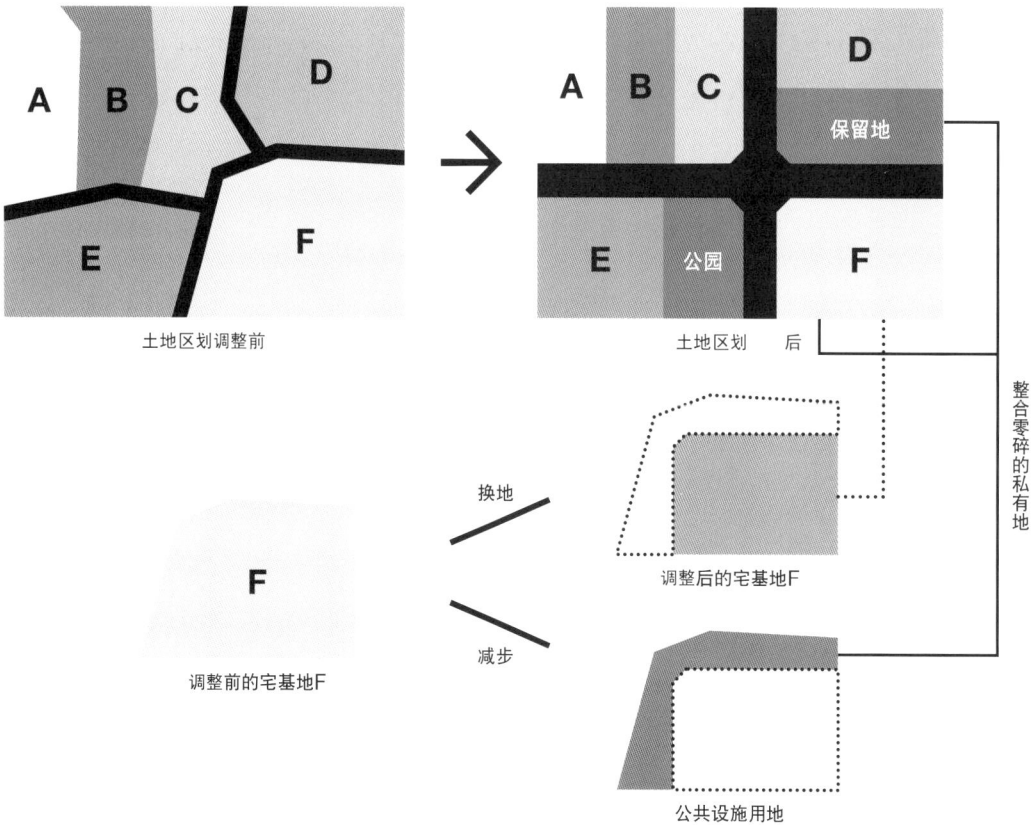

图表4-5 土地区划调整工程 工程示意图
原市 网页"土地区划调整项目"

私人土地通过用地布局的重新调整（换地）改善了土地的地形和形状，同时，道路、公园等公共设施也得到建设。另外，在对私人土地进行区划调整的同时，还针对无道路连接的土地进行道路接入，改善土地条件，以备将来的利用。

对于土地所有者来说，土地区划调整工程之后的宅地面积和之前相比虽然变小了，但是随着城市道路和公园等的公共设施的建成及土地区划的完成，土地利用价值却得到了提升。此外，由于诸如基础设施修整等改善基地整体的营建活动得以进行，私人土地自身的附加价值也获得了提升。另外，原则上，进行土地区划调整工程地区的居民也不需要搬到其他地区。

项目的资金由保留地处分金及其他补助金构成。这些资金被用于公共设施的建设和改善及由换地而产生的搬迁补偿和宅地整理。

【支出】
○道路等公共设施建设费
○建筑物等的搬迁补偿费
○宅基地的整理费
○调查设计费，事务费

【收入】
○保留地处分金
○公共方的补偿金（国，府，市町村）等
  ·道路建设预算 ←── 城市规划道路部分的金额
  ·一般补助 ←── 公共设施建设部分的金额
  ·公共设施管理者负担金
  ·赞助金

图表4-6 土地区划调整项目 项目资金示意图

土地区划调整工程的案例（汐留）

下面介绍一个通过土地区划调整工程进行站前广场建设的案例——汐留地区。

汐留地区的详细的开发情况已经在本书的第2章进行了介绍，通过土地区划调整工程中对道路等基础设施进行了整修，根据再开发地区规划制度，工程实施后土地的功能，容积率的变化及基地内的空地整修带来了容积率的增长，再重新实施针对各街区的容积率分配之后，新桥站周边实现了容积率高达12的高密度土地利用。汐留地区的土地区划调整工程是以旧国铁汐留货运站遗址及其周边地区为对象的城市基础设施建设项目。该项目以促进和世界都市东京相符的业务、商业、文化、居住等设施的导入为目标，实现土地的有效利用和城市功能的更新。

如图表4-8所示，土地区划调整工程在大约30.7ha的土地上进行。为实现与土地利用规划相符的宅地的有效利用，该地区以环形的2号线、辅线313号线等城市规划道路为框架，配置了宽度为8～16m的区划道路。另外，将建成面积约为2522m^{2}的站前广场作为交通广场。

在汐留地区的土地区划调整工程进行中，居住在该地的宅地所有者及在该地拥有借地权的东京都和港区以特别会员的身份加入了汐留地区都市营造协会，就具体的城市营造的方法及该地区的发展前景进行了广泛地议论。之后，还成立了被称作"有限责任中间法人"——汐留SIO-SITE Town Management，来进行全体公共设施的维护和管理。

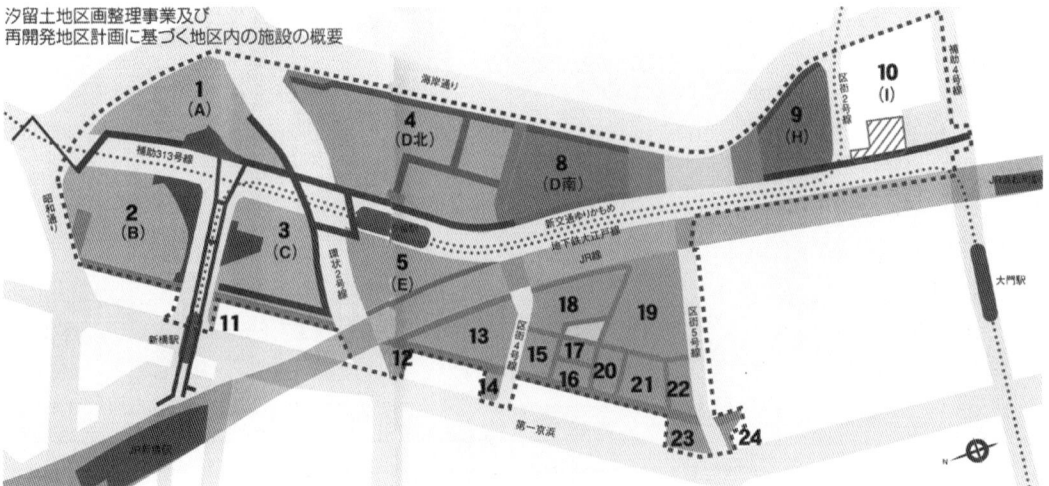

汐留土地区画整理事业及び
再開発地区計画に基づく地区内の施設の概要

图表4-7 土地区划调整项目及对地区内设施的概要

图表4-8 土地区划调整项目 案例（汐留）

怎样进行立体化区划调整

市区再开发项目

　　如之前所述，土地区划调整工程是在平面上进行的，而市区再开发项目是立体进行的。这两者都需要地权者提供自己的资产，通过公共空间的建设营造出舒适的环境，同时将剩余的土地或建筑面积进行销售，从而实现获利。从这一点来说，这两者是相同的。但是在土地区划调整工程中，地权者的资产是土地，在市区再开发项目中，地权者的资产是建筑物及大厦中自己所拥有的建筑面积（土地+建筑物）等。

　　本节将对市区再开发项目进行详细说明。

　　根据1958年8月第一次有关再开发的国际会议的

定义，从广义上来说，再开发指"对于之前某一时期建造的街区、建筑物等进行改建、保存或以新时代的利用形态重建的行为"。各种再开发，都是以《都市再开发法》为法律依据，由各个地权者协同合作进行的市区再开发项目。在市区中的老朽化低层木造建筑物密集地区，那些零碎的基地被整合，并在新的基地上建造具有防火功能的公共建筑；通过公园、绿地、广场、街道等公共设施的建设来确保开放空间。这是一个追求城市土地合理高效利用及城市功能更新的项目。

　　图表4-9是市区再开发项目的示意图。

一体化推进道路，广场及公共大楼的更新和建设

公共用地··
道路拓宽建设
公共福利设施建设
建设用地内部道路的建设
有效空地（绿地等）的建设

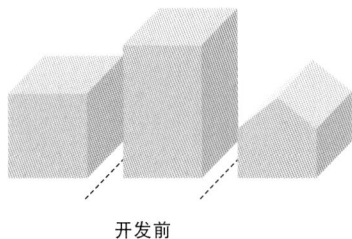

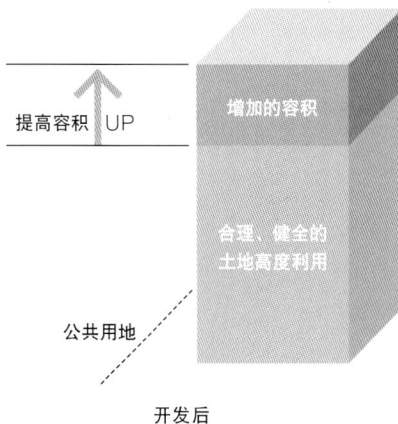

提高容积 UP

增加的容积

合理、健全的
土地高度利用

公共用地

开发前

开发后

图表4-9 市街地再开发项目 项目意向图

市区再开发项目的手法

市区再开发项目指通过基地的共有化和高强度开发来产生公共设施用地。地权者在原则上能换得和原有资产等价的建筑面积（经过再开发的大厦中的建筑面积）。另外，由于基地的高强度开发，可以将新增加的建筑面积（保留面积）进行销售，以获得项目所需的资金。

市区再开发项目通过地权者、保留面积取得者、政府的三方合作来开展。

地权者在项目实施前对所拥有的土地或建筑资产（项目实施前资产）进行价值评估，在项目实施后获得与此等价的建筑面积（项目实施后资产）。而那些少数想从该地区迁出的地权者则获得等价于所持有的土地，建筑物等财产和迁出所需费用的现金补偿。在这里，地权变更的方式是：地权者对所拥有的土地、建筑物进行评价，然后获得与之等价的建筑面积，这种方式不需要地权者承担费用。除地权者通过地权变更所获得的建筑面积之外，由于提高了土地利用的强度而获得的额外建筑面积（保留面积）被出售给第三方，由此获得项目实施所需的资金及用于公共设施整修所需的资金，以平衡项目整体资金平衡。

图表4-10是市区再开发项目运行模式的意向图。

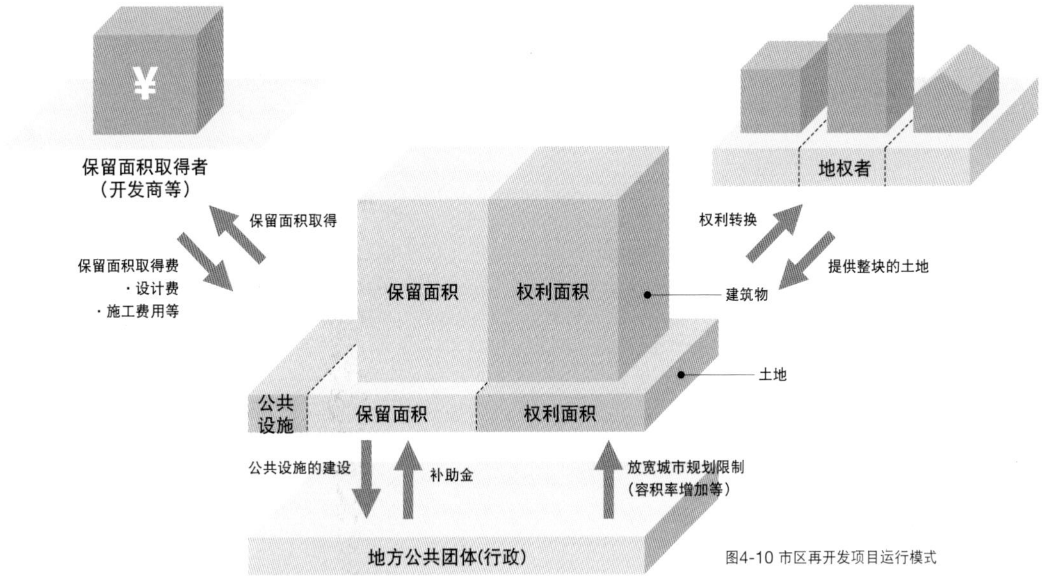

图4-10 市区再开发项目运行模式

市区再开发项目中，具有如下图所示的收入和支出项目。这里以收入（+）支出（-）差归零为目标，来建立这个项目计划。如项目所需资金的一大半可以由保留面积销售所获得的资金（保留面积出让金）来承担，该项目就成立。

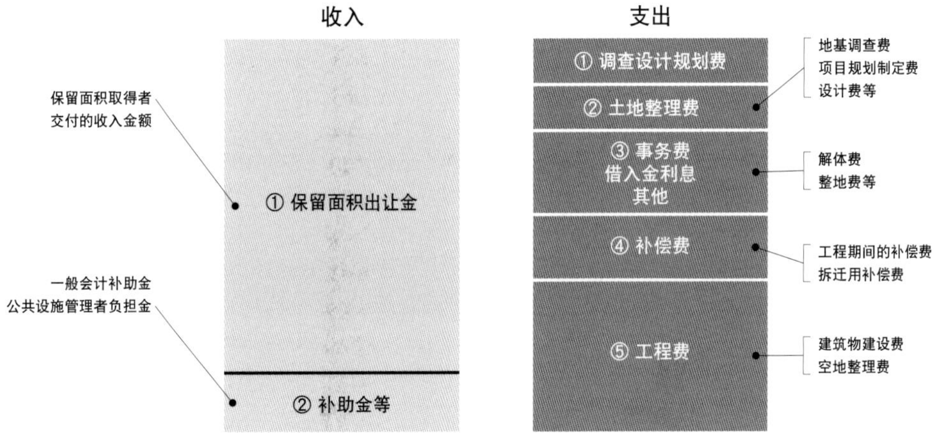

图表4-11 项目费用

作为通过市区再开发项目进行站前广场建设的案例，中河原站北口地区的建设是第一种市区再开发项目。该地区位于京王线中河原站北侧，同时和都道镰仓街道相接，是面积为1.2ha的地区。该地区居住、店铺混杂，多数木造私宅老朽化。市区再开发项目前，中河原站周边并没有站前广场，外围道路也非常狭窄。从城市防灾角度来说，必须尽早进行这样的再开发项目。另外，从站前广场的选址来看，该地区还可以成为周边社区的中心。在这样的背景之下，站前居民们以地域发展和市民

生活水平提高为目标，在1984年10月设立了站前再开发项目准备协会，以开展再开发项目。虽然该地区居民数量众多，但是由于附近安置地的提供，实现了全部人员的搬迁，也使得站前广场的建设得以实现。通过站前广场开发项目，使得车站的客流量和周边的工作人员数量大幅增加。以再开发大厦为核心，该地区得到了持续的发展。另外，随着站前广场的竣工，不用说本地的住吉町，就连周边地区的居民日常生活也因为当地交通的改善、生活用品齐全等原因变得更加便利。（根据府中市网站主页）

项目地区　　府中市住吉町一丁目地内
开发商　　　中河原站北口地区市街地再开发协会
项目面积　　约1.2ha

图表4-12 市区再开发的案例（中河原北口地区第一种市区再开发项目）

参考文献
国土交通省都市局市街地整備課HP http://www.mlit.go.jp/crd/city/sigaiti/shuhou/kukakuseiri/kukakuseiri01.htm
「図解市街地再開発事業」国土交通省市街地建築課·全国市街地再開発協会·2011年1月

新运营制度的创立与展开

轨道交通建设和土地区划调整一体化项目

从以前轨道交通建设项目的弊端中发展出来的新制度

　　私营铁道企业的轨道线路修建通常与轨道交通沿线的城市开发同期进行，居民在沿线定居，轨道交通的票价收入增长，通过这种实质性的资产增值（capital gain），使得轨道交通建设的投资得以回收，正如本书之前所介绍的阪急电铁、东急电铁等案例。另一方面，在20世纪70年代以后，随着社会需求的增加，公共主体也进行了大规模的住宅区开发。在这种情况下，虽然在新规划建设的新城中通过轨道交通来形成广域的交通网络是非常重要的，

但是在以公共为主体实施城市开发，轨道交通开发商进行轨道交通线路开发的情况下，通常无法确保轨道交通建设与城市开发一体化进行，因而轨道交通开发商通过沿线住宅区开发带来所带来的票价收入增长将无法成立。而万一城市开发建设滞后，遭受长期负债的轨道交通开发商由于车票收入低迷，不得不将其作为赔本线路运营。这就使得公共主体的城市开发项目所必需的基础设施建设——轨道交通建设不得不通过特别赞助等来自公共主体的支援措施

来保障。这样的情况进一步地明确了沿线开发的合理性。

但是，高度经济成长期过后，如上述轨道交通开发商通过用地的获取和居住区开发，轨道交通运营来获得资产增值（capital gain）的模式已经无法平衡设施的建设、运营本身所需要的庞大经费。在另一方面，还有一部分本来并不属于轨道交通区域范围内的居住区开发，

从事业性（通过住宅价格反映）、居住性（居民生活的便利性）的角度出发，都难以被现代社会所接受。因此，可以想象许多计划要开发的新居住区在很长的一段时间未得到开发，基于新的土地所有权及轨道交通运营方面的考虑，需要有新的制度来对以城市开发为目的的轨道交通运营进行担保。

		轨道建设	
		私营	公共
居住区开发	私营	②私营轨道交通的沿线开发	①自然形成的站前城区
		事例：阪急·东急模式	
	公共	③新城的开发和新线路建设	④基于宅铁法的新线路、沿线开发
		案例：多摩新城	案例：筑波快线

图表4-13 日本轨道交通整备和居住区建设的变迁

由此产生的实施办法和法案就是《关于大城市地区居住区开发和轨道交通整备一体推进的特别措施法》（《宅铁法》）。这一实施办法的最重要的特色就是轨道交通建设项目的上下分离方式。城市开发建设的主体和当地政府一同进行开发区域周边用地收购和获取、轨道交通项目所需要的用地整理及线路敷设等轨道交通建设工作。通过使轨道交通开发商来担当轨道的运行工作，使得作为基础设

施建设的轨道交通设施建设（下）和运营（上）的主体实现了分离，这就是《宅铁法》的主要特征。通过将土地区划调整工程作为一种城市基础设施建设的手法进行利用，划定轨道交通设施区，通过对预先收购的土地进行集约换地，使得轨道铺设所需要的土地能够得到保证。这个法案是以支援常盘新线（现在的筑波快线）的建设为目的而产生的，该线路的具体的建设过程概要还会在之后进行叙述。

《宅铁法》的项目策略

《宅铁法》通过以下的4个步骤来获得土地并进行建设。

1.通过都道府县的规划决策来制定项目的框架

首先，沿线地区的都道府县制定轨道交通的线路、车站的大概位置、居住区建设目标、地方公共团体对轨道交通建设的援助等基本规划，并得到运输、建设（现国土交通省）、自治（现总务）大臣的认可，确定轨道交通建设的方针。根据这些基本规划，为了使居住区开发和轨道交通建设同时推进，建立由地方公共团体、居住区开发商、轨道交通开发商组成的协会，同时缔结与这两个项目同时推进相关的协定。

2.地方公共团体、住宅和城市整备公共团体、轨道交通开发商等在开发区内
进行土地的先行收购（确保持有将来可以升值的土地）

通过积极指定地价监视地域，来稳定轨道交通的周边地区（特定地域[注1]）的地价，在此同时设立监视地域指定期间的特例，来防止土地价格的飞涨。除此之外，根据城市规划，制定土地区划调整工程的实施地区（重点地域[注2]），在这个区域内，地方公共团体、住宅、城市建设公共团体（公共部门）、轨道交通开发商等通过共同协作来收购比较容易收购的土地。

注1）特定地域：随着新线建设可能带来的大量住宅和宅基地建设用地，需要对该地区的地价进行监视。
注2）重点地域：包括规划车站用地在内的大规模的宅基地规划建设用地，推进居住区开发和轨道到交通建设一体进行的核心地域。

3.通过一体型土地区划调整工程的认可·实施来进行的集约换地

通过一体型土地区划调整工程的认可，将图4-15②收购的土地根据一体型土地区划调整工程与预先指定的轨道交通设施用地进行集约换地。

4.通过伴随着轨道建设和区划调整的再开发项目的实施来进行的轨道交通建设和公共设施建设

轨道交通开发商在4-15②中通过集约换地形成的轨道交通设施区进行轨道铺设，同时针对区划调整工程中所产生的共同住宅区、集合农业区招募入住者。随着新的城市建设的推进，开发后的销售获利可以返还给轨道交通开发商（轨道交通开发商作为沿线开发主体参与）。

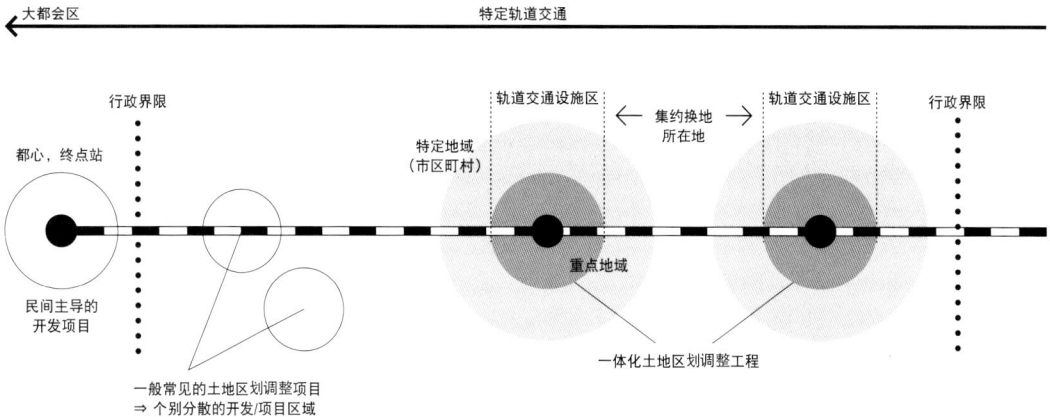

图表4-14 宅铁法概要

图表4-15 《宅铁法》的实施步骤

《宅铁法》，也就是所谓的依据土地区划调整的车站设施建设和轨道交通线路用地建设，也可称为一体化城市开发手法中的以轨道交通设施建设为中心的手法与法规建设。另外，通过《宅铁法》在土地区划调整工程区域内设置轨道交通设施区，在将沿线一体收购的土地进行集约换地，同时随着区划调整中各个地权者的减步，用地的不足也可以在此同时进行弥补（轨道交通用地作为公共用地，通过减步，使得土地得以作为轨道交通用地被提供）。

《宅铁法》的优缺点

运用《宅铁法》来开展项目的最大优点是可以在城市开发中将沿线的城市建设和轨道交通建设这两个方面同时推进。至今为止的由单一轨道交通开发商进行的轨道交通项目，存在着初期投资资金过大的问题。因此，通过私营业主强大的资金注入来收购土地并进行轨道交通建设，通过常年的车票收入及同时进行的沿线城市开发获得车票收入的稳定和房地产开发收益来保证整个项目的可行性，已经逐渐成为一种可能。与之相反的，在公共团体先行进行城市开发时，支撑城市开发的轨道交通建设却存在着仅仅依靠车票收入和广告收入来填补初期投资等严重问题。随着《宅铁法》的导入所产生的新开发策略——"上下分离方式"，就像它的名称一样，将轨道交通用地的所有者（下：项目开发商）和轨道交通的运营主体（上：轨道交通开发商）分离开来，通过上下分离方式的导入，在将它们各自的投资风险、运营风险进行分散的同时，使它们可以各自直接通过城市开发项目的收益来填补轨道交通的投资，这就是宅铁法的主要特征。在另一方面，通过和轨道交通设施区进行集约换地，使得周边的土地也可以通过城市规划来指导城市开发，这样一来就可以通过在周边导入

工作、居住和游憩等功能，实现一体化的城市开发。这样的开发方式也有利于长期的城市开发建设。

另外，从开发项目方面来说，宅铁法除了通过相关措施对作为地方公共团体的轨道交通开发商进行出资，赞助及土地的协商之外，还通过发行地方债的特例措施来帮助筹集轨道交通建设所需要的资金。与此同时，轨道交通线路设备等固定资产的税收标准也得到了特例处理：初期5年为标准税率的1/4，此后的5年为标准税率的1/2，由此获得税收上给予轨道交通建设的优惠。另外，还制定了一些政策来减少轨道交通用地的维护管理及轨道交通项目运营上的负担（通常的轨道交通新线路，开始5年为基准的1/3，之后5年为基准的2/3）。

但是，《宅铁法》虽然通过前面所述的税收优待措施对轨道交通用地的获取起到了一定的帮助作用，却未对轨道周边开发利益对于轨道交通建设事业的返还等方面进行明文规定，从而导致了只能通过轨道交通开发商和公共团体之间的协议来制定开发利益返还的方式。这也被认为是宅铁法所存在一个问题。

参考文献）
「ビジネス・レーバートレンド」労働政策研究・研修機構・2007年12月
「つくばエクスプレス線の建設における鉄道と都市の一体整備に関する考察」高津俊司 堀川淳 橋本浩史 佐藤馨一・2004年
「宅鉄法に基づく一体型土地区画整理事業の特徴とその効果に関する研究」鈴木章裕 中井検裕
「茨城県政策情報誌 ふぉるむ」茨城県・1998年

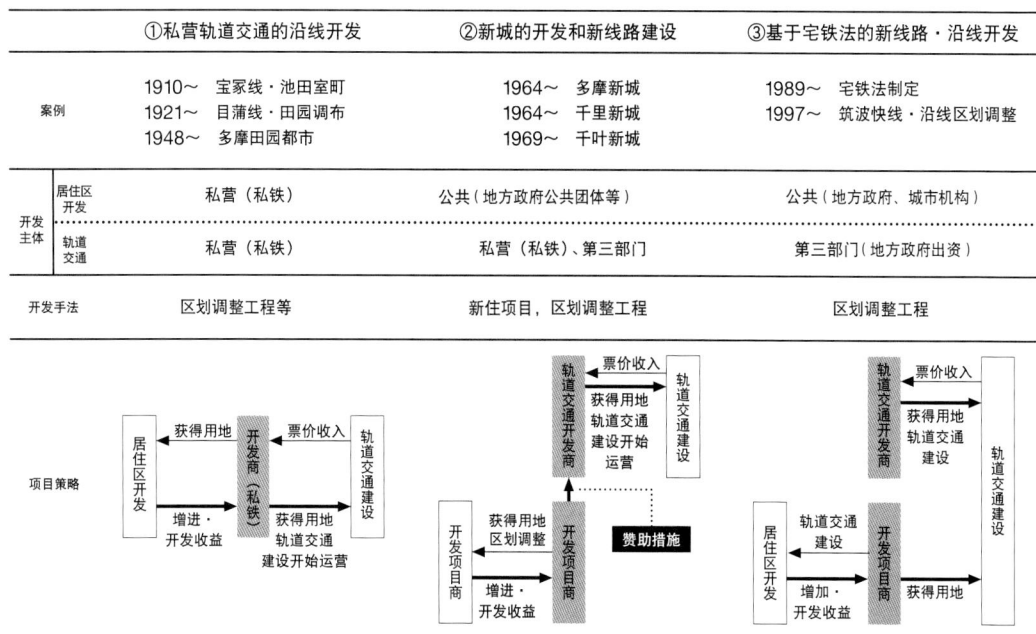

		①私营轨道交通的沿线开发	②新城的开发和新线路建设	③基于宅铁法的新线路·沿线开发
案例		1910~ 宝冢线·池田室町 1921~ 目蒲线·田园调布 1948~ 多摩田园都市	1964~ 多摩新城 1964~ 千里新城 1969~ 千叶新城	1989~ 宅铁法制定 1997~ 筑波快线·沿线区划调整
开发主体	居住区开发	私营（私铁）	公共（地方政府公共团体等）	公共（地方政府、城市机构）
	轨道交通	私营（私铁）	私营（私铁）、第三部门	第三部门（地方政府出资）
开发手法		区划调整工程等	新住项目，区划调整工程	区划调整工程
项目策略				

图表4-16 《宅铁法》和其他制度的比较及形成和变迁

案例：筑波快线

筑波快线简介

筑波快线的起点站是东京都的秋叶原站，终点站是茨城县的筑波站。该轨道交通线横贯一都三县（东京都，琦玉县、千叶县和茨城县）。这是一个由首都圈新都市铁道株式会社运营，建设总面积约3300ha，规划人口25.6万，全长58.3km的城市开发项目。在此之前，从东京到筑波需要乘坐85分钟的常盘线，而新建的筑波快线将这个时间缩短到了45分钟。在该线路的终点站的周边，还进行了筑波学园都市、柏之叶校园城镇等项目的开发，同时在起点站秋叶原站的周边也在积极地进行着城市项目的开发。

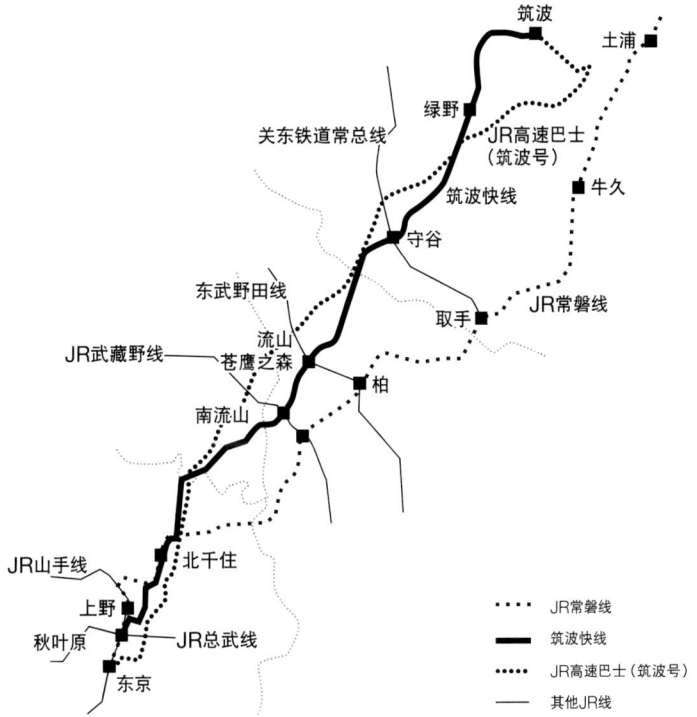

图表4-17 筑波快线简介

基础规划内确定的事项	特定地区	重点地区
1. 轨道的路线规划及车站位置的概要	东京都　千代田区 台东区 荒川区 足立区	东京都　六町地域
2. 轨道建设所需要的时间	千叶县　流山市 柏市 松户市 野田市	千叶县　南流山地域 流山运动公园地域 流山新市街地地域 柏北部中央地域 柏北部东地域
3. 住宅地开发以及与轨道建设一体推进开发的地区(特定区域)	琦玉县　八潮市 三乡市 吉川市	
4. 住宅地的供给目标及方针	茨城县　土浦市 下妻市 水海道市 曲手市 筑波市 稻敷郡 茎崎町 新治郡新治村 筑波郡伊奈町 结城郡千代川村 石下町 北相马郡守谷町	琦玉县　八潮地域 三乡地域
5. 特定区域建设的枢纽点(重点地区)		茨城县　守谷地域 伊奈/谷和原地域 萱丸地域 岛名/福田坪地域 葛城地域
6. 轨道建设相关的地方公共团体援助，以及为促进铁道顺畅建设所采取的一系列措施等相关事项	计22自治体	计13地域

图表4-18 根据《宅铁法》所制定的基本规划纲要

筑波快线的开发过程

这个项目以1985年在茨城县筑波研究学园都市举行的国际科学技术博览会（科学万博）为契机而被设立。与此同时，在该年7月，运输省的运输政策审议会做了题为《展望21世纪东京圈——关于以新东京圈的轨道交通建设为中心的交通网建设的交通政策上的迫切课题》的报告，其中常盘新线（筑波快线在当时的称呼）的建设作为国土政策上的课题而被提出。关于之前提到的《宅铁法》的法制化和作为应用案例的筑波快线项目的地位，关于筑波学园都市在博览会之后的有效利用，以及关于在国土政策层面，伴随着轨道交通的建设，推进首都圈的扩大化及多核化的意义，在这份报告中都进行了相关讨论，并提出了这些问题的重要性。

1987年日本第四次全国综合开发计划中，提到应通过常盘新线的建设来缓和交通拥堵，以及带动沿线地区产业基础设施的建设，通过形成能提供大量工作岗位的城区来改变人口不断向东京聚集的状况。另外，为应对土地价格的上涨（私营开发商借轨道交通建设之机进行周边开发用地先行收购），满足人们追求亲近自然、宽裕安乐的生活环境的需求，1988年的综合土地对策纲要提出了将住宅土地开发和交通建设一体化进行的决议。在这一背景下，制定了前面所述的《关于大都市地区宅地开发以及轨道交通建设的一体化推进的特别措施法》（《宅铁法》）（1989年），由此在法律上确立了常盘新线开发作为国家性开发项目的地位。

但是，在那个时候没有企业来承担筑波快线的运营，再加上由于筑波快线的轨道线路有将近60km长，以及在东京都内的线路穿过的都是街市密集区，对其进行一体收购运营的可能性也很小。因此，为保证项目的顺利进行也需要对此进行相关的立法。在筑波快线项目案例中，由1都3县及沿线各地方政府、私营企业等共计196个团体出资设立作为筑波快线建设、运营主体的公司——首都圈新都市铁道株式会社，由它来负责收购开发用地及轨道交通的建设。

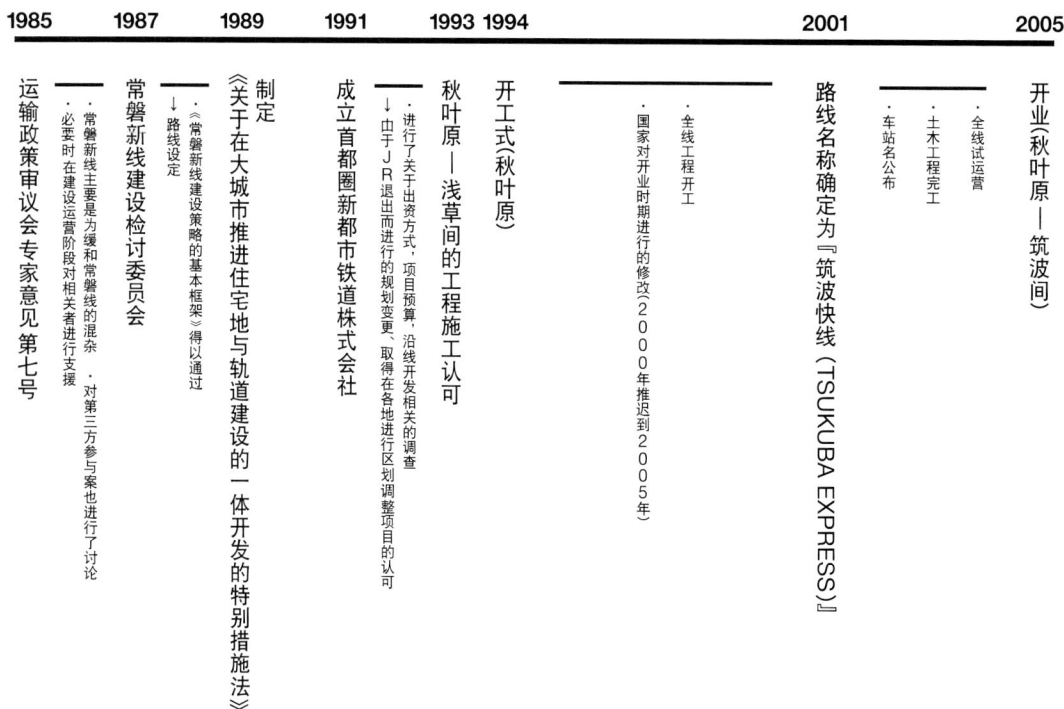

1985	1987	1989	1991	1993	1994	2001	2005
运输政策审议会专家意见第七号 ·常磐新线主要是为缓和常磐线的混杂 ·必要时在建设运营阶段对相关者进行支援 ·对第三方参与案也进行了讨论	常磐新线建设检讨委员会 ·路线设定 ↓ 《常磐新线建设策略的基本框架》得以通过	制定《关于在大城市推进住宅地与轨道建设的一体开发的特别措施法》	成立首都圈新都市铁道株式会社	秋叶原—浅草间的工程施工认可 ↓ 由于JR退出而进行的规划变更、取得在各地进行区划调整项目的认可	开工式（秋叶原） ·进行了关于出资方式、项目预算、沿线开发相关的调查	路线名称确定为『筑波快线（TSUKUBA EXPRESS）』 ·国家对开业时期进行的修改（2000年推迟到2005年） ·全线工程开工 ·土木工程完工 ·车站名公布 ·全线试运营	开业（秋叶原—筑波间）

图表4-19 筑波快线时间表

土地区划调整工程简介

与常盘新线（筑波快线）建设相关的土地区划调整在上述13个重点地域中的17个地区进行，在共计3000ha的土地上开展土地区划调整工程。

1993年，以取得茨城县内的伊奈·谷和原丘陵部地区的土地区划调整工程的工程许可为开端，以2005年铁道开业为目标，在沿线各地进行了用地区划调整。但是，另一方面，在这些土地区划调整的项目中，有相当一部分项目至今仍在进行。于是就产生了虽然轨道交通已经开通，但是周边地区的城市开发和城市基础设施建设却没有跟上的现状。

县名	重点地域	站名	土地区画整理地区名	面积
东京都	六町地域	六町	六町四丁目附近地区	69ha
埼玉县	八潮地域	八潮	八潮南部西地区	99ha
			八潮南部中央地区	72ha
			八潮南部东地区	88ha
	三乡地域	三乡	三乡中央地区	115ha
千叶县	南流山地域	南流山	本地区	65ha
			西平井/钟の崎地区	52ha
	运动公园地域	流山运动公园	运动公园周边地区	232ha
	新市街地地域	流山新市街地	新市街地地区	287ha
	柏北部中央地域	柏北部中央	柏北部中央地区	273ha
	柏北部东地域	柏北部东	柏北部东地区	171ha
茨城县	守谷地域	守谷	守谷站周边地区	40ha
			守谷东地区	40ha
	伊奈/谷和原地域	伊奈/谷和原	伊奈/谷和原丘陵部地区	275ha
	萱丸地域	萱丸	萱丸地区	300ha
	岛名/福田坪地域	岛名	岛名/福田坪地区	250ha
	葛城地域	葛城	葛城地区	530ha
合计	13	13	17	约3000ha

图表4-20 土地区划调整工程

遗留课题

如前面所述的那样，在筑波快线的开发中实行了轨道交通上下分离的开发方式，虽然该开发以沿线开发的一体性和抑制地价的上升为目标，但是由于经济状况的变化及人口负增长时期的到来，实际上大部分地区未能达到规划人口。虽然这些区域很有可能在今后的10年内完成区划调整，但是由于土地的销售和开发计划难以实现，因此这些区域变成空地的可能性很大。另外，在总体消费难以扩大的社会背景下，现有的商业设施竞争激烈化，或者考虑到由于郊外型购物中心在主要道路沿线的开设所带来的汽车普及，也有人认为对于像流山苍鹰之森和柏之叶那样，以车站前大规模商业设施为中心的住宅区开发之类的，那些当初所确立的轨道交通沿线开发模式将难以实现。

今后，这样的郊外轨道交通沿线区域的开发不能再以现有的大都市圈（以东京为中心）城市构造为出发点来开展，而是应该考虑该车站自身辐射圈内的持续性和循环性。在筑波快线沿线，特别是像柏之叶校园城镇等地区，提出了所谓"都市""自然""知识"等下一代城市模式，并积极地通过企业、大学和公立研究机构的联合，导入智能城市的理念，挑战性地提出了如新生活方式等构想来实现这一模式。

主要的节点站

1.秋叶原站

筑波快线的起点站——秋叶原站,一直以来以电气街而闻名,在此集聚了大量的家用电器量贩店。近年来,该地区也作为动漫、传媒业的销售、传播的据点而备受关注。筑波快线原计划将线路一直延伸到东京站,但是现在却只到秋叶原站。筑波快线秋叶原站位于与JR秋叶原站(高架)相邻的道路地下。

秋叶原站周边地带在2002年被选定为城市再生紧急建设地域之一,这在后面会详细讨论。秋叶原在国家层面的定位下,通过积极的私营投资开发,成为东京都

内的特色地区之一。在秋叶原站站前一体化开发的秋叶原Cross Feild项目中,提出如下目标:以建设中的秋叶原DAI大厦(开发商:DAIBIRU)和秋叶原UDX大厦(开发商:UDX特定目的公司)为中心,包括站前广场在内形成城市节点。利用秋叶原的产业特性,在这里还设立了和数字传媒相关的产学联合广场,并且通过筑波快线,产生了起点和终点站之间的更大范围内的联合。该地区还成为位于筑波快线终点站——筑波站的筑波大学的联合节点。

秋叶原地区开发计划(土地区划调整工程)

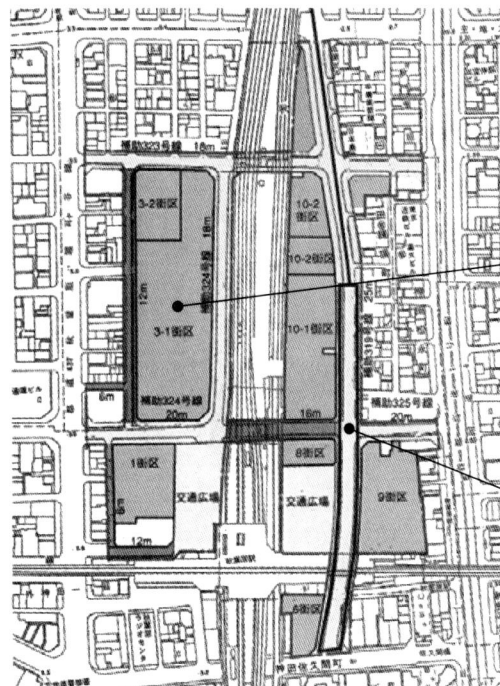

项目名称:
东京都城市规划事业秋叶原站附近土地区划调整项目
业主:
东京都
项目面积:
8.76ha
项目时间:
1997~2012(预定)
项目费用:
346亿日元

秋叶原 Cross Field

筑波快线秋叶原站

图表4-21 秋叶原站站前开发概要
(出自:东京都 城市规划图)

2.柏之叶校园城镇

在与柏之叶校园站相邻的柏之叶校园城镇,作为柏之叶国际校园城镇构想,是由公共(千叶县、柏市)×民间(企业、市民)×大学(东京大学、千叶大学)联合开发的,以新的城市环境创造为目标的区域。该地区随着筑波快线的开通,与东京市中心的联系变得更加密切。同时,以UDCK(Urban Design Center Kashiwa)为中心,正在进行着和当地丰富的自然环境

资源相融合的城区建设活动。

这里曾经作为位于千叶县西北部(船桥~成田)面积约100km²的"小金牧"牧场(德川幕府时期的幕府军马管理处)的一部分而繁荣。明治以后,作为贫民政策的开垦地(前线)在这里开设了开垦公司,三井八郎右卫门(高福)被任命为总行长,在这里设立了学校、神社等,以及进行居住环境建设。1961年,三井不动产

在这里开设了柏·高尔夫俱乐部，另外，1955年，由于美军空军通信基地的设立，这里就没有再进行大规模的开发建设，直到1979年，该地区被归还之后，才开始进行城市建设。

由于该地区具有大片空地，比较容易通过换地等手法来实现常盘新线开发构想中的城市开发。根据柏市的城市规划，从2000年开始，将进行273ha的区划调整工程。2005年，将开通筑波快线，同时柏之叶校区也将投入使用。2008年，千叶县、柏市、东京大学、千叶大学共同发表了《柏之叶国际校区城镇构想》，该地区将作为下一代的示范城市而备受瞩目。

目前，根据上述构想，作为科技资源的充分利用，东京大学的医疗领域、先端科学领域的研究所已经成功入驻（上述的美军通信基地遗址）。以此为开端，由私营开发商三井不动产所主导开发的LaLaport柏之叶也

给城市注入了新的活力。另外，在进行大规模的住宅环境开发的同时，还进行着以提高当地整体性为目的的活动。同时，这些活动并不只是从技术层面上关注环境水平的提高，而且是从国家层面上对环境、粮食、医疗、教育等问题进行统合考虑。同时，未来设计中心（FDC）把它作为下一代环境都市模型进行着各种实践活动。

像上述的那样，柏之叶的开发特征是：有效利用大规模空地，在实现土地功能转换的同时进行城市开发。另外，由于该地区的主要开发商对该地区具有明确的定位，使得该开发能够与诸如都市营造这样的软件建设活动相互融合。同时由于新的沿线开发规划采用了"产、官、学"相结合的开发方式，以塑造下一代的都市营造、社区形成"柏之叶"城市品牌为目的的各种活动也是筑波快线沿线开发的一个主要特征。

柏之叶地区开发计划（土地区划调整工程）

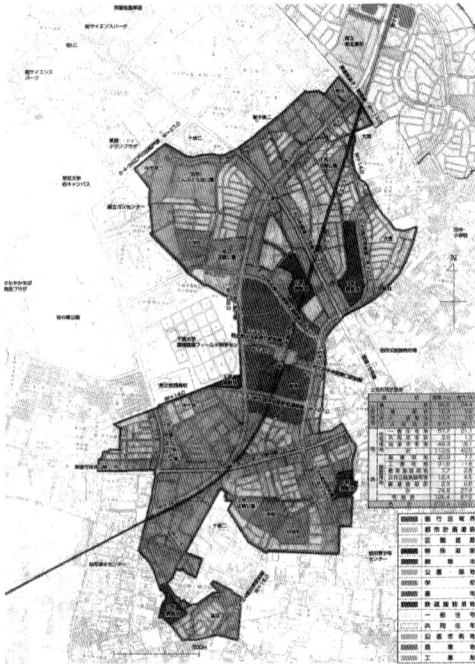

项目名称：
柏北部中央地区一体化土地区划调整项目
业主：
千叶县
项目面积：
272.92ha
项目时间：
1997～2023（预定）
项目费用：
346亿日元

柏之叶大学城构想

图表4-22 柏之叶国际大学城构想
（出自：千叶县城市规划图，柏之叶国际大学城构想研讨委员会《柏之叶国际大学城构想》2008年）

column 10
《新住宅地开发法》

支撑高度成长期发展的居住区开发

　　《新住宅地开发法》（以下简称《新住法》）是一部针对人口比较集中的市区周边地区居住区开发的法律。为了实现城市居住区开发和大规模居住区供应的目的，在1963年制定了该法律。至今，该法律还是诸多居住区开发所依据的基本法律。该法制定时日本刚进入经济高度成长时期，大量的人口流入城市，造成了城市人口的过剩，因此需要在分别位于东京、大阪、名古屋的大都市圈的周围进行大规模的住宅供应和城市开发。在该法中，规定了一定规模以上的居住区需要由公共团体实施全面土地收购，并通过制定城市规划来进行整体开发。

北海道

·札幌市(札幌市)红叶台团地(1968年~1979年)
·江别市(北海道)大麻团地(1964年~1971年)
·北广岛市(北海道)北广岛团地(1969年~1976年)
·石狩市(北海道住宅供给公社)花畔团地(1973年~1977年)
·函馆市(北海道住宅供给公社)旭冈团地(1976年~1985年)
·旭川市 神乐冈团地(1969年~1975年)
·宝兰市 白岛台团地(1965年~1971年)
·钏路市 爱国团地(1975年~1981年)
·带广市 南带广团地(1966年~1974年)

北陆

·射水市(富山县)太阁山(1966年~)

关西

·京都市(京都市)洛西(1969年~1982年)
·阪南市(大阪府)阪南丘陵(1988年~)
·堺市(大阪府)金冈东(1965年~1971年)
·堺市(大阪府)泉北丘陵(1965年~1983年)
·和泉市(都市再生机构)光明池(1970年~1984年)
·和泉市(都市再生机构)鹤山台(1968年~1976年)
·和泉市(都市再生机构)和泉中央丘陵(1984年~)
·吹田市(大阪府)千里丘陵(1964年~1970年)
·丰中市(大阪府)千里丘陵(1964年~1970年)
·神户市(神户市)横尾地区(1971年~1983年)
·神户市(神户市)新丸山(1970年~1975年)
·神户市(神户市)神户研究学园都市(1980年~)
·神户市(神户市)西神地区(1970年~)
·神户市(神户市)西神第二地区(1980年~)
·神户市(神户市)名谷地区(1969年~1980年)
·神户市(神户市)有野(1966年~1972年)
·西宫市(都市再生机构)名盐(1977年~)
·三田市(都市再生机构)北摄地区(1970年~)
·神户市(兵库县)明石舞子(1965年~1970年)
·橿原市(奈良县住宅供给公社)橿原(1967年~1987年)

东北

·仙台市(仙台市)鹤之谷(1966年~1973年)
·仙台市(仙台市)茂庭(1978年~1990年)
·岩城市(福岛县)玉川住宅团地(1965年~1971年)

关东

·水户市/城里町(茨城县住宅供给公社)十万原(1999年~)
·筑波市(都市再生机构)花室(1968年~1999年)
·筑波研究学园都市(都市再生机构)手代木(1968年~1999年)
·筑波研究学园都市(都市再生机构)大角豆(1968年~1999年)
·板仓町(群马县)板仓新城(2004年~)
·船桥市(千叶县)千叶北部地区(千叶新城)(1969年~2006年)
·印西市/白井市/本埜村/印旛村(千叶县/都市再生机构)
　千叶北部地区(千叶新城)(1967年~)
·成田市(千叶县)成田地区(成田新城)(1969年~1987年)
·多摩新城(都市再生机构/东京都/东京都住宅供给公社)
　(1965年~2006年)

九州

·谏早市(长崎县住宅供给公社)西谏早(1969年~1978年)
·谏早市(长崎县住宅供给公社)谏早西部(1998年~　)
·大分市(大分县)明野(1965年~　)
·宫崎市(宫崎县住宅供给公社)生目台(1981年~2006年)
·延冈市(延冈市)一之冈(1966年~)

中国/四国

·赤磐市(冈山县)山阳(1969年~1978年)
·广岛市(广岛县住宅供给公社)高阳(1946年~1986年度)
·广岛市(广岛市)铃之峰(1968年~1982年度)
·廿日市市 廿日市(1974年~1984年)
·岩国市(山口县住宅供给公社)爱宕山(1998年~　)

图表4-23 日本根据《新住宅地开发法》实施的主要开发案例

《新住法》具有以下两个较大的特征：

（1）从开发商处转让所得的建设用地，需要在5年以内完成 所规划的建筑物的建造。

（2）在10年之内，需要经过所管辖的都道府县的知事的同意，才能将土地及建筑物的所有权转让给第三者。

这两点以保证总体规划和住宅供应的尽快实现为目标，可以称得上是在高度成长期的住宅市场的扩大中，最为适宜的开发模式。在日本各地，有效利用《新住法》进行了大量的居住区开发，可以说这个法律对20世纪60年代的住宅建设起到了很大的推动作用。

当时，进行这样的住宅区开发，设想的是给那些需要长距离通勤的所谓中产阶级家庭提供住宅，并且同一年龄层的业主同时入住，以及进行针对居住用地的环境建设。另外，土地的统一收购模式的优点在于，确保地区整体的城市基础设施和城市功能布局在城市总体规划的前提下实现，并从城市规划的角度实现了丰富的城市开放空间之后，在居住区中实现商、住与生活便利性设施、学校等相结合的规划。

可是，从另外一方面来说，长距离通勤所需要的城市间交通设施的建设却是由私营企业来承担开发的，并且针对包括交通设施建设在内的一体化援助政策也未能及时到位，使得轨道交通建设的推进非常困难。加之在东京大都市圈扩张不断推进的背景之下，交通便利性没有得到良好的保证，更使人们对城市规划颇有微词。

另外，第一批入住居民大多数为同龄，因此近年这一世代同时走向高龄化、定居化，而其子女的独立与离开更使得地区的活力不断下降。同时建设的弊端还包括住户和公共设施需要在同一时期进行更新，这一问题已经成为了当地城市更新中的一大重要课题。特别是由于城市规划的僵硬性，产生了公共设施与居民需求的背离，使得该地区需要重新进行包括周边城市环境在内的居住区概念设计。

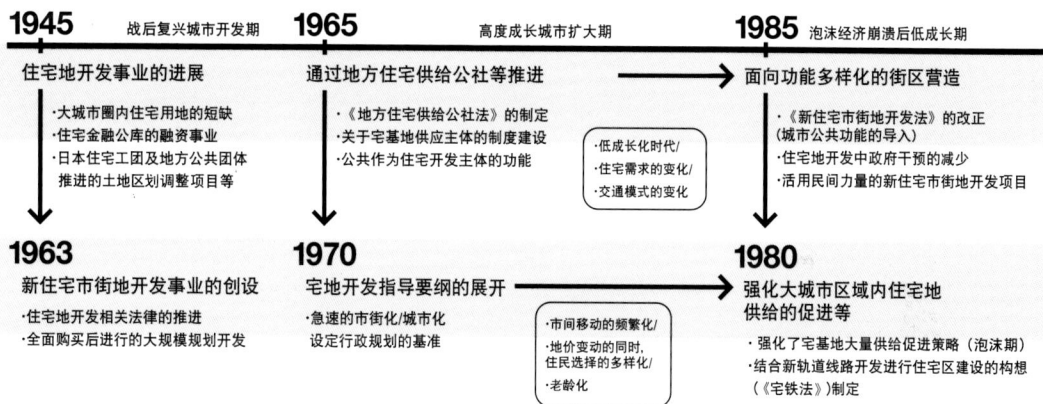

图表4-24 居住区开发的经过

案例：千叶新城

千叶新城（项目正式名称：印西城市规划项目 千叶北部地区新居住区开发项目）在地理位置上跨越了千叶县西北部3市（白井市、船桥市、印西市）地界，是在首都圈中继多摩新城（东京都）和港北新城（神奈川县）之后开发的大规模新城。该地区东西长约18km，南北长约3km，总面积约为1933ha，其中70%之上的用地位于印西市。该地区由千叶县企业厅和城市再生机构（UR都市机构）共同开发。虽然该地区在开发初期制定了规划人口34万的大规模开发计划，但由于经济增长的停滞和生活方式的改变等诸多因素影响，该规划做了相应的调整，2011年3月末，该地区规划人口为143300，而居住人口为90684。

千叶新城的特点在于，北总铁道作为其大量交通运输机关，通过在6个地区（西白井地区、白井地区、小室地区、鲜叶新城中央地区、印西牧之原地区、印幡日本医大地区）各设置一个站点的方式，实现了地区之间的连通，这也是千叶新城的主要特点。北总铁道北总线原本是由私营轨道交通开发商——京成电铁在千叶新城建设的同时设立的轨道交通公司运营，后来由于京成电铁公司经营不善，因此多个机构和公共团体对其进行了注资，其中包括作为千叶新城的开发主体的千叶县、1973年参加开发活动的公共团体（之后经历了住宅·城市建设公共团体，城市基础设施建设公共团体的转变，现在成为城市再生机构），以及沿线的地方公共团体和金融机构，现在该企业作为第三部门企业（半官半民企业）进行运作。

区分		区块	比例(%)	备注
宅地	住宅用地	580	30	独立住宅地、集合住宅用地
	公益设施用地 教育设施用地	88	4	幼儿园、小学校、中学校、高等学校
	购买设施用地	80	4	区域中心、站前中心、邻里中心
	其他公益设施用地	193	10	保育所、复合中心、大学、邮局 消防署、派出所、医疗设施、铁道等
	小计	361	18	
	特定业务设施用地	79	4	事务所、研究所、研修所
	住宅·其他公益设施用地	19	1	
	特定业务设施用地·其他公益设施用地	189	10	
	共计	1,228	63	
公共用地	道路用地	447	23	道路、站前广场、步行者/自行车专用道路
	公园、绿地用地	188	10	综合公园、地区公园、邻里公园 街区公园、绿地
	其他的公益设施用地	70	4	净水场、调整池
	共计	705	37	
总计		1,933	100	

区块	1	2	3	4	5	6	合计
规划面积(ha)	199	197	90	764	579	104	1,933
规划人口	16,900	15,400	8,500	55,900	39,300	7,300	143,300
入住人口(2012年3月为止)	14,942	13,587	3	37,887	14,779	4,341	90,684
住区数	3	2	1	7	4	1	18

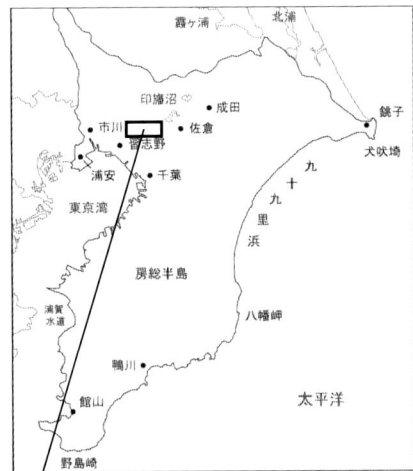

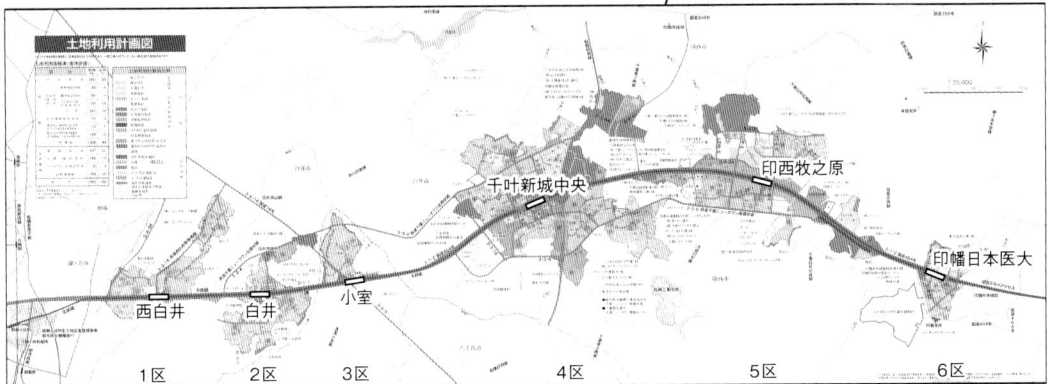

图表4-25 千叶新城的概要（出自：千叶县企业厅《千叶新城土地利用规划图》2012年）

千叶新城的构想由千叶县在1966年后提出，并在1969年制定了该地区的城市规划，1970年以小室地区为起点开始新城项目的开发。由于未能预期完成土地收购，项目的进展速度就慢了下来。另外，在这一时期，人口向东京都市圈聚集的趋势减缓，住宅提供的紧急性也随之逐渐减弱，由此原先的千叶新城规划被大幅调整，缩小了规模。就在这期间，北总铁道被实施了第三部门化——通过公共资金（千叶县、公共团体）的注入，使得该公司能够存活下来。因此，可以说时代背景的变化对千叶新城的开发过程产生了巨大的影响。

为了提供这样大规模开发所需的资金，在东急、阪急（如前文所述）等由私营轨道企业进行住宅区开发的情况下，住宅开发的收益可对轨道交通开发初期所消耗的资金进行填补，这样不仅能减少乘客的负担（票价），还能保持轨道交通开发和城市开发之间的平衡。但是，在北总铁道的开发中，作为轨道交通的开发商京成电铁却未能够通过住宅开发获得收益，而只是单纯地进行轨道交通项目的开发。因此，由于城市开发的滞后，轨道交通的利用者也比预计的要少，轨道交通项目承受巨大的负债压力只能反映在高额的车票上。注)

在高额的票价之外，伴随着新城开发所进行的大规模干线道路建设，使得沿线居民不断地走向选择使用机动车。由此以车站为中心的紧凑的徒步圈或巴士交通圈无法形成，通过轨道将生活圈与城市圈联结成一个网络这一目的也无法达成，最终使得公共交通机关无法紧密地融入居民生活之中。

图表4-26 千叶新城景观

由上述千叶新城的案例我们可以发现，在以《新住法》为依据的开发案例中，轨道交通和城市进行一体化开发的时候，由于轨道交通开发商和城市建设开发商的分离，虽然从城市规划角度来看，依旧可以实现居住用地的快速建设，但是轨道交通等未能与居民的交通需求模式相结合进行建设，导致以铁道为主体的居住区开发无法顺利完成。产生这一现象的主要原因是，轨道交通建设初期所消耗的资金不能够通过城市开发的收益来进行填补，从而导致了轨道交通建设的滞后。另外，轨道交通的沿线居民也因为经济（票价）原因，便利性低下（低收益而导致的运行车辆班次减少）等原因而很少选择轨道交通作为出行方式。规划中的城市构造（作为千叶

新城开发时的设计理念）最终未能实现，从而也影响了该地区良好居住环境的建成（虽然周边地区至今还保留这大量的自然山野）。通过对千叶新城开发案例的反思，我们可以发现：便利性提高及与城市各地区之间形成网络结构是住宅区开发所追求的目标；另外，为了实现这些目标还需要进行相关的立法工作。

这一问题被作为1990年代以前轨道交通建设和城市开发相关的重大课题，国家、县、居民等各个层面对此进行了的多次讨论。另外，以此为契机，产生了以筑波快线项目开发为代表的被称为《宅铁法》的轨道交通一体开发的实施策略。

注）通往千叶新城的北总铁道线的区间很短，如果要去东京都市圈的中心区，还要换乘京成线、都营线、京急线等线路。在日本，通常的情况下，如果要换乘其他公司的轨道交通，就必须要征收起步费，再加上北总线的票价本来就比较高，因此高额的票价给在东京市中心上班的人带来了很大负担。例如，从北总线的主要站点印西牧之原站到办公楼比较集中的新桥站，单程43.2km，票价1100日元。与它相比，如果只使用被公认为是东京都市圈内票价较高的JR中距离线路的话，从神奈川县的大船站到新桥站(44.6km)，也只要690日元。

依赖于开发项目的
公共建设

城市再生特别地区

在城市开发中，需要根据开发对象的不同来选择城市规划的手法。城市再生特别地区作为城市规划的一种手法，同时也作为地域经济活化性促进战略之一在近年来大受关注。城市再生特别地区，是根据《城市再生特别措置法》，在2002年被提出并设立的一种城市规划手法。

城市再生特别地区作为一种特别的城市规划手法，指在城市再生紧急建设地区中，遵循地域建设方针，并且广泛地采用那些能明显带来都市再生效果的特别的项目规划，抛开现有的用途地域等规划控制，进行高自由度的城市规划活动。为了能够实现这种类型的城市规划

方案，参加城市再生项目的私营开发商必须在如此高自由度的规划下开展自己的项目。

城市再生特别地区手法在运用的时候，可以不必拘泥于以往城市开发所采用的详细而通用的各种准则。通过运用最基本的思考方式，有效利用私营开发商的独创理念，并促进能够最大限度发挥开发理念的城市规划方案的产生，这就是城市再生特别地区制度所能起到的积极和广泛的作用。

城市再生特别地区主要放宽内容如下表所示，城市再生特别地区的容积率评价示意图如下图所示。

建筑物形	道路 / 邻地斜线·建筑退	特区城市规划内任意设定（需要和近邻进行事前协调）
	高度控制	特区城市规划内任意设定
	建筑密度	特区城市规划内任意设定
容积率	基地间容积率分配的可否	特区城市规划内任意设定
	区域外的公共贡献的考虑	可以作为评价对象
和周边的关系		○在城市规划方案的阶段，需要进行更为详细的对外调整以及向近邻进行事先说明

图表4-27 城市再生特别地区的主要放宽内容

运用时的基本方针有以下几点：①以开发商的提案为基础；②谋求手续的迅速办理；③不拘泥于一切基准；并进行每一个案例的个别审查；④开发商需要对提案内容负说明责任。

另外，东京都对于城市再生特别地区审查的着眼点主要有以下几方面：①和地域建设方针及城市总体规划的整合；②对环境的影响；③和城市基础设施间的协调；④对城市再生的贡献；⑤容积率限度等设定；⑥地块功能；⑦城市规划规定以外事项的对应。

能够评价区域外围的公共贡献值是城市再生特别地区具有的一个特点。于是，不仅仅局限于开发地区内部，在开发的过程中同时进行周边地区的城市基础设施建设也变得可能。这一手法和现有的城市规划手法相比，开发地区具有获得更高容积率的可能性，但是这也同时会给该地区带来更大的负担。因此必须根据都市再生特别地区的不同来平衡其容积率的上限。

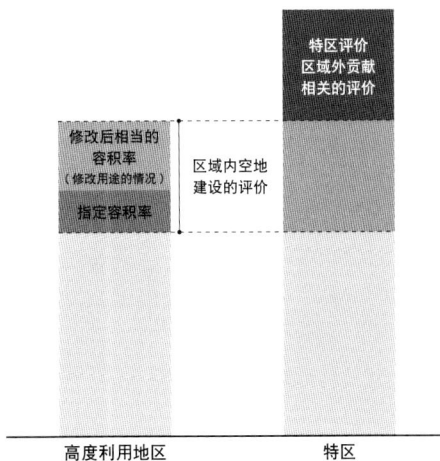

图表4-28 城市再生特别地区容积率评价图

城市再生特别地区案例（京桥三丁目1地区）

京桥3丁目1地区是一个采用城市再生特别地区制度的案例。2010年3月，完成了该地区的城市规划，2010年秋开始动工，并于2013年完工。

基地面积8130m²，开发规模为高度约130m，地下3层，地上24层，总建筑面积116000m²的高层建筑。建筑功能包括了办公、商业、交流设施、医疗设施、儿童教育支援设施等。

根据建设方针，该规划包括了和东京地下铁银座线京桥站相连接的地下网络建设和步行网络的强化及扩展等，这是一个以考虑步行者活动流线的城市基础设施建设为目的的规划。另外，通过该规划可以形成从银座到日本桥之间连续的繁华商业街，并实现城市机能的更新和发展，从而为东京站站前地区带来新的城市附加值。

像上述的那样，这一京桥三丁目1地区的规划被认为是东京站站前的城市基础设施建设项目中的一部分，从而采用了站城一体的开发方式。和地铁车站相连接的地下一层部分设置了广场，作为地上地下步行网络的联系节点，可以作为集合地点及作为一些小型演出的场所。

地下的广场和店铺进行了一体化的建设，在制造该地区繁华的氛围的同时，还可以形成通向柳大街方面的步行流线。随着与周边的城市开发相整合的站城一体化开发的进行，该地区将形成具有良好的车站通达性的京桥站站前城市节点。

图表4-29 东京SQUARE GARDEN外观（京桥三丁目1地区）

图表4-30 地下广场

地面/地下步行者网络的形成
(根据东京站站前地区的街区营造导则2009绘制)

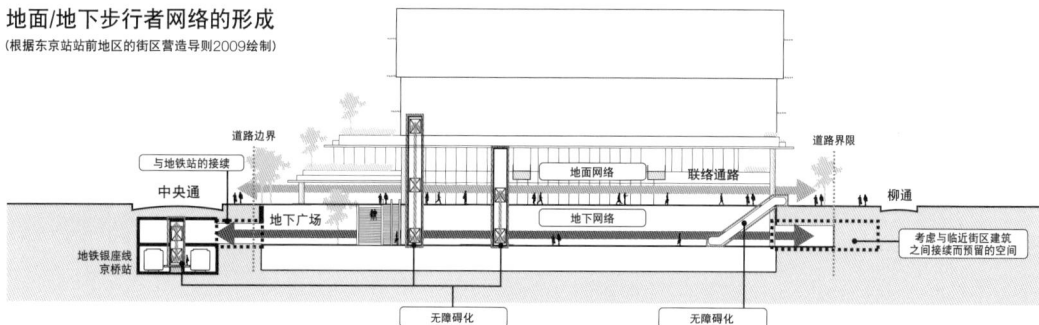

图表4-31 步行网络意向图

243

5

提议：以在亚洲超大城市
实现站城一体开发为目标

世界正迎来亚洲时代，展望正加速迈向城市化的亚洲各国，本书希望能够以走在最前端的中国为例，针对其轨道交通与城市、车站与城市的发展方向提出建议。

在本书的其他章节，几乎没有触及日本以外的亚洲各国以及中国的情况。本章在总结之前各章中提出的日本经验的基础上，进一步讨论其在中国乃至亚洲地区的应用可能性。现今是城市化时代，亚洲时代这一说法由来已久。从城市人口比率（日本、亚洲其他国家、欧美的比较）的统计来看，世界上城市人口数量急增，且其中大半都是在亚洲城市，也就是说全球城市化与亚洲时代等同起来的可能性将极高。今后的亚洲城市也将持续增长，如本书开篇所提到的，今后众多的巨型城市将在亚洲出现。另外，从城市人口密度的数据来看，亚洲的城市人口密度与欧美有巨大的差异，很难在同一平台上讨论。同时，也可以说这就是公共交通尚未完善的亚洲其他城市正在发生的交通拥堵问题的元凶。

由于以机动车为中心的社会构造已经无法满足亚洲城市的需求，因此导入以土地的高度利用与以轨道交通为中心的城市规划成为一种必要的解决方案。

其中，尤其是正在急速推进轨道建设的中国，极有可能成为"亚洲型"的典范。现在的上海，地铁总长已

经超过东京，城市内主要的交通工具也从私家车或公交车转向了地铁。但是，由于地铁车厢及车站的拥挤，换乘的不便，地铁车站与周边城区的接续不畅等原因，问题已经堆积如山急需解决。

在此背景下，可以参照日本在建设地铁沿线过程中解决各种问题的经验。

但是，日本也并不总是获得成功的。

即便是日本的首都圈，也同时有以轨道为中心的集约型城市的构造（优点）和放射状线路导致的扩散型城市构造（缺点）的两面性。

首先来看作为优点的一面，即以轨道为中心的集约型城市构造。

日本的首都圈（以下简称"首都圈"）是直径70km、人口3700万左右的、世界最大规模的城市圈（参见：联合国统计）。这个世界最大规模的城市圈是建立在轨道网的骨架上的。这种不依赖机动车、通过轨道联系起来的巨大规模的城市圈是举世无双的、日本式城市模型。也正是由于是建立在以轨道为中心的轨道网络上，才得以让这种史无前例的巨大城市圈成为可能。这种世界最大规模的城市圈的建立，使经济活动变得更加高效便利，成为刺激日本经济成长的一个重要因素。

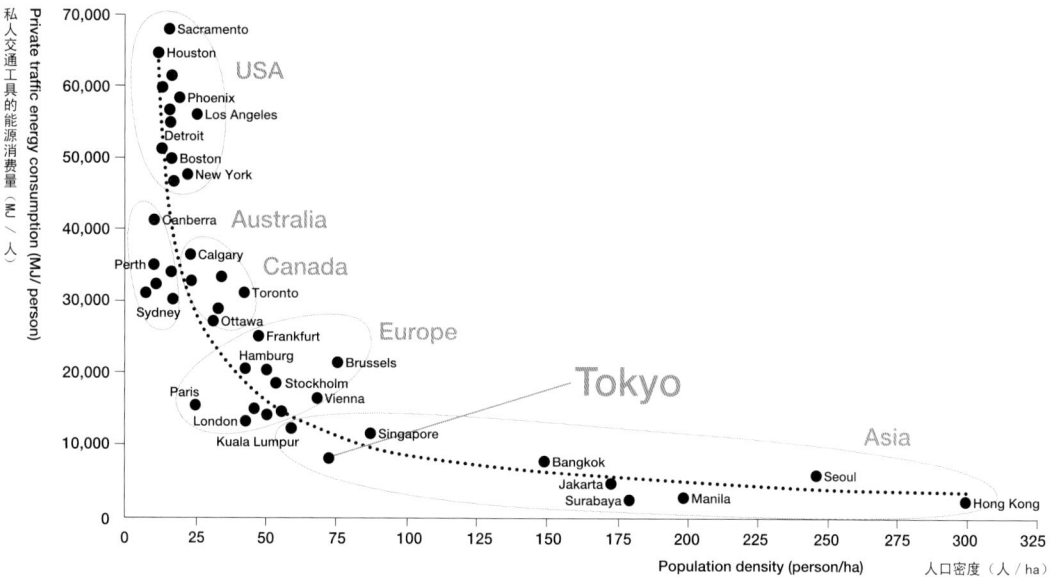

图表5-1 人口密度高的城市相对汽油消费量较低　　　　　引自：P. Newman and J. Kenworthy, Sustainability and Cities. Island Press, 1999.

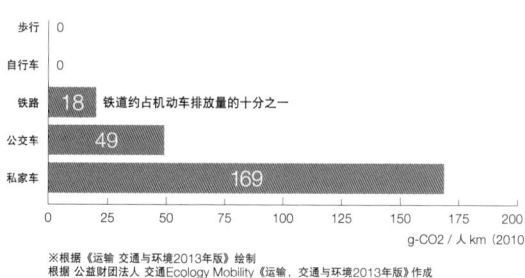

※根据《运输 交通与环境2013年版》绘制
根据 公益财团法人 交通Ecology Mobility《运输、交通与环境2013年版》作成

图表5-2 不同交通手段的CO₂排除量

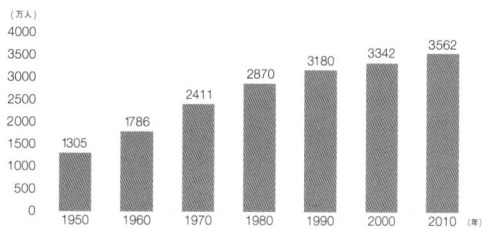

※根据总务省《国势调查》

图表5-3 一都三县的人口增加（东京都、神奈川县、千叶县、琦县）

245

另外，以轨道为中心的集约型城市构造，在出行时需要的汽油消费量极少（采用轨道交通出行方式人均消费的CO_2排量约为采用机动车移动的十分之一），因此获得了"环保低碳型城市构造"的称号。

本章至此，介绍的都是首都圈城市构造的优点，接下去将继续介绍的是作为另一面的缺点 —— 无序扩张型的城市构造。

东京都市圈扩张到70km直径的范围后达到可以容纳3700万人口的世界最大值（图表5-3）。从首都圈的人口增长数据中可见伴随高度经济成长人口的急速增大。高度经济增长以后，经济内需扩大，伴随着第三产业劳动人口的增大，使得首都圈人口激增。由于需要解决增长人口的居住问题，以居住为目的的郊外住宅新城的开发虽然因此得以促进，但同时也出现了因上班需要花费大量时间而产生的社会问题。由于当时公共交通的效率不高，通往郊外的轨道运输率低下（到后程运送效率大幅下降）等原因，城市构造的效率曾极为低下。

首都圈是在战后急速复兴中形成的，中心部，即东京的都心并没有得到充分的利用。东京中心部的基础设施建设也并不完善，特别是土地所有权的细分化，使得高度利用变得十分困难，因此城市不得不通过向郊外扩张来满足高度经济成长所引起的急速人口扩大之需。

另外，近年由于城市中心再生政策的实施，出现了居住人口回归城市中心，以及上下班交通问题得以缓慢改善的趋势。

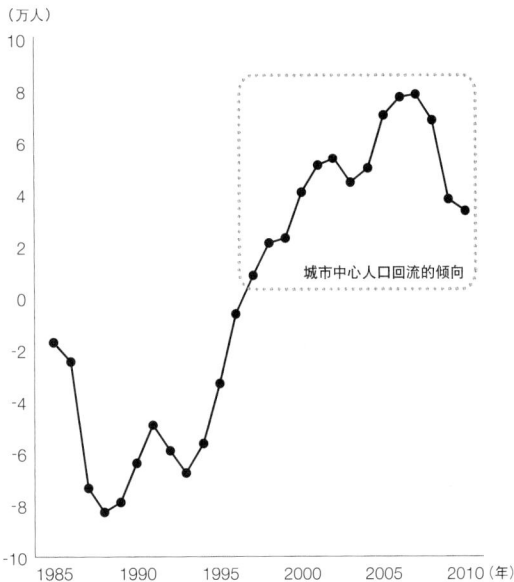

图表5-4 东京23区人口增加量的变化图

※根据总务省《住民基本台账人口移动报告年报》

综上所述，相对于城市中心地区的高度利用，从一开始就应优先考虑控制城市的无序扩张及郊外复合市街区的形成。

其次，在通过民间主导的开发形式进行枢纽建设时，还应该注意更多公共公益设施建设方面的问题。

本书到目前为止，详尽描述了关于日本的站城一体开发、轨道沿线开发建设等相关的经验。其中并不只是成功案例，也包含了对于失败的反省和经验教训的总结。在此基础上，对于今后可能会在亚洲各大城市推进的轨道交通建设与轨道沿线的城市开发，提出以下几点建议。

总的来说，建议为以下列举的5点，之后会针对每一点展开说明。

建议1：节点规划论
    提升枢纽站作为节点的魅力，是提高沿线全体价值的关键。

建议2：沿线开发论
    包含了品牌建设与经营管理的沿线总体规划的制定。

建议3：时间规划论
    在规划中融入有效的时间管理。

建议4：开发方法论
    通过开发项目制度的法制化，使得建设开发不只局限在轨道单体，还可能包括车站周边的土地调整，以及基础设施的一体化。

建议5：开发组织论
    为实现站城一体开发而进行的组织建设。

建议1：节点规划论

提升枢纽站作为节点的魅力，
是提高沿线全体价值的关键。

在日本，一直以来都没有涉及枢纽站的建设，直到最近才开始重新讨论并有了再开发建设的实例。可见正在发展势头上的中国及亚洲其他各国，也即将进入枢纽站建设的时期。

通过总结之前介绍的枢纽站开发的事例，车站建设与周边城区一体规划的设想，即以轨道交通枢纽站（终点站）为中心的站城一体开发，可以从枢纽的形成、回游、功能集聚、塑造标志性形象、环保五个方面来考虑，并形成有魅力的集约型城市。

以下正是通过这5点来具体说明如何规划、推进终点站相关的开发项目。

站城一体型开发相关的规划要点

1 枢纽的形成
通过以车站为中心的高密度开发，提高城市利便性及运送转换力。

2 回游
通过车站与城市的一体化，促进提高城市的回游性。

3 功能集聚
高度的功能复合及文化设施等的导入，创造出城市的魅力和繁华。

4 塑造标志性形象
通过塑造有影响力的标志性形象，创造城市独特的个性。

5 环保
活用自然能源，减轻环境负荷。

枢纽的形成

**通过以车站为中心的高密度开发，
提高城市利便性及运送转换力。**

　　通过车站附近土地利用的高度复合化及集约型的体量分布，提高车站和前往附近地区乘客的便利性，形成集约型城市结构。

　　作为该地区起点和中心的车站，车站需要具备的是简单易操作的设施及无障碍化，以便提高轨道交通和其他公共交通之间的转乘便利性，达到人流能高效通过的效果。

　　另外，通过与轨道车站建设相配合的交通节点及交通广场的设计，以及其他公共交通功能的增强等手段，可以在达到轨道交通的顺畅接续，提高换乘便利性。同时，也能扩充适宜步行和停留的空间，连接周边城区来创造出一体的连续性。

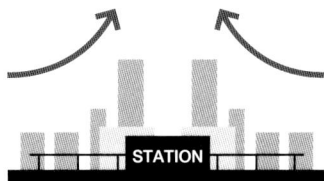

图表5-5 东京站周边交通广场重组与地下通路网的建设

图表5-6 新横滨站周边站前广场的立体化重组

　　更进一步，通过机动车交通负荷的减轻，抑制车站周围机动车流入量，在缓解交通拥堵的同时，为步行者创造安全舒适的环境。其次，为达到减少机动车交通量（提高公共交通使用率），对轨道交通尚不发达的地区（远离车站徒步圈），则通过导入和利用活性化交通系统[例如LRT（Light Rail Transit）、BHLS（Buses with High Level of Service）、社区循环巴士、循环出租车等]，以车站为中心集聚人气、增加地区魅力，形成多种多样的步行者空间。

　　通过车站设施、公共交通设施及车站附近集约开发，不仅能使城区整体获得连续性与便利性，同时也避免了对机动车的过度依赖，有利于形成以公共交通为中心的城市。

> **达到车站附近高度利用的必要因素及效果**
>
> ·作为与中心车站相应的公共交通枢纽站，
> 　集聚各项车站机能。
>
> ·合理利用车站附近的便利性，
> 　形成高度复合的土地利用。
>
> ·通过抑制车站周边的机动车流，
> 　形成人行车行共存的热闹空间。

回游

**通过车站与城市的一体化，
提高城市的回游性。**

轨道与站房及道路基础设施的一体化建设，有利于形成舒适快捷的步行者通行网。通过结合地形、集聚多种功能来形成多层次的步行者空间，并与车站周边城区连接，形成广域的网络系统。再有，通过在车站周边穿插多处能起到连接作用的竖向轴线空间，不仅能满足人流通过的需要，还创造了能满足人们休憩需求的回游性高的城市空间。

为形成以车站为中心的步行者通行网，建议与站房建设同步考虑同周边建筑物的连接。但是，由于城市开发很大程度上取决于开发机遇，因此通常采用分阶段建设的模式，应在项目初期就确立以街区为单位的、统领地区整体发展的大方针，即形成关于步行者通行网设计的蓝图并在地区范围内达成共识就显得尤为重要。只有在这个基础上，建筑物单体的开发商才能在项目开发时，确保建筑与地下或者地面（人行天桥）步行者流线的连接，或者是确保流线贯通且向其他街区延伸。只有采用这样的方式，才能实现以车站为中心的繁华街区与广域范围的连续性，建立步行者能安心安全通过、乐于来访的城区。

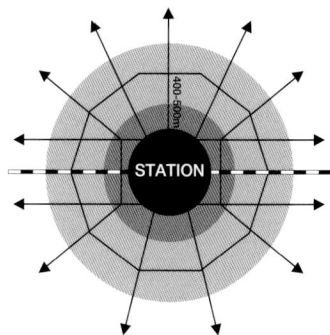

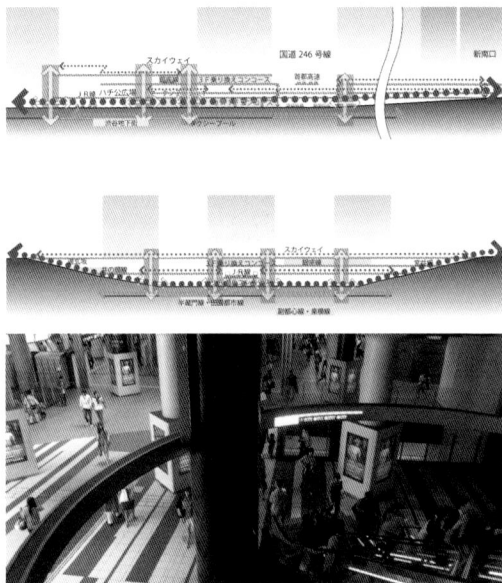

图表5-7 涩谷 活用地形设计的立交步行者通行网规划
资料：涩谷区《涩谷站中心地区社区营造方针2010》

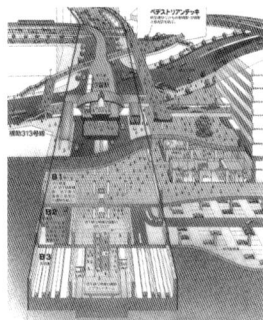

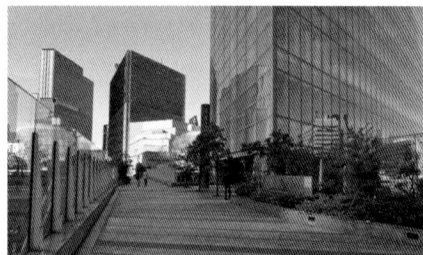

图表5-8 汐留 步行天桥、地面、地下步行者通行网的建设
资料：东京都建设局区划调整部管理课《汐留第四街区保留地销售指南》宣传册

以车站为中心的步行者通路网

· 确保结合地形特征，多层次的步行者流线。

· 在横向流线的节点上，设置竖向流线空间，保证通向该地区门户的畅通。

· 竖向流线空间不仅具有象征性，且同时具备广场的功能，提供休憩空间。

· 地区整体应共享步行者通行网的设计方针，使得开发的不同阶段都能确保流线的连续性。

功能集聚

POINT 3

高度的功能复合及文化设施等的导入，创造出城市的魅力和繁华。

在车站附近避免功能的单一化，导入例如办公、商业、宾馆、住宅、娱乐文化、生活支援设施等高度复合的城市功能，将有利于吸引多样化的人群到站访问，有利于创造出不分休息日、工作日，持续保持魅力和繁华的城区。

通过在低层部分设置商业功能，并充分考虑与周边城区的连续性，可以将周边现存地区的人气吸引到开发区域。其次，由于车站附近地区在便利性上的优势，形成包含车站利用者在内的繁华节点也是十分值得期待的。另外，通过在建筑物上层累积娱乐文化设施、生活支援设施等区别于纯办公的功能，使得垂直方向上产生了以不同城市功能为目的的来往人群，而这些人群在建筑低层部分的通过，也有利于集聚人气、形成良好一体化的商业氛围。

同时，文化设施的导入也与塑造城市特征直接联系起来，不仅可以成为向其他城市、各种背景的来访者展示自身特色的场所，也可以成为文化、艺术活动等信息传播的基地。

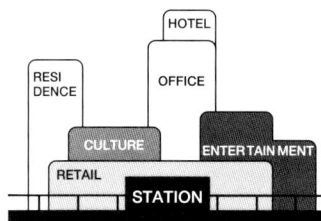

图表5-9 涩谷Hikarie 音乐剧场为中心的文化复合设施

图表5-10 梅田阪急 伴随百货店重修的文化复合设施建设（大阪）

通过导入复合功能，形成无论工作日或休息日都热闹非凡的城区空间

· 塑造具有该地区特征的文化、艺术活动的信息传播基地。

· 创造出具有吸引力、交流性、流行传播特性的空间，吸引多种多样的来访者。

· 作为商业办公的附设部分，通过导入提供停留空间及文化生活支援功能的各种设施（育儿设施、医院、运动俱乐部、大学分校区），创造适宜工作生活的城区。

· 设置向来访者发布观光信息等功能的信息服务中心等。

· 在车站检票口内部，设置便利商店等商业设施，形成车站内部的热闹氛围。

塑造标志性形象

**通过塑造有影响力的标志性形象，
创造城市独特的个性。**

  轨道车站是城市的门户，也象征城市整体的形象，对于塑造城市特征是非常重要的要素。

  作为首都东京门户的东京站，在再生历史站房的同时，与丸之内方向出口相对应，在车站的另一侧进行了名为"东京站八重洲口开发"的建设，新架设了膜结构的大屋顶，成为象征首都东京先进性、尖端性的标志物。这样通过象征性的建筑形态或是具有特征的立面等要素的叠加来建构城市特征是相当重要的。

  另外，车站与街区的连续性在空间上的表现也十分重要，特别是"构筑表达旅行到达感的接续空间"这点，在港未来车站就是通过设置站城一体的车站核来达到这个目的的。

  总的来说，在站城一体开发的过程中，应通过针对来访者或车站利用者聚集的空间进行设计，从而创造出城市固有的特征。

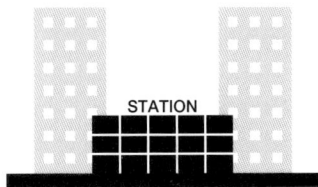

图表5-11 东京站八重洲口开发：象征首都东京新形象的膜结构大屋顶

图表5-12 横滨港未来车站中心：兼具车站与城市特征的接续空间

能够体现城市特征的空间营造

· 重视城市固有的历史和地域特征。

· 将能够感知车站特性的大空间作为地区的标志进行塑造。

· 将轨道交通和人的动态的可视化作为空间特征之一。

· 车站空间不应单纯作为连接车站本体与城市的移动空间，
 而应该担负起体现城市特征的角色。

环保

活用自然能源，减轻环境负荷。

前文中已经提到以公共交通为中心的站城一体开发规划的实现，有利于形成低碳排放的城市。本节进一步将重点放在环保策略方面，说明如何积极地通过充分利用自然能源减轻对环境的影响及其重要性。以车站为中心将高密度的城市活动集中在一起的站城一体开发模式，最有利于活用自然能源，达到减轻环境负荷的目的。

通常来说，地铁站不得不附设机械通风设备，而在涩谷Hikarie的事例中，通过设置直通地下的天井空间，使邻近的地铁站能够自然通风，节省了本来消耗在机械通风设备上的能源，一年减少约1000t的二氧化碳排放量。

其他积极利用自然能源减少污染的实例还有泉水花园。在这个案例中，通过设计手段实现了地铁站换乘大厅的自然采光。

综上所述，尽可能地聚集城市活动，并有效利用自然能源，是站城一体开发中实现环保的要点所在。

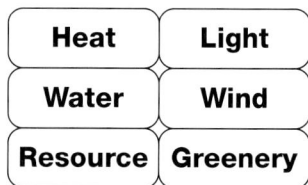

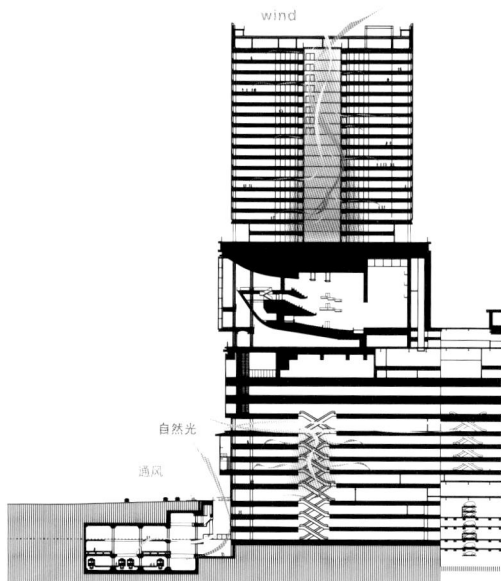

Heat	Light
Water	Wind
Resource	Greenery

图表5-14 泉水花园: 充满自然光线的地铁车站

图表5-13 涩谷Hikarie: 车站内自然通风的实现

通过充分利用自然能源来降低环境负荷

· 不依存于机械通风，构筑能够进行自然通风的系统。

· 不依存于人工照明，尽可能地引入自然光。

· 通过屋檐和百叶等构件来控制自然光的入射。

· 通过引入与城市相连续的水和绿化，形成看得见风景的环境友好空间。

建议2：沿线开发论

包含了品牌建设与经营管理的沿线总体规划的制定。

对于站城一体开发来说，除了前文所述的枢纽节点开发，还有一点相当重要，即 "沿线开发"。如果说枢纽节点开发主要是 "点" 的考虑，那么沿线开发则是 "线"，甚至是 "面" 的考虑。

轨道交通建设基本上是线状网络的展开，所以从线的层面上考虑是理所当然的。但是，假设只停留在点和点的连接上来理解，则很难触及其本质，或者不能充分把握其中可为利用的潜力。

"沿线开发" 指沿着线状建设的轨道，以车站为中心推进的，呈面状展开的一体化城区建设。

首先，在人流最为密集的站前部分设置商业设施，并将其与车站和通往周边住宅地的巴士终点站相连接，共同构成枢纽设施。结合巴士的路线设定，确定多层住宅小区或者别墅的布局和建设方案。其次，与地方政府进行合作，推进学校、医院、福利养老等公共设施的建设。通过这样与轨道建设一体化的考虑，面状地展开城市化建设。

前文中介绍的 "阪急模式" 及 "东急模式" 都采用了此种沿线开发的形式来推进整体的开发。

相反的，从只是进行了轨道建设而没有考虑沿线开发的案例来看，往往周边城区的规划得不到很好的推进，无法充分利用由轨道建设创造出来的价值。

图表5-15 站城一体开发的案例

图表5-16 未进行一体开发的案例

沿线开发的重要性，并不只是局限在城市规划的方面，在经济方面、项目可行性方面也有重大的意义。

轨道交通作为公共设施，其建设费用是巨大的，除了一小部分的高速轨道交通以外，仅依靠轨道交通的运营很难确保投资的回收和赢利。这是因为轨道交通建设所带来的好处常常外部化到周边相关的其他领域中去。当然通过轨道交通的建设，可以提高人们出行的便利，并通过提供此种便利来获取车票的收入是一种成熟的商业模式。但是在此之外，通过线路连接，车站周边地区的便利性得到了提高，自然也可以带来车站周边土地及房屋等房地产的增值，也就是由轨道交通建设所衍生的附带价值。

如果只是进行轨道设施本体的建设，而不同时考虑这种附带价值的回收并任其流失，就无法获得本来生成的经济价值的总体。但采用"站城一体开发"的模式，则可以将这些外化到周边区域的价值在一体开发的进程中"内部化"，从而将获利达到最大化。

这种将轨道交通建设所带来的经济价值"内部化"与"最大化"方式，正好能解决亚洲各国正在推进中的轨道交通建设所面临的问题。比如说，在中国和其他亚洲国家正在推进的地铁建设项目中，将地铁沿线的开发权转移给负责轨道建设的主体，就极有可能实现这种一体开发的模式。这样既可以全面扩大回收轨道建设产生的价值，也有利于促进轨道的建设。

如果能够实施一体化的开发，相比较轨道与沿线的分散开发可以促进经济价值"内部化"和"最大化"的飞跃性提升。而为了进一步促进这种飞跃，沿线总体规划的制定中，品牌建设和经营管理则显得尤为重要。这两点具体指在一体化地推进沿线开发的同时，通过提高周边城区的品质，创立品牌效应，继而为这一品牌的持续成长对沿线街区进行长期的经营管理。

沿线品牌的建立是在轨道交通设施本体的高品质，周边住宅地的印象，进驻沿线的企业、大学、文化设施等多方面形象的综合之下实现的。因此，必须明确沿线总体的形象，并且努力向着这个目标，有意图地在沿线引入具有魅力的住宅、文化设施、教育设施、休闲设施、研究设施等拥有多样化功能的各种设施。因此，制定包括以上内容的沿线总体规划，并且遵循规划内容、推进沿线开发是十分重要的。

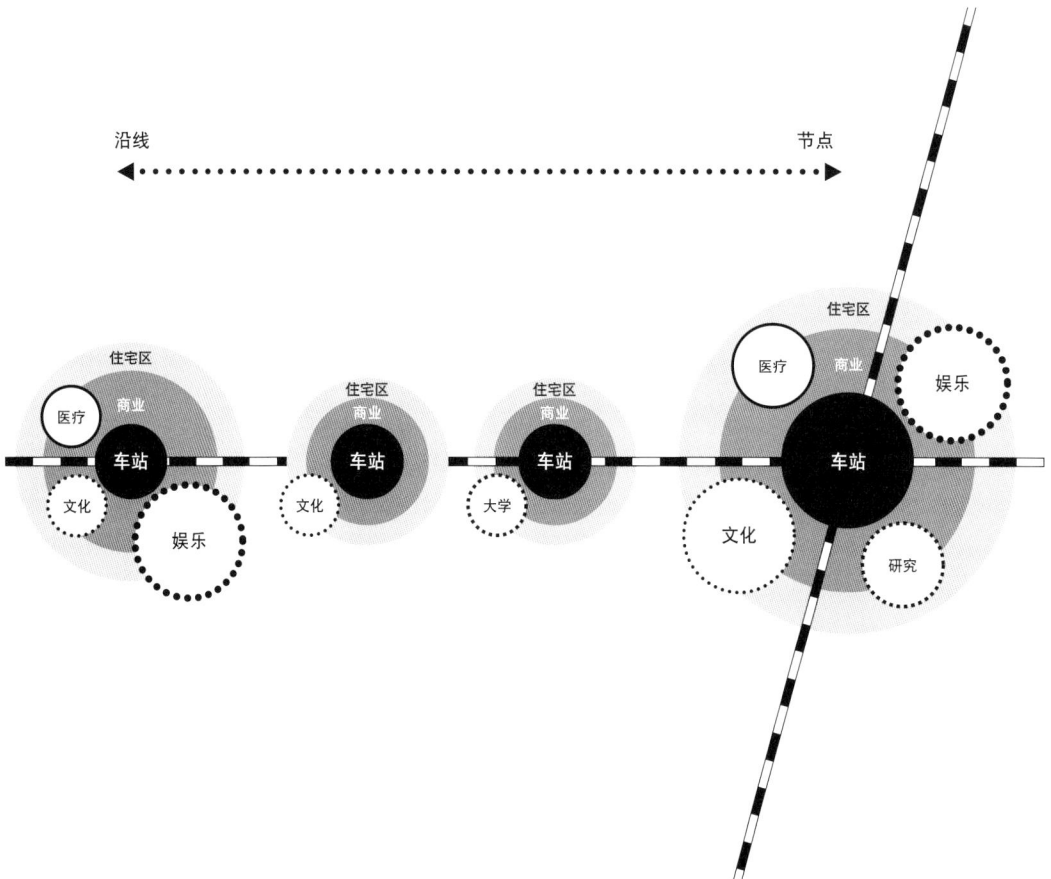

图表5-17 沿线总体规划的示意

建议3：时间规划论

在规划中融入有效的时间管理。

在站城一体开发中，经营管理显得十分重要。为有效展开经营管理的工作，在规划中有计划地融入时间管理要素，使得规划能够灵活实施。

轨道和车站的建设虽然需要一定的建设时间，却可以一次性投入使用。而周边城区的建设虽然可以通过一时的建设达到一定的城市化水平，但是城区的完善和魅力的创出显然是需要经历一定时间才能成熟的。因此，在轨道交通建设和城区建设之前，产生了"时间差"。这种"时间差"的产生则会使得在站城一体化规划中，统合作为轨道交通一部分存在的同时，也要作为周边城区一部分存在的、含有双重意义的车站就变得十分困难。为了避免这种"时间差"所造成的问题，调整各项事业时间进度的管理成为必不可少的一环。

车站周边具有极大商业潜力的街区随着整体城区的不断完善，需要应对的功能需求其实是在不断变化的。住宅地建设完成之前，周边地区将有一段时期内土地的利用密度会相对较低，而随着住宅地建设的完成，入住人口的增加，对于商业设施的需求也就变得原来越高。因此，车站周边街区的土地利用也需要对应城区整体的完善，在不同阶段有不同的对应。

更进一步，还可以把枢纽节点与沿线站点区别开来考虑。

由于枢纽节点本身具有的商业潜力就极大，通常会最大限度设定容积率，这就使得在车站周边集约地进行社区营造变得非常重要。由于强烈的需求而一次性进行建设的情况虽然很多，仍然应该针对不同时代的需求分阶段地应对。为了很好地适应这些变化，还需要预先考虑内容转换（转换经营商和经营内容）的可能性来满足社会经济变化的需求。此外，到了不得从根本上进行更新时，也需要制定对应再开发所带来的新变化的项目规划。日本具有代表性的枢纽站点涩谷站就从建设以百货店为中心的商业设施开始，逐渐进入建设文化设施与商业、办公设施一体化的复合型开发阶段。

那么，在沿线站点又该如何对应时间的要素呢？沿线站点与枢纽节点相对比具有更多的不确定性，因此制定更为全面和明确的与时间相关的规划，显得更加重要。从沿线开发的展开到沿线人口增大为止的初期阶段，针对站前应当建设的商业、商务设施的需求仍不明显。直到需求增大为止，应考虑对土地进行临时性的开发运用。一边进行临时运用，一边等待周边城区的成熟，再针对需求的增大进行真正的土地开发。这种融入了有效的时间管理的沿线开发变得越来越重要。在南町田车站的案例中，站前部分先是以暂时的性质导入OUTLET商业设施。也就是说，在这种不确定性较高的情况下，如何临机应变，以及在需求转换或者要求提高的时候能够预留各种变化的余地，是极为重要的课题。

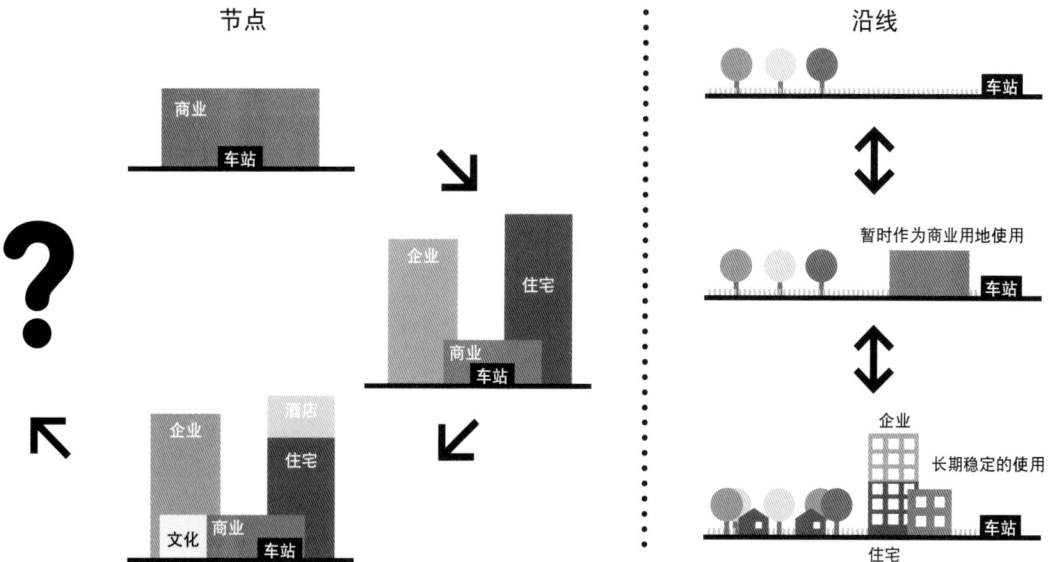

图表5-18 考虑融入有效的时间管理的示意图

建议4：开发方法论

通过项目开发制度的法制化，使得建设开发不只局限在轨道单体，还可能包括车站周边的土地调整，以及基础设施的一体化。

随着亚洲地区城市化的推进，很难确保新建轨道时所需的用地。或者虽然可以确保轨道用地，但是轨道沿线土地早已被分割出让，无法进行一体化开发。特别是行人大量聚集，对商业和服务需求很高的车站周边，更需要能发挥用地潜力的高密度土地利用。因此，除了确保轨道用地，车站周边用地与轨道建设一体开发也是非常重要的一环。

即便在日本，也并不是所有轨道交通建设与城区建设一体化的项目都能成功推进的。比如说也有轨道顺利建成，但是作为交通网络枢纽点的车站周边地区还是延续开发前的土地利用方式，基本无法体现轨道网的有效性。特别是在已经高度城市化的东京圈内，这个倾向显

得尤为突出。在人口达到饱和、土地用途细分化的区域，很难取得由轨道建设带来的效益。

城区建设则必须包含轨道建设、连接车站、车站周边地区的再整合。而为了推进并实施这些项目，必需采用具有一定强制性的手法。

相关配套制度正如本书在相关章节所阐述的，需要出台例如日本《宅铁法》这样的，旨在推进轨道建设与城区开发一体化的法律制度。在此法律基础上除了轨道建设之外，同时一体化地进行行车站周边的土地再整合，基础设施建设也成为可能。也就是说从法律上保障了站城一体化开发的可能性。

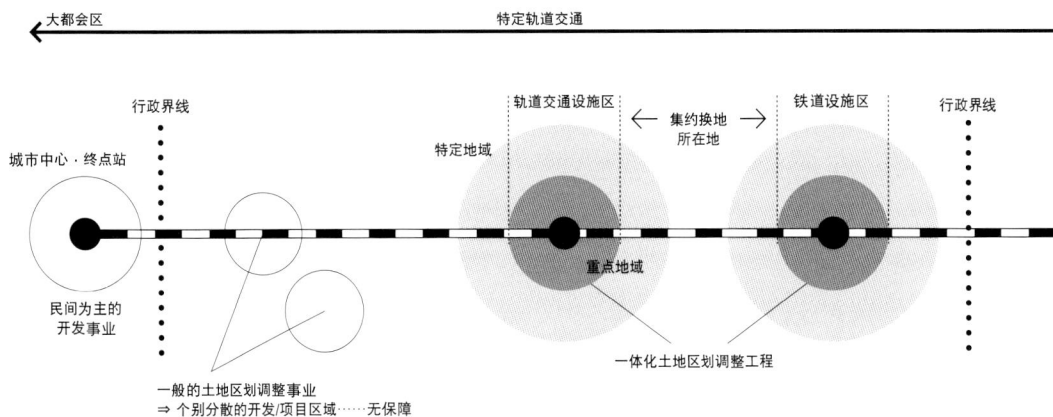

图表5-19《宅铁法》的模型示意图
*《宅铁法》即《大都市地域的宅地开发及铁道整备一体推进的特别措施法》

建议5：开发组织论

为实现站城一体开发而进行的组织建设。

为实现站城一体开发，不仅需建立能够长期建设运营轨道交通的设施，还需建立长期承担城区营造工作的主体机构。在过去，有很多因为只考虑轨道建设，而不考虑车站对于周边城区的影响和价值，因此没有成功推进周边城区建设的事例。为更好地利用车站本身所具有的价值，将轨道交通建设与周边城区建设合为一体运营的模式——私铁模式得以诞生。本章之前介绍的东急和阪急模式就是这种私铁模式的代表。不仅局限在轨道建设，更是以轨道交通建设为中心进行了综合住宅、商业、文化、娱乐、教育等功能的生活综合产业的开发。

另一种情况是轨道建设主体与城区建设主体分离的情况，这种非一体化的情况，曾造成了很多没有推进城区开发的实例。为对应这种情况，前文提到的筑波模式就应运而生了。筑波模式主要是基于《宅铁法》意图将轨道建设与区划调整进行一体化，使得轨道建设所产生的利益进行内部化。同时通过公共主体与商业，住宅开发并行推进的形式，塑造各具特色和魅力的城区。公共、行政与开发商的相互结合，有助于将视野放得更为长远，预防开发商只考虑眼前利益所带来的负面效果。

在中国的各地，正开始进行由地方政府为主体的地铁建设和运营，以及地铁沿线车站为中心的城区一体开发。这样的运作方式在结构上比较接近日本私铁模式与筑波模式的混合体。这两种模式的共通性在于"不只是偏重或者局限于轨道交通建设，要长远和不间断地考虑经营和管理，提升街区的综合价值与创造的结合"。因此必须提出一个既能实现轨道交通开发利益的内部化，又能长期持续性考虑城区建设的管理方式、构筑能综合提升沿线价值的商业模型。这种商业模型将有利于形成永续的、真正意义上的车站与城区一体化的规划的实现。

【1】私铁模式：轨道公司从城市建设到运行管理作为综合生活产业来开发。

像日本的私铁这样，在进行轨道交通建设的同时，并未局限在房地产开发，建设等城市开发领域之内，而是以加入到诸如老年人和儿童福利设施建设、有线电视等媒体事业当中来，构建一个综合生活产业的发展模式。通过从轨道交通事业的切入及综合生活产业结构的展开，伴随轨道交通建设的开发利益将逐渐显著化，最终将建立起一个能够长期针对沿线城市区域进行管理运营的模式。

【2】筑波模式：通过政府与开发商的协作，推进可持续性的城区建设。

筑波快线的沿线进行各车站建设的主体（开发商如三井房地产、东新房地产等）与行政合作，长期地参与本地区的社区建设。尤其是在柏之叶地区，地区政府与开发商、大学、NPO及居民共同联合进行着以"柏之叶Smart City"为主题的新城市远景的构筑。尤其是商业设施需要通过长期的运营才可能取得成功，其建设和经营的成功又与其所在地区综合价值的上升息息相关。因此，选择适当的商业设施运营商很重要。

另外，通过行政、地方政府、开发商、NPO及居民之间的协作，也可避免一味地注重利益，构成有利于城区持续发展的决策和管理机构。

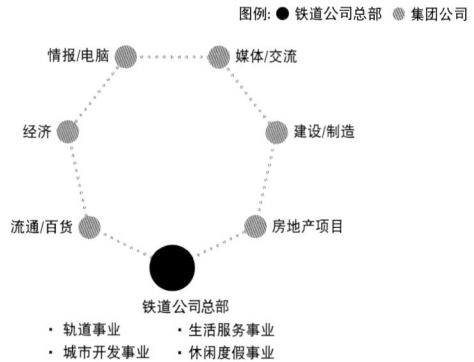

图例：● 铁道公司总部 ● 集团公司

图表5-20 形成了生活综合产业结构的私营轨道事业模型

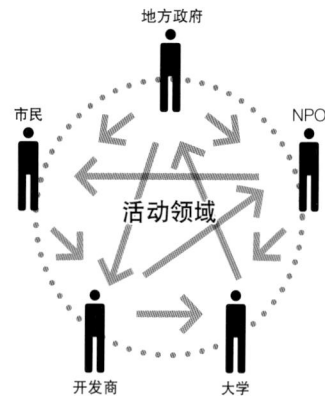

图表5-21 多个主体联合构成的持久型社区营造体系

站城一体开发的背景知识

6

日本轨道交通建设历史

序言

在当今的日本，特别是东京，大阪，名古屋（中京）这些大城市圈内，由轨道交通所组成的交通网络，已经成为生活中必不可缺的交通工具。这同时也意味着轨道交通在贯穿了日本历史的城市圈扩大和发展过程中起到了非常重要的作用。

日本的轨道交通建设主体大致可以分为以下4种类型：①以连接城市之间的轨道交通为主要线路的JR，②连接城市内部，特别是城市中心区的地铁，③连接城市郊区和城市中心区外围枢纽站点的私铁，④针对缺失线路（missing-link）进行建设等，在轨道交通欠发达地区发挥作用的第三主体。通过这4个主体的开发和建设，形成了当今的轨道交通网络体系。对这4个开发主体，将在后面的"轨道交通开发主体的特征"中进行介绍，在本节，主要对1900年代开始的日本轨道交通建设的发展情况进行简要介绍。

电气铁道的开始普及

1885年，日本最早的电气化铁道（下面简称电车）在京都开通，电车作为连接城市内区域以及城市之间的交通工具开始普及。至1910年前后，日本形成了大约560千米的电车轨道网络。在这段时间建设的电车仅有在大城市内部运行，连接城市中心与郊区以及在大城市之间运行这几种模式。电车轨道在大城市中心区形成了密集的网络，同时从市区通向郊外的放射状线路连接了各大城市（比如东京——横滨之间，大阪——京阪神之间）。这个时候的电车都为路面电车（最高速度被定为12.8 km/h）。1904年，由蒸汽铁道电气化改造而来的电车开始运营。以此为契机，连接御茶水和中野的电气化铁道，作为东京最早的国有电铁实现运营。在此之后，随着东京站的建成，国有铁道公司还开通了东京至横滨的线路，到1915年，山手线，东海道线和中央线这三条电车线路实现运营。在京阪神地区，南海铁道在1911年完成了难波至和歌山市线路的电气化，在这个区间，全部的列车实现了电车化。以此为开端日本全国范围内的蒸汽铁道开始电气化改造。但是，在这个时期大城市之间的铁道还是以蒸汽铁道为主。

地铁的普及

随着日本各地进行蒸汽铁道电气化改造，特别是日俄战争（1904～1905）之后，开始明显地出现了人口向东京，大阪等大型城市聚集的现象。随着重工业的发展，人口向具有各种机能的城市加速集中，在城市中心区工作的人口大量增加。与此同时，城市郊外的住宅区开始向外蔓延，城市中心区与郊外住宅区之间的距离越来越大，这也使得连接城市中心区与郊外住宅区的交通需求迅速增加。

如前所述，从1900年代开始，随着人口向城市集中，蒸汽铁道的电气化改造和铁道网络的建设不断推进，东京市中心地区建设地铁的必要性也逐渐显露出来。当时东京的公共交通以路面电车网络为主，但是随着市中心地区道路上机动车交通量的急剧增大，交通拥堵现象仍旧日渐严重。从1910年代后半段到1920年代前半段时期，以东京地铁公司为首的多家铁道公司获得了地铁线路的开发资格。但是，由于1923年的关东大地震，除了东京地铁公司之外的其他公司的开发资格都被取消了。东京地铁公司在关东大地震之后仍然进行着地铁的建设，1927年，日本最早的地铁——上野至浅草地铁开通，此后该线路开始向新桥延伸，但是由于资金问题延伸项目被中止。另一方面，1939年东京高速铁道公司开通了新桥至涩谷的地铁。起初，东京地铁公司的线路和东京高速铁道公司的新桥站并没有连接起来，后来随着东京高速铁道公司收购了东京地铁公司的股份并掌握了该公司的经营权，涩谷至浅草的直通线路才开始运营。

在同一时期，大阪也进行了市营地铁的建设，南北横穿大阪市中心的梅田至天王寺地铁开始运营。但是，当时东京和大阪的地铁网络的规模都很小，市中心地区的主要交通工具仍然是路面电车。

私铁的沿线开发模式

1920年代，私铁在市区的经营方式发生了很大的转变。原先，电气铁道公司依靠交通设施运营同时向沿线地区供电而获得安定的收益。另外，本书之前介绍的通过沿线居住区，景点等建设经营来吸引乘客的模式在1910年左右开始被阪神，京阪，京滨等铁道公司采用。1910年，梅田至宝冢的阪箕面有马电气轨道开通，并同时开始出售沿线大规模的土地和住宅。另外，在这条线路的终点宝冢，通过"宝冢唱歌队"的建立来吸引乘客。这样一来，沿线居民稳定的出行需求以及通过沿线设施吸引的乘客同时给铁道公司带来收益的模式开始形成。而在东京的目黑莆田电铁和东京横滨电铁也开始采取这种模式。

此外，集枢纽站和百货公司于一体的新型百货公司也开始出现。1920年，大阪的阪神急行电铁公司将梅田枢纽站和百货公司进行了结合，创建了阪急Market，1929年更名为阪急百货店。1934年，东京横滨电铁公司在枢纽站涩谷开设了东横百货店。1920年之后，铁道公司的经营方式日趋多样化，而通过兼营副业来保证稳定收益的方法，对独具日本特色的铁道公司经营方针的形成产生了巨大的影响。

第二次世界大战后的线路建设

前文介绍了1920年代私铁经营方针的变化。当时的铁道建设受到军事运输需求的重大影响。这个时期，铁道线路的建设以满足军需运输为优先。为了增强物资运输能力，在1942年建成了世界最早的海底隧道——关门隧道。随着关门隧道的开通，铁道就可以连接本州和九州，货物运输效率大大增强，但铁路的客运能力并为得到积极地提高。1945年日本迎来第二次世界大战结束，铁路运输从1949年开始实施公共事业化，根据当时的国有铁道法，日本国有铁道由此诞生（以下简称国铁）。虽然当时日本社会还不是很稳定，但是连接大城市之间的铁道开始了大规模的电气化改造。国铁在1958年完成了东京至神户线路的电气化，特急列车Kodama号也开始运行。1960年代是日本经济高度成长期，1964年举世瞩目的东京至大阪新干线Hikari号开通，城市之间交通所需的时间由此大幅缩短。此后，东京至博多的新干线于1975年开始运营，东京至北部地区的新干线由此开始普及。

轨道交通的直通化以及国铁的民营化

另外，从1945年二战结束到1950年之间的以战后复兴为目的的居住区开发中，如之前所述的那样，民营铁道公司（下面简称私铁）的开发建设占了很大的比重。轨道交通的建设有助于一体化生活圈的形成，即使市民没有私家车也能够方便地进出市区，乘坐轨道交通上班或上学的生活方式也逐渐确立。1960年代开始日本进入经济高度成长时期，随着都市圈中对住宅需求的增大，轨道交通沿线地区的住宅开发已成必然。其实从1950年代开始，私铁就在位于城市郊区的轨道沿线进行住宅开发，但在当时只有通过国铁才能从郊区直达市中心。在这种情况下，私铁开始申请将自己公司的线路进行延伸，使之成为能直达市中心的线路（能到达国铁山手线圈内的地铁线路）。但政府根据都市交通审议会的第一号意见书，提出了关于郊区私铁直通运营的条例，各私铁公司建设直通市中心线路的申请被驳回。虽然私铁没有实现建设直达市中心的线路，但是各私铁，JR和各地铁线路的相互换乘系统开始形成，从而构筑了如今比较完善的地铁网络，人们可以通过轨道交通到达市中心，然后步行到达办公室或学校，当今日本以公共交通为中心的生活形式才得以实现。地铁与郊区私铁互相换乘的实行，是东京公共交通网发展史上非常重要的一个转折点。

如上所述，在日本经济高度成长期，随着国铁新干线的运营以及私铁在轨道交通沿线地区的住宅开发，这个时代成为轨道交通网络大规模建设时期。但是在1987年，因在经济高度成长时期所累积的赤字，国铁不得不进行民营化改革，由此现在的JR得以诞生。在民营化之后，开始尝试通过合理的经营来摆脱亏损，JR东日本在1993年上市，到2002年实现了完全民营化。

到1980年代，轨道交通网络系统的建设已经基本完成，从量的增加到质的提高，服务内容也发生了转变。将从前的货运线路进行客运化以提升服务质量的湘南新宿线开通运营，通过轨道交通的立体交叉化，地下化，线路复合化等来提高轨道交通的运输能力，以及促使轨道交通建设和城市规划进行联动等，这些措施都使得轨道交通的服务质量得到了改善。此外，通过2000年开始导入IC卡，轨道交通的服务质量得到进一步提高，同时公共交通的便利性也进一步增强。

日本轨道交通发展概要

日本的轨道交通建设是和城市化同时进行的。在这里，把与城市化同时进行的轨道交通建设的发展过程粗略分为3个阶段。第一阶段是以满足军事需求为中心的轻工业发展时期的轨道交通网络建设。基于轨道交通优于汽车交通的政策，现在山手线以内的轨道交通网络基本都在这一时期建成。同时，私铁也以市区为中心开展线路的建设。第二阶段正处日本经济高度成长期。随着重化工的发展，轨道交通的运输能力增强。同时，随着市区人口的急速增长，各私铁公司开始进行居住区开发。轨道交通和支撑市中心地区交通网络的地铁的相互直通也是从这个时期开始的。在这一时期，JR以及各私铁的轨道交通网络都基本建设完成。第三阶段是经济高度成长的末期，这一时期的市区轨道交通网络与现在基本一致。轨道交通的里程基本已不再增加，而开始通过轨道的线路复合化和对已有网络的强化积极提高轨道交通的服务水平。由此可以看出，轨道交通深刻地影响着日本城市的发展。

当今日本轨道交通建设的特色

如上所述，日本的轨道交通对城市发展产生了巨大的影响。接下来本书将介绍今日本轨道交通建设的特色。

①综合性交通规划

日本的轨道交通开发，特别是新线路的铺设是由国土交通省运输政策审议会所制定的交通规划所决定的。在交通体系的建设中，政府处于主导地位，同时政府，地方自治体，开发商，相关专家共同参与，通过各方面意见的相互综合，协调，最后取得共识。审议会决议虽不具备强制力，但却是制定高可行性交通规划的必要条件。在这一过程中，需要针对具体的项目进行投资效率分析，需求预测，收支预测等来分析项目的可行性。专家和政府工作人员负责相关材料的客观性及透明性。

②政府和民间各自所承担的责任

在"①综合性交通规划"中所述的规划制定过程以外，在日本，由于民营化是轨道交通建设的一个关键词，"民众能做的事情就让民众来做"也是日本的一项基本国策，因此，如上述那样，国铁的民营化成为轨道交通建设和服务质量提升的一个契机。到如今，关于各城市公共交通设施民营化的讨论还在继续进行中。

另外，由于城市轨道交通基础设施建设需要大量资金，从日本大城市圈的轨道交通网络来看，那些收益性较高的线路通常都比较发达，而那些收益相对低的线路则存在着发生线路缺失的可能性。设置第三主体来担当开发主体是解决这一问题的关键（关于第三主体将在后面进行介绍）。第三主体为主体的轨道交通建设，可以将已有的建设主体未建成的轨道交通网络系统进行完善。东京都市圈内的筑波快线，东京临海新交通临海线，Rinkai线，东叶高速线，琦玉高速铁道线，多摩都市单轨铁路，日暮里·舍人线等都是由第三主体担任主体进行建设的。以第三主体为主体的轨道交通建设，可以完善轨道交通网络体系，创造更为便利的东京都市圈轨道交通网络系统。另外，在2005年开通的筑波快线的沿线，通过轨道交通建设和住宅区的一体开发，沿线地价的上升的收益被用作轨道交通建设的费用。这里考虑到了轨道交通建设所带来的沿线地价的上升，并在城市规划制定过程中在容积率设定时事先考虑该地区和轨道交通站点的距离。

③由不同主体建设的公共交通设施之间的无缝衔接

日本的城市多位于山脉环抱之中，这通常会导致城市空间的高密度化。在这样的城市形态中，一部分的城市道路没有设置人行道和护栏，由于道路拥堵而不设置巴士专用道的情况也很常见。此外，由于在交通干线中还留有一些未建设的区间，因此在城市内部也需要针对发生线路缺失的区域进行建设。而在轨道交通方面，准时性和高效性带来高利用率同时也带来了高拥挤率，这是导入不同线路之间无缝换乘系统的最大原因。以前各个轨道交通公司使用不同的车票，通过IC卡的推广，就可以实现一卡在手，各线通用。JR东日本公司在2001年开始在东京的近郊区间导入著名的"Suica"IC卡。Suica卡可以通过自动售票机进行车票的购入，结算以及购入固定线路通勤月票的功能。2007年，关东的私铁，地铁等23个轨道交通运营商以及31个巴士运营商开始导入一种名为"PASMO"的IC卡，并且这一IC卡可以和"Suica"卡相互通用。于是，在东京圈的几乎所有的轨道交通，巴士都可以使用相同的IC卡，由此公共交通的便利性得到提升。2013年4月起，IC卡的日本全国通用得以实现，轨道交通无缝化衔接措施得到了进一步的推进。

参考文献
「東京の駅はこうして誕生した」林章·株式会社ウェッジ·2007年1月30日
「山手線誕生」中村建治·イカロス出版株式会社·2005年6月30日
「日本の交通ネットワーク」山重慎二　大和総研経営戦略研究所·株式会社中央経済社·2007年8月30日
「阪急電車　青春物語」橋本雅夫·株式会社草思社·1996年8月26日
「東京駅誕生-お雇い外国人バルツァーの論文発見」島秀雄·鹿島出版会·1990年6月20日
「日本の私鉄　東京急行電鉄」広岡友紀·毎日新聞社·2011年1月30日
「図説　日本鉄道会社の歴史」松平乗昌·河出書房新社·2010年1月30日
「図説　駅の歴史　東京のターミナル」交通博物館·河出書房新社·2006年2月28日

日本轨道交通的现状及特征

序言

　　如之前所描述的那样日本在战后的经济高度成长时期，人口向3个大城市集中以及城市向郊区扩张。在这里值得引起注意的是，以大城市为中心的私铁网络像毛细血管一样在整个都市圈中延伸，而这些私铁网络的运输力正是推动前面所述的城市化的原动力。随着被称为轨道交通沿线开发的商业模式的建立，以轨道交通站点为中心的商业，商务以及住宅开发的一体化建设逐渐展开。对于居民来说，轨道交通站点是该区域的生活中心，这一模式是英国田园城市模型的进化形式。离开家门，通过步行或者巴士到达车站，通过轨道交通到达城市中心，然后再步行到达办公或学习的场所，以这样的公共交通手段来进行城市内的出行，在日本这是理所当然的事情。在日本的城市化进程中，实现了Newman and Kenworthy等学者所倡导的"高密度紧凑型城市空间"，这被认为是城市化的理想模式之一。

　　在日本，私铁将大量的轨道交通网络和居住区进行了一体化的开发建设，并且还和作为轨道交通主干线的国铁（现在的JR）的延长线进行了一体化建设，从而建成了具有高度便利性的轨道交通网络。同时，这也对抑制汽车交通的增长起到了非常大的作用。近年来，以联系"车站"和"城市"为目的的开发有效利用了这一城市结构，并引起了广泛的关注。

轨道交通为中心的生活模式

　　到这里我们已经对轨道交通沿线开发的商业模式的形成以及与之相伴的公共交通型城市结构的形成进行了叙述。在本节将介绍支撑上述公共交通型城市发展的城市结构的现状。

　　在日本的首都东京，形成了被称为东京圈的都市圈，是容纳约3700万人在此生活的世界最大的城市圈。东京圈不仅是日本政治，经济，文化等各方面的中心，同时也作为世界性的中枢城市发挥着重要的作用。像前面介绍的那样，从战后复兴期到经济高度成长期（1955年左右~1973年左右），人口以及各种城市机能向东京集中，从而形成了指向东京市中心的单极依存结构的巨大都市圈。

　　东京（首都圈）·名古屋（中京圈）·大阪（京阪神圈）三大都市圈（下面简称三大都市圈）的轨道交通利用情况如图表6-1所示。根据日本国内与城市交通相关的统计资料——交通关联统计资料集以及城市交通年报，三大都市圈的年客运量总计约为200亿人次，这占到日本全国总客运量220亿人次的90%。而总长约为4800km的线路里程却只占日本全国线路总里程24800km的20%。这一数据表明，轨道交通在日本三大都市圈的交通体系中，具有非常重要的作用，并且还是和生活密切联系的交通工具。另外，将轨道交通的旅客运输量和其他交通工具——汽车（私家车，包租车，出租车），巴士的客运量进行比较，在这三大都市圈中，轨道交通客运量所占的比例达51%，其日均客运量达5609万人次。很显然在城市地区，轨道交通起着非常重要的作用。

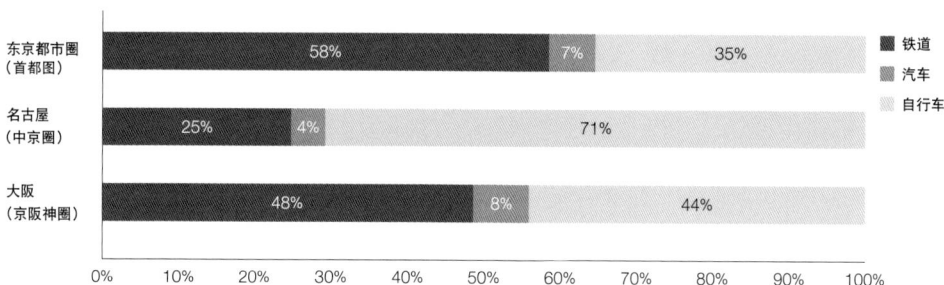

图表6-1 不同交通工具的旅客数比较（三大都市圈）　　　　根据运输政策研究机构《平成21年度版 城市交通年报》作成

像前面所介绍的那样，日本的轨道交通网络的建设是和城市的发展相互协调，同步进行的。日本和其他国家相比，乘客对轨道交通的需求非常稳定，在我们的城市生活中，轨道交通已经成为不可缺少的一部分。如图表6-2所示的那样，根据国土交通省对各种交通方式使用比率的统计，以人口公里数为单位，轨道交通占到了27%，约为法国的3倍，美国的40倍。从中可以看出日本的城市交通系统是依托轨道交通网络而存在的。在拥有如此公共交通体系的日本，特别是东京都市圈，其轨道交通开发建设的最大特征是，由各种不同的开发主体参与建设，从而形成了现如今比较完善的轨道交通网络系统。日本的轨道交通开发主体大致可以分为：①以连接城市之间的轨道交通为主要线路的JR，②连接城市内部，特别是城市中心区的地铁，③连接城市郊区和城市中心区外围枢纽站点的私铁，④在轨道交通欠发达地区从事缺失线路（missing-link）建设等工作的第三主体。这4种类型的划分，在前面一节中已经进行了说明。通过这些建设主体的相互配合，使密集轨道交通网络以及以公共交通为中心的交通体系得以在大都市圈中维持和发展。

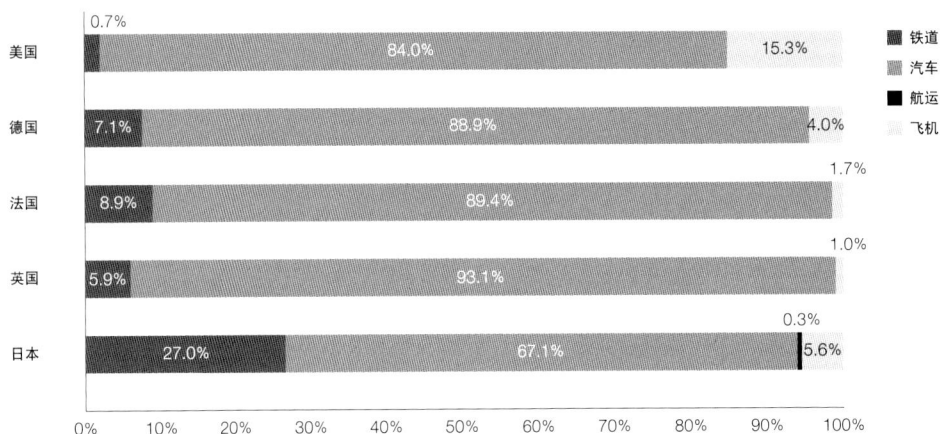

图表6-2 不同交通方式的旅客人数比较（各国）

参照）日本：国土交通省《陆运统计要览》（平成12年度版）/美国： National Transportation Statistics 1999 / 英国：Transport Statistics Great Britain 1999 / 法国：Les Transports en 1998, Mement de Statistiques des Transports 1997（法国航空）/ 德国：Verkehr in Zahlen 1999 的统计数据。（国土交通省资料）

图表6-3显示了日本不同交通工具客运量随时间的变化趋势。汽车的普及带来汽车（私家车，巴士，包租车，出租车等）客运量从1960年代后期开始大幅度增长，并且超过了轨道交通客运量。从1960年到2009年的这49年间，总客运量增长到原来的4.4倍，而汽车客运量增长到原来的8倍，两者增长率相差明显。与此相比，轨道交通客运量仅增长到原来的1.8倍，不及总客运量的增长率。而在1990年代，轨道交通客运量基本不再增长或略有减少，这和汽车客运量的增长趋势形成了鲜明的对比。

从图表6-3可以看出，近年来汽车客运量得到了大幅增长。如图表6-4所示的那样，东京以外的地方由于受经济高度成长期的道路建设以及汽车普及所带来的影响，轨道交通利用率下降较多。但作为公共交通型都市圈的东京，在道路建设之前就进行了如之前所述那样的轨道交通网络建设，从而汽车的普及并未对轨道交通的利用率产生很大影响。东京都市圈已经形成了基于轨道交通型都市圈结构的交通模式。在此背景之下，在东京圈就很难形成诸如以洛杉矶为代表的美国式的汽车依存型城市基础设施体系。

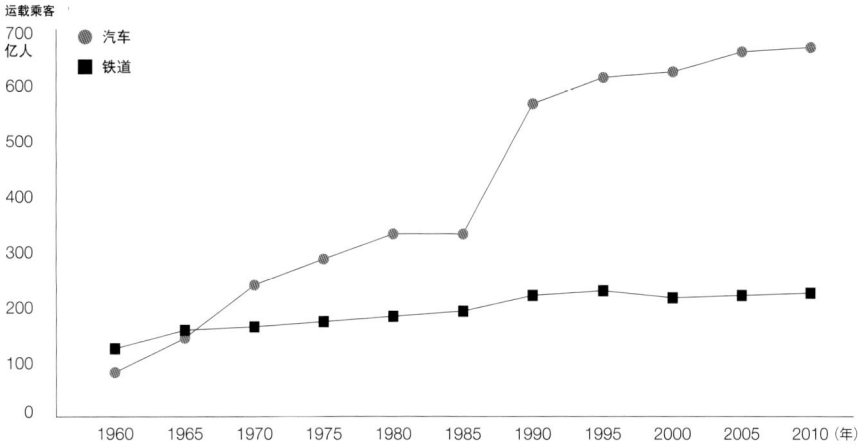

图表6-3 日本国内不同交通工具客运量的变化
根据国土交通省《交通关联统计资料集》作成

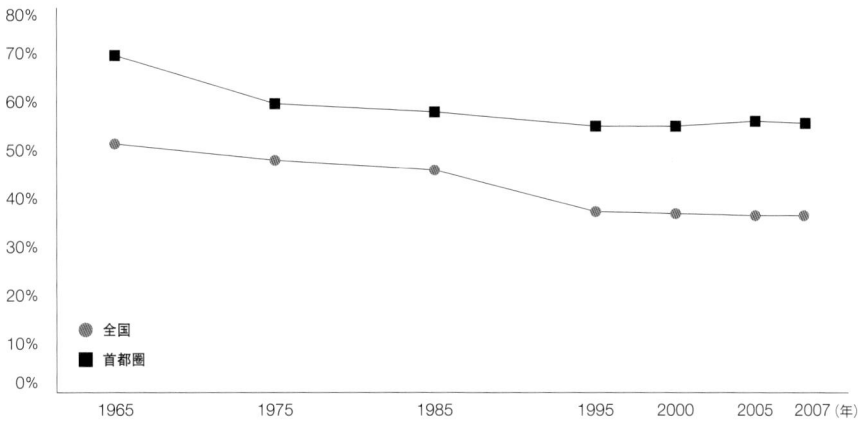

图表6-4 日本全国和首都圈的出行手段中轨道交通的比率比较
根据国土交通省《交通关联统计资料集》，运输政策研究机构《平成21年度版 城市交通年报》作成

近年来轨道交通周边地区的开发动向

以上对日本大都市圈的轨道交通利用现状进行了说明。下面将对近年来日本轨道交通沿线车站周边地区的开发动向进行介绍。

近年来，日本以私铁和JR各公司为中心又开始了轨道交通车站周边区域的再开发项目。随着郊区的蔓延，交通设施的多样化以及汽车的普及，各轨道交通公司的收益也开始减少。为了改变这一状况，恢复市民对轨道交通的需求，开始了更加高效的基础设施网络再构建以及复合型项目开发。这些轨道交通设施再开发项目作为轨道交通-城市一体型的沿线开发模式（明治时代以来为对抗汽车普及而进行轨道交通建设，从而形成的开发模式）的新方向，备受关注。汽车在带来便利性的同时也带来了交通事故以及交通拥堵，大气污染，噪音等危害，从而受到了来自多方面的批判。另外，汽车交通问题是解决地球环境污染以及少子高龄化等问题的关键。以解决汽车交通问题为目的，形成公共交通型城市构造的提案在全球范围内开始受到重视。在这样的背景下，关于转向以公共交通为主并重视步行者和自行车的交通系统的讨论在日本广泛开展，并提出"人与环境和谐共处的都市营造"，"可持续发展的城市"等口号。近年来，交通需求管理（TDM）的概念在日本被广泛使用。TDM是为解决交通拥挤和环境问题为目标，从交通需求面切入的方法。它以道路需求量为基础，通过变更出行内容等来减少交通的拥堵，使交通量保持在适当的范围内。

在应用TDM的同时，配合"park and ride"，"mobility management"，公营巴士的利用，"modal shift"等措施，积极推进公共交通的使用，在改变居民生活方式的基础上，进一步引入"compact city"的概念改造城市结构，这样的事例也日趋多见。

这里，简单介绍一个近年来轨道交通车站周边区域再开发的案例。

在位于川崎市的武藏小杉站周边，多摩川沿岸工场遗址的再开发推动着住宅的建设。随着东急电铁，JR等线路的充实，为了使通勤更加便利，新的站点应运而生。在国土交通省2010年发表的地价变化报告书——高强度开发用地地价动向（地价LOOK报告）中，武藏小杉地区的商业用地地价比上一年度增长3%。在同一报告书中，在日本全国150个地区中的123地区的地价都出现了下降，从中可以看出，在东京都市圈内，轨道交通线路开发和城市开发具有非常紧密的联系，基于这一联系的城市构造在东京都市圈内已经形成。

图表6-5 东急武藏小杉站

参考文献
「日本の交通ネットワーク」山重慎二　大和総研経営戦略研究所·株式会社中央経済社·2007年8月30日
「図説　日本鉄道会社の歴史」松平乗昌·河出書房新社·2010年1月30日
「図説　駅の歴史　東京のターミナル」交通博物館·河出書房新社·2006年2月28日
「交通経済統計要覧」国土交通省総合政策局情報管理部·財団法人　運輸政策研究機構·2007年9月
「都市化の進展と鉄道需要」徳岡一幸·經濟學論叢　第57巻　第3号　森　一夫教授古稀記念論文集p.135·2006年3月20日
「東京の都市形成と鉄道の役割」JR東日本(株)山崎隆司·2008年10月
「平成21年度版　都市交通年報」財団法人　運輸政策研究機構·2010年8月
「国土交通省　交通関係統計資料集」国土交通省　http://www.mlit.go.jp/statistics/kotsusiryo.html

轨道交通各运营主体的特征

引言

    正如到目前为止所介绍的那样，日本轨道交通网络的建设是随着城市扩张过程同步进行的。关于现代日本的轨道交通，特别是客运线路固定客流量的获得，那些与其他国家相比突出的地方到目前为止都已经做了相关的介绍。关于以多种运营主体并存为特点的东京都市圈的轨道交通，我们也叙述了其轨道交通从出现到形成如今这样密集的网络的过程。而关于整个日本的轨道交通建设及变迁的情况已经在"日本轨道交通建设历史"这一章节中介绍，其中提到轨道交通运营（建设）的主体主要分为4种类型：①JR（旧国营铁路公司），②地铁公司，③私营铁路公司（以民营企业为运营主体），④第三主体（公共及辅助团体为轨道交通运营主体）。这四种类型的轨道交通运营主体直到现在都与日本轨道交通建设及变迁紧密地联系在一起。此外，不同主体的轨道交通建设方式，作为其开发对象的地域圈以及目标乘客等都不尽相同。本节将通过叙述关于日本轨道交通建设及变迁（在上述4类轨道交通运营主体的层面上），来介绍各运营主体是如何参与及影响轨道交通建设的。

JR（旧国营铁路公司）

    正如在"日本轨道交通建设历史"这一章节所叙述的那样，日本的国营铁路公司（以下简称"国铁"），在铁路国有化论盛行的背景下，于1949年正式成立。而在这之前，二战刚结束的时期，国铁就已经开始进行轨道交通网络的建设和发展。当时线路铺设的特点是，以运输大量物资为主要目的来进行铁路建设，特别是，建设了很多以工业用地和货运列车编组场为腹地的车站。大城市间的铁路作为客运及货运的交通基础设施尤其的重要，当时在东京的汐留，饭田桥以及大阪的梅田等这些市中心区域都建有数量众多的大规模货运列车编组场。

    在国铁正式成立的1949年之后，通过增发优等列车（特别急行，急行等）开始注重更长距离地区间的轨道网络建设。而另一方面，在东京等大都市圈，经济增长带来都市饱和化，以私营铁路高速建设（后述）为背景的郊外化开始加速。面对如此社会背景的变化，拥有基干线路以及市区内线路的国铁也开始寻求对策。针对这些新的形势，国铁开始逐步导入新型车辆，同时在1964年发布"上下班圈五方向作战"计划，以增加，充实与上下班相关的近郊线路。如图6-6所示的那样，国铁对从东京市中心向外呈放射状延伸的五条线路（东海道本线，横须贺线，中央本线，高崎线·东北本线，常磐线）进行了线路复合化（上下行各两条轨道，共4条轨道），从而使运输能力大幅提升，这个复线化工程后来也对城市结构的发展产生了很大的影响。[注1]

    这个时期以"上下班圈五方向作战"计划为代表，轨道交通的发展开始从之前的新线路的大规模建设逐渐转向提升已有线路的运输能力，可以说轨道交通网络的骨架已基本构建完成。轨道交通建设的重心转向了因二战后的政策定位而拥有高运输能力的长距离线路。此外，如何改善轨道交通事业经营状况开始被广泛讨论，为使民间资本能参与轨道交通建设和运营，轨道交通民营化的准备工作已然展开。在这样的背景下，与国铁改革相关的8部法律于1986年出台[注2]，从而国铁拆分民营化在法律上已经完全没有障碍，次年（1987年）国铁就开始实施拆分民营化[注3]，总共有12个私营企业继承了其业务。在民营化的过程中，JR东日本的经营状况得到改善，业绩上升，于1993上市，2002已完全民营化。

    如上所述，为推进现代化建设，尤其是支援重工业发展而建设的国铁网络，开始渐渐从货运为主向客运为主转变。值得一提的是，在通过民营化改革转变为现在的JR之前，国铁在1960年代之后汽车普及引起的物流体系变化和城市扩张的影响下，为大都市圈交通网络骨架的形成做出了重大的贡献。

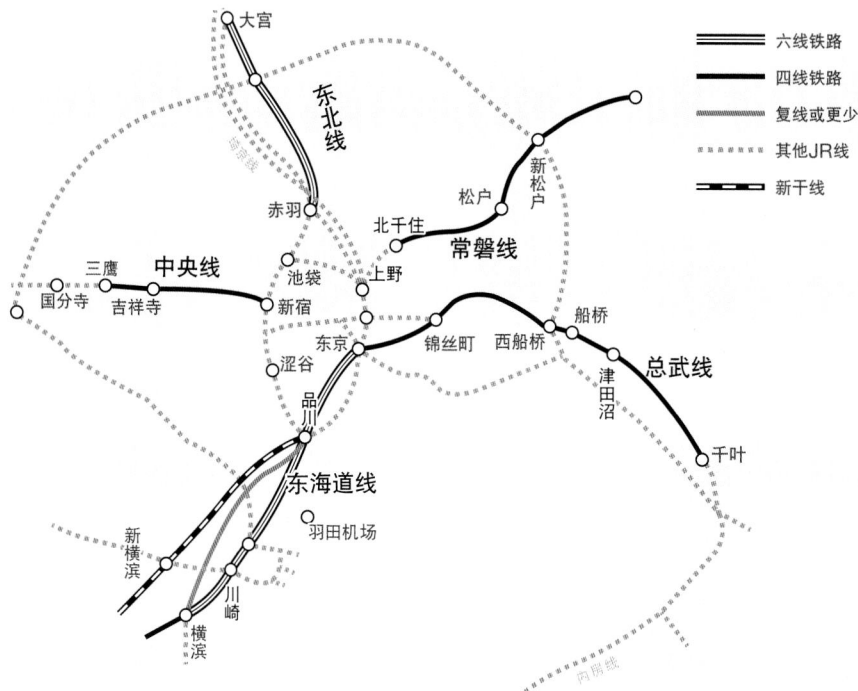

图表6-6 "上下班五方向作战"计划概略
出处）蓼沼庆正 "为提高国铁通勤运输能力而作的投资的事后评价～关于东京圈的五方面作战～"
《运输政策研究》1998年，Vol.1，No.2: p.26

地铁公司

　　东京的地铁建设开始于上野至浅草之间的2.2km线路，该线于1927年通车开始营运，它也是日本最早开通的地铁。这条线路是由民营企业东京地铁股份公司铺设及运营的，这也给其他民营企业带来了很大的鼓舞。之后的1938年由东京高速铁路股份公司建设运营的青山六丁目（现表参道）至虎之门的地铁开业。从那时起，各交通机构无序地规划建设各自的线路，企业间的竞争导致经营恶化，日本的交通便捷性受到影响并由此产生了种种弊端。在此背景下，交通相关企业希望政府能制定一部有助于统合各交通机构的法律，由此政府出台了《陆上交通事业调整法》。依据这部法律在东京成立了帝都高速交通经营财团（以下简称经营财团）。在1941年，经营财团接手东京地铁股份公司和东京高速铁路股份公司的业务，这两家公司自此不复存在。从此之后，东京地铁的运营主体就变成了一个统一的机构。

　　前面提到，在1950年左右，大都市圈的经济增长带来都市饱和化，以及以私营铁路高速建设（后述）为背景的郊外化开始加速。而国铁不能完全应对这些变化所带来的交通需求。这主要是因为当时从郊外直通市中心的交通方式，除了国铁就没有其他的选择。在这种情况下，各私营铁路公司就向政府提出延伸自己公司已有的线路至市区（国铁山手线环线内部）的申请。

　　政府为了应对当时公共交通的混乱局面，于1955年在运输省（注：相当于部）设立了都市交通审议会及其事务局——都市交通课（注：相当于科）。如果政府批准各私铁的申请，各家公司独立建设地铁，自行其是，无疑会给东京的城市规划带来影响。但如果只是经营财团独自承担需要高额费用的东京地铁建设又不太可能。面对这一情况，都市交通审议会提出了《关于东京及其周边地区旅客运输能力的第一次报告（1956年）》。其主要内容是，必须在制订长远规划的基础上，考虑东京地铁与郊外私铁的直通化运营。此后，各私营铁路公司提出的参与地铁建设的申请都被撤回。接着如图表6-7所示的1号线至5号线新地铁线路建设规划发布，其中1号线"都营浅草线"由东京都交通局获得建设资格，并于1960年建成营业。

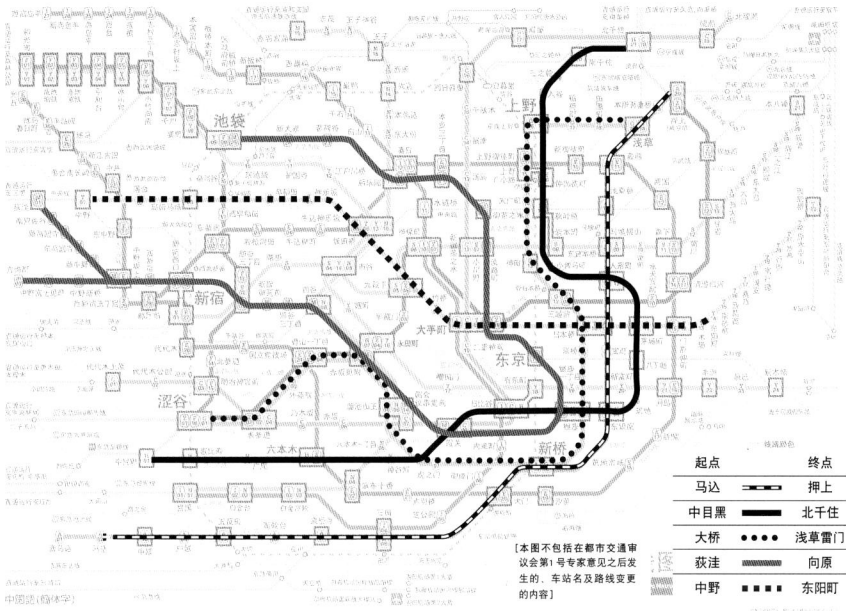

起点		终点
马込	▬▬▬	押上
中目黑	▬▬▬	北千住
大桥	•••••	浅草雷门
荻洼	▨▨▨▨	向原
中野	▪▪▪▪	东阳町

[本图不包括在都市交通审议会第1号专家意见之后发生的，车站名及路线变更的内容]

图表6-7 都市交通审议会第1号报告概要
出自）东京都交通局 "网页地铁图"

从此以后，东京圈地铁网络的建设和运营就由东京都交通局（1，6，10，12号线）和经营财团（1~13号线的其他线路）这两个主体承担。此外，各私铁以及JR线路不断推进与地铁的互相联乘，这对形成如今发达的地铁网络起到了非常重要的作用。自1956年的这份都市交通审议会第一号报告后，地铁和各郊外私铁线路开始了有计划的互相联乘，这可以被称为东京公共交通网发展史上的一次重大转折点。

此外，作为日本国家行政财政改革的一环，2001年12月内阁会议通过了《特殊法人等整理合理化规划》。根据这份规划，经营财团被改制成由国家和东京都共同控股的东京地铁股份公司，并有上市的计划。

私营铁路公司

私营铁路公司（以下简称私铁）作为交通机构，最早出现的一家是于1895年开业的京都电气铁路。到1900年左右，分别以关东和关西为中心已经有了多家私铁公司以及多条线路。那时建设的线路大多数都成为现在各私铁公司的骨架线路。而在1910年前后出现的私铁沿线地区轨道交通建设及城镇建设一体化的模式及案例已经在"日本轨道交通建设历史"这一章节中介绍了。就东京圈来说，通往市中心的线路只有国铁，而各私铁公司则以国铁位于市区外围的各车站为终点站在郊外建设轨道交通网络。基于上一节"地铁"中提到的1938年颁布的《陆上交通事业调整法》，私铁直通市中心的申请未被批准，于是各私铁公司就建设了与山手线各站相连接的轨道交通网络。目前山手线各枢纽站的整体框架就是在那个时候建成的。

到了1950年前后，战后复兴时期的经济增长带来城市人口急速增加以及市区的饱和化，城市开始向外扩张。当时的市营电车和巴士的运输能力已经跟不上需求的增加。而关于1955年提出的"都市交通审议会第一次报告"在上一节"地铁"中已经介绍，这份报告提出了地铁与郊外私铁直通化运营的建议。

此外，在"JR（旧国营铁路公司）"这一节中已经讲到，国铁在1949年正式成立，担负起城市之间旅客货物运输的任务。另一方面多数私铁依据铁路国有法被国有化，而那些没有被国有化的少数私铁被限定在某一地区运输旅客货物，从而与铁路省（国铁）形成互补。之后随着地铁与郊外私铁直通化运营的开始，以及各私铁公司在郊外建成轨道交通网络等，在1960年代~1970年代（经济高速成长期）轨道交通的使用人数大幅增长。

那个时期，东京圈的各私铁借鉴小林一三模式（在"日本轨道交通建设历史"章节中已介绍），开始了沿线地区的开发建设。其中的代表就是东急电铁。它推进的多摩田园都市开发是日本TOD（公共交通指向型都市开发）的典型案例。东急以向涩谷和横滨这两个节点方向上下班的人为主要客源，并在中间站点周边地区积极开发住宅，吸引人们入住，从而保证其轨道交通稳定的客流量。在作为城市节点的涩谷，东急继续学习阪急的模式，在那开设了东京第一家枢纽站百货店。此外，东急还采取吸引大学到中间站点地区设立分校区等措施，来帮助推进轨道交通建设与住宅，商业开发的一体化，从而提升沿线地区的品牌形象。自此以后，不只是东急电铁，其他各私铁公司也采取了同样的模式，它们以集团企业的形式大范围的拓展各种业务。于是，现在的那些大型私铁集团企业目前都拥有如百货商店、房地产、休闲相关产业以及宾馆等多领域的业务。除了轨道交通事业以外，阪急电铁和东急电铁主要进行轨道交通沿线地区以及城市节点地区的房地产开发。它们在轨道交通建设的同时积极推进相关地区的城市建设，提升沿线地区的价值。这可以说是确立了日本独特的商业模式。

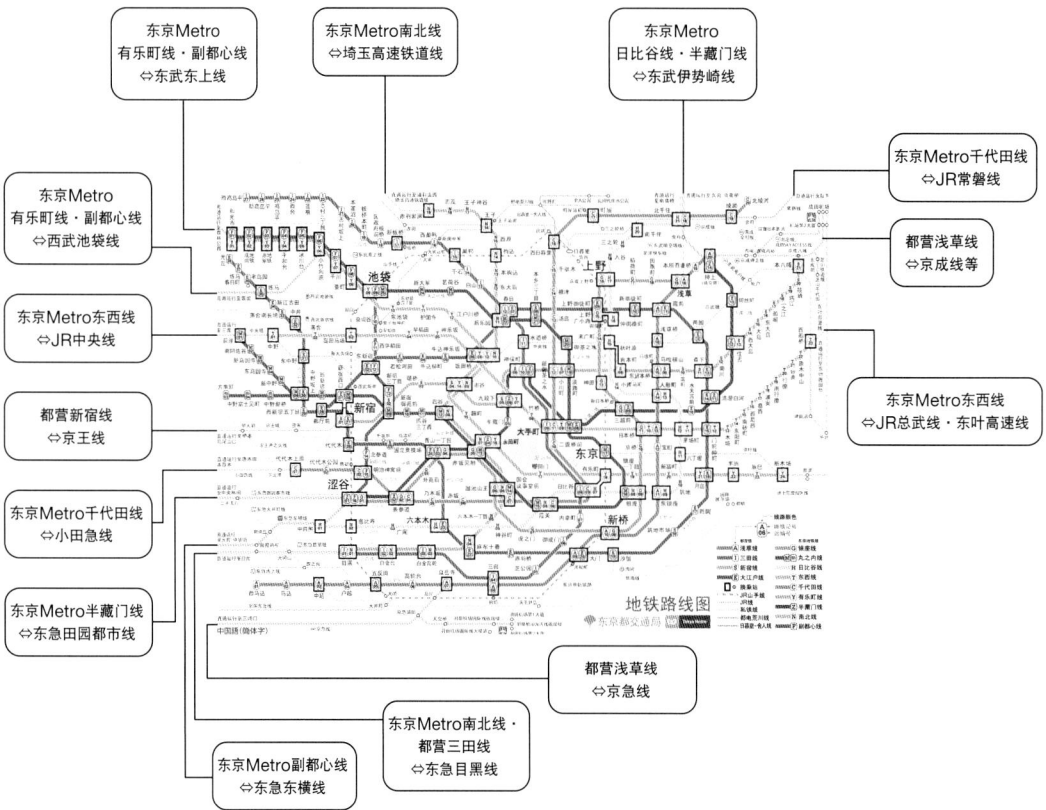

图表6-8 地铁与私铁之间的直通化运营概要
出自）东京都交通局 "网页地铁图"

第三主体

如前面所介绍的那样，日本到1940年代末期就已经基本完成了全国主要轨道交通网络的建设。之后，大都市圈的轨道交通出现了如下两个问题。第一，由于运输能力的不足造成上下班时段的拥挤混乱。第二，由于轨道交通网络的不完善，时常出现迂回到达目的地的情况，给乘客带来了不便。在日本大都市圈的轨道交通网络中，高收益的放射状线路比较发达，而那些收益比较低的环状线路欠发达。

由于建设费用的增高以及利益相关者协调困难等原因，缺失环节的建设一直无法推进。在这样的背景下，为了推进都市轨道交通的建设，通过第三主体的形式来使轨道交通的建设和运营上下分离的方法进入了人们的视野。

上下分离方式是指轨道交通的建设保有和运营分别由不同的主体承担，这是一个提高基础设施建设效率的官民协作的形态。从之前的"民设民营"到"公设民营"的转变，提高了设施的运营效率，并且能有效利用民间轨道交通经营技术。作为上下分离方式的代表性的案例，神户高速铁路经常被提及。神户高速铁路为了连结山阳电铁，阪急电铁，阪神电铁以及神户电铁这4条线路而建设的，神户市与这4家公司一起出资设立了第三主体，并于1968年开通了阪急三宫·阪神元町~高速神户~西代之间，以及凑川~新开地之间的线路。此外，位于关东的案例——筑波快线等已经在第4章进行了介绍。

轨道交通建设运营的上下分离方式将轨道交通建设作为公益性项目，由公共主体（政府部门，国有企业等）参与并主导，从而使建设能顺利地进行。原本由轨道交通公司承担的建设风险转移到了资本持有主体（即公共主体或有公共主体参与的第三主体）上，民间的轨道交通企业就可以更加灵活积极地参与运营。也就是说，从公益和广域的角度来指导轨道交通的建设，并通过民间（或有民间资本参与的第三主体）的高效运营来提高项目收益，上下分离方式解决了以往上下一体的轨道交通建设制度存在运营盲区的难题。

日本轨道交通建设和建设主体的脉络

以下是关于轨道交通建设和建设主体脉络的总结。

①JR：连接城市之间的网络干线
②地铁：紧密联系城市内部，特别是城市中心地区
③私铁：连接城市郊外和位于城市中心地区外围的枢纽站
④第三主体：加强缺失线路的建设，以及连接轨道交通欠发达地区

日本的JR（旧国铁）主要承担各城市间的交通运输，而东京市中心地区的交通主要由JR山手线和中央线承担。在山手线环线的内部区域，原经营财团以及都营地铁公司作为半公共主体，建设了紧密的地铁网络。这期间，城市不断向郊外扩张，在向来由民间资本发挥重大作用的日本，随着轨道交通的建设，民间资本参与的与轨道交通一体化的城市开发作为一种日渐成熟的商业模式不断地得以扩张，市中心的商务圈以及与之相对应的生活圈都得到了发展和建设。可以说，日本的轨道交通建设一直都是城市发展的重大要因。

注1）当时所讨论的复线化以及线路之间的互相联乘，JR到目前为止还在进行中。"湘南新宿线"的开通以及中央线的复线化都是以此次讨论为基础的。

注2）日本国有铁路改革法，旅客铁路股份公司及日本货物铁路股份公司相关法律，新干线铁路保有机构法，日本国有铁路清算事业财团法，日本国有铁路退职希望职员及日本国有铁路清算事业财团职员再就业促进相关特别措施法，铁路事业法，日本国有铁路改革法等施行法，地方税法及国有资产等所在市町村交付金及纳付金相关法律部分修正法

注3）北海道旅客铁路股份公司（JR北海道），东日本旅客铁路股份公司（JR东日本），东海旅客铁路股份公司（JR东海），西日本旅客铁路股份公司（JR西日本），四国旅客铁路股份公司（JR四国），九州旅客铁路股份公司（JR九州），日本货物铁路股份公司（JR货物），铁路通信股份公司，铁路信息系统股份公司（JR SYSTEM），新干线铁路保有机构，财团法人铁路综合技术研究所（JR综研），日本国有铁路清算事业财团

参考文献
「東京の駅はこうして誕生した」林章・株式会社ウェッジ・2007年1月30日
「山手線誕生」中村建治・イカロス出版株式会社・2005年6月30日
「日本の交通ネットワーク」山重慎二　大和総研経営戦略研究所・株式会社中央経済社・2007年8月30日
「阪急電車　青春物語」橋本雅夫・株式会社草思社・1996年8月26日
「東京駅誕生−お雇い外国人バルツァーの論文発見」島秀雄・鹿島出版会・1990年6月20日
「日本の私鉄　東京急行電鉄」広岡友紀・毎日新聞社・2011年1月30日
「図説　日本鉄道会社の歴史」松平乘昌・河出書房新社・2010年1月30日
「図説　駅の歴史　東京のターミナル」交通博物館・河出書房新社・2006年2月28日
「日本における鉄道の上下分離の事例」佐藤信之・『運輸と経済』第63巻第3号、運輸調査局・2003年
「東京の都市形成と鉄道の役割」JR東日本(株)山崎隆司・2008年10月
「規制緩和後における鉄道整備のあり方−上下分離の機能と役割を中心に−」堀雅通・国際交通安全学会Vol.29, No.1　特集規制緩和後の運輸産業分析、国際交通安全学会・2004年3月
「東京圏における高速鉄道を中心とする交通網の整備に関する基本計画について（答申）」国土交通省・2000年1月(http://www.mlit.go.jp/kisha/oldmot/kisha00/koho00/tosin/kotumo/mokuji_.htm)
「大都市圏の鉄道整備における公設民営による上下分離」蓼沼慶正・運輸政策研究Vol.1 No.3 1999 Winter
「東京圏鉄道整備のあり方に関する調査報告書」(財)運輸経済研究センター・1995年
「大都市における鉄道整備の将来像」第65回運輸政策コロキウム・2003年7月
「第3セクター鉄道の現況と将来の方向性に関する検討」末原　純・運輸政策研究Vol.9 No.1 ・2006年Spring
「国鉄の通勤輸送力増強投資の事後評価−東京圏の五方面作成について−」蓼沼　慶正　運輸政策研究Vol.1 No.2・1998年Autumn

column 11

事例介绍 以轨道交通为中心的
Mobility Life Redesign

①日本轨道交通衰退对策的始末

1960年代后半期的日本，随着汽车的普及，各地方城市出现了明显的轨道交通衰退倾向。在1980年代以后为了促进出行方式从汽车转向轨道交通等公共交通，开始引入被称为"交通需求管理"（Traffic Demand Management;TDM）的交通政策。TDM的具体措施如下。

①提高不同交通方式间转换便利性的方法
· 建设接驳停车场
· 在轨道交通车站建设能提升与巴士间换乘便利性的设施和通道
②提高公共交通便利性的措施
· 设置巴士专用车道
· 公共交通换乘优惠
· 优化始发班次以及深夜班次
③通过生活方式的转变来抑制汽车交通
· 错峰出行
· 道路收费
· 在家上班，SOHO等
· 推进向紧凑型城市转变

但是，这些措施却没有产生显著的效果。其中的一个原因是，以各软硬件为中心的"交通政策"存在局限性。在促使人们转变交通行为的时候，同时需要在生活方式和意识层面进行"脱汽车化"，即所谓的"Mobility Life"的再构筑。也就是说，Mobility Life（交通生活模式）的再构筑需要和TDM一体化实施。

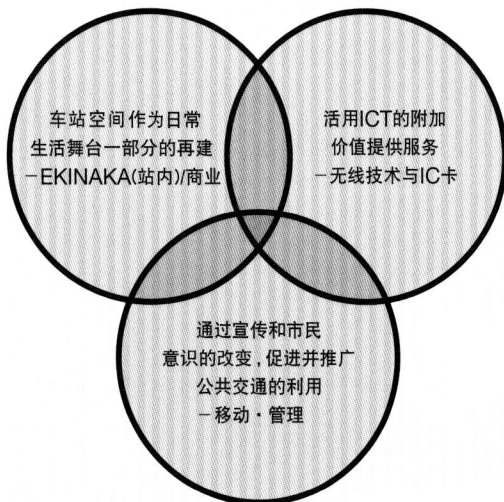

图表6-9 实现Mobility Life Redesign的3个方法

②作为生活舞台的"车站空间"——站内商业

日本已经完成了以首都圈为中心的各车站的改造。通过引入大规模商业功能，使得车站从单纯的"流动性场所"转变为"享受购物，美食乐趣的空间"，车站经过精心的规划设计，成为不亚于百货公司的购物场所。

在少子高龄化的社会背景下，车票收入的减少使得轨道交通公司通过其他的业务来进行弥补。这些做法给市民的交通生活模式（Mobility Life）带来了很大的影响。

比如，日本最大的轨道交通公司——JR东日本在2000年11月28日发表了叫做"New frontier 21"的中期经营规划，开始着手开发车站的新价值。不仅仅着力于改善无障碍化设施，标识系统等车站基本功能，而且还以乘客较多的枢纽站为中心，通过积极地进行车站改造和空间功能的集约化，为引入商业功能创造空间。一系列举措使得轨道交通业务和生活服务（零售）业务实现了双赢效果，提升了车站的潜力。这种做法给日本轨道交通企业带来新的收益，是一种新型的商业模式。最为重要的是，对市民来说，车站的商业功能使得他们利用通勤，上下学的间隙轻松购物，从而提供改变生活节奏和排减压力的机会，这无疑是提升市民生活价值和生活满意度的有效措施。

站内商业的优秀案例：ECUTE大宫

JR东日本在首都圈内的第一个站内商业项目是"ECUTE大宫"。这也是站内商业潮流的开端。大宫站是一个位于 玉县大宫市中心的大枢纽站，其日客流量大约为236,000人次。车站内大约有5000m2的商业面积，共76店铺，由4个区域构成，分别为："GOODS＆SERVICE（服饰，流行等共18个商铺）"，"咖啡厅＆快餐（便捷快速的轻餐饮等共9个商铺）"，"餐厅（提供正式餐饮服务的23个商铺）"，"甜品（以西式甜点为主的26个商铺）"。

"ECUTE大宫"的开业带来了一定的效果，因此在这之后，JR东日本的西船桥站，品川站（2005年），大船站（2006年），三鹰站，立川站（2007年），东京站（2010年）先后都开设了新店铺。

图表6-10　ECUTE大宫

③有效利用ICT，提供附加值服务 ——无线技术和IC卡

1990年代全球IT技术的蓬勃发展给轨道交通服务带来了跨时代的新风。

手机的普及和无线网络技术的发展，使得在乘坐轨道交通的时候也能收发短信和使用互联网，从前单调无聊的车厢空间变成了商务、娱乐空间。目前这一技术得到了进一步的发展：连接首都圈和成田机场的"成田Express"的新型列车中配备了WiMAX。除了可以利用WiMAX之外，车厢内还安装能使乘客方便地获得列车运行状况等各种信息的电子设备。另外，车厢内的显示器还可以播放动画广告，这就产生了一种新的广告商业形式。

但是，这其中最引人注目的还是JR东日本在2000年11月导入的IC卡车票"Suica"。当时，JR东日本认为这仅仅是一次无车票化的尝试，但是，现在Suica却作为"交易支付平台"在市场中迅速发展。说得稍微具体一点的话，"轨道交通业务"和前面所述的"站内商业等生活服务业务"再加上"Suica业务"已经成为JR东日本的三大支柱业务。目前Suica承担着JR东日本集团拥有的133家购物中心，554家KOISK店铺（车站便利店），421家NEWDAYS店铺（车站便利店）以及6000余间宾馆的支付业务。

除此之外，JR东日本的Suica业务还超越了支付平台的局限，成为"全方位生活信息业务"的核心工具，该业务与城市轨道交通使用者的生活24小时相关。其中之一就是以Suica为基础的"信息商业"。通过Suica获取轨道交通使用者的基本属性信息，购买信息以及出行信息等，并将此作为市场信息进行分析，由此就可以更好地提供符合顾客需求的服务。这些市场数据还计划提供给集团内企业以及合作企业。

轨道交通业务是典型的B to C（企业对消费者）业务，要了解每位顾客的个人情况似乎是不可能的。但现在通过Suica，可以很好地了解到每位顾客的需求，以便提供符合顾客个人需求的新服务。

可以说Suica和轨道交通部门的ICT服务带来了新的交通生活模式。

图表6-11 车厢内的显示器

图表6-12 IC卡乘车券Suica

④促进公共交通利用的市民意识改革和提高 ——交通移动·管理

通过站内商业和"ICT的利用"使得轨道交通成为具有魅力的交通工具，但是最终还需要"市民意识的改革"和促进这一改革的"推进活动"。

以此为目标，日本目前正积极地导入被称为"交通移动·管理"（以下简称为"MM"）的心理型交流手法。

MM是指从每一个市民的交通意识和交通行为出发来考虑交通问题。听起来这是个再寻常不过的理念，但正是这个寻常的理念，经过具体实践，理论支持以及实际效果的验证，已成为近几年来备受关注的激活公共交通的方法之一。

稍微具体地说，这一方法通过一系列的交流手段，使居民的交通行为逐步地从"对汽车过度依赖的状态"转换为"适度且巧妙利用公共交通工具的状态"。它的最大特征是"通过大规模的面向市民个体的交流措施，号召对环境及健康有利的交通方式"，以此为中心，唤起每一居民以及公司组织的伦理意识，使其能够自发地转变交通行为。

通过"交流措施"直接影响每一个人的意识，同时推进"交通系统及其运用的改善"，双管齐下，才能确保MM这一交通策略的效果。在此之前的交通措施，都未能像MM这样重视"交流措施"的作用。

MM的必要"装备"

为了促进居民和政策制定者的交流，被称为"MM装备"的纸质或者其他形式的宣传资料被广泛使用。

这些宣传资料以"促进汽车利用向公共交通利用转换"为目的，使"交流措施"简明易懂，具有说服力。

宣传资料中一般会是以下这些内容。

a）说明不使用私家车而使用公共交通的原因。

b）为了促进轨道交通的使用率，标明列车时刻表以及轨道线路

c）同时附带公共交通车票的购买方法，使用方法以及规章制度等。

d）在上述内容的基础上，呼吁大家以公共交通出行代替汽车出行。

这样的宣传资料直接投递至市民家里，并且在有可能的情况下通过调查员到市民家访问，来做进一步的说明。

值得一提的是a）理由说明（让市民了解汽车出行方式缺点），有很多方法。在日本以下的这些说明方法具有一定的代表性。

①以"环境问题"为由

提出地球温室效应这一问题，并说明汽车交通是引起这一问题的主要原因，通过公共交通能够有效缓解这个环境问题。

②以"健康问题"为由

为了自身的健康，防止代谢综合症，需要减少汽车的使用，而采用公共交通和步行结合的方式。

③以"维持地域公共交通"为由

如果大家都使用私家车，公共交通运营就会出现赤字，并最终导致停止运营。为了公共交通能够在当地持续存在下去，需要减少汽车的使用，来促进公共交通的利用率。

从日本国内的开展情况来看，以"环境问题"为由最多，占了整体的93%，之后是以"健康问题"由，占了58%，而以"维持地域公共交通"为由的占了33%。从这里可以看出，在当前的日本，以"环境问题"为由的说明方法似乎是最有效的。但某种说明方法所具有的效果会以国民性及文化的不同而不同，所以必须谨慎地选择说明方法。

在日本的导入案例以及效果

2007年，在日本国内，已经有55个地区获得了显著的效果。具体来说，汽车的使用量减少了15%，与此同时公共交通的使用量增加了30%。

总结
公共交通指向型开发（TOD）
与东京的城市结构

　　至此，本书聚焦于日本的大都市——尤其是东京圈的轨道交通沿线和枢纽站点，对两个公共交通指向型开发（TOD）的开发模式进行了探讨。模式A：以枢纽站为中心的高度复合·集聚型开发；模式B：轨道交通建设和同步沿线型开发。在后记当中，本书将着眼于东京的"多核心型"城市结构，指出这样的城市结构是公共交通指向型开发（TOD）集聚的结晶这一结论。

东京的"多核心型"城市结构

　　法国哲学家罗兰·巴特曾在其著作《符号帝国》中提到东京以及位于东京都中心部的皇居，认为东京的中心是空白的，其本质是力的循环。那么相对于这一根植于文化论的看法，东京的物质结构又是怎样的呢？简单地说，东京是以"空白"的皇居周围的CBD为中心，循环配置了多个核心的多核心型城市，城郊则呈由中心向外缘发射的结构。

　　在此，本书聚焦于东京中心部所存在的多个城市核心。根据其地理位置和形成过程，这些核心可以被整理成为三个类型，而各类型又可以被划分为数个次类型。

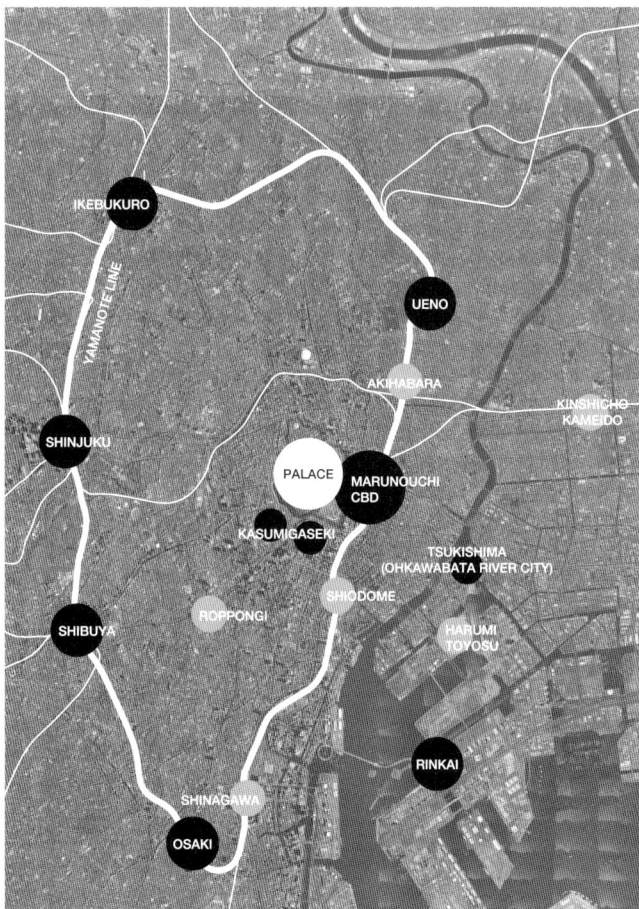

图表7-1 东京的循环式多中心型城市结构
参照）国土地理院　来自电子国土Web系统的空中照片

TYPE 01

传统型CBD

位于皇居的南侧外围, 是东京最早形成的CBD。
根据不同的城市功能可以进一步将其划分为两个次类型。

TYPE 01-1: 丸之内·大手町地区。位于东京站站前, 集聚了民营企业的办公功能。

TYPE 01-2: 霞关·日比谷地区。集聚了中央政府机构及法院等功能。

TYPE 02

行政指定副都心

由东京都的行政规划所指定的七个副都心均位于距离传统CBD约5Km的地区,
这七个副都心可以进一步被划分为以下三个次类型。

TYPE 02-1: 新宿, 涩谷, 池袋于1958年的首都圈整备规划中被指定为副都心。
这三个副都心均坐落于环状轨道交通与通向郊外的通勤轨道交通的交汇点,
具有大量的腹地人口支撑, 集聚了商业, 办公, 文化等功能。

TYPE 02-2: 上野·浅草, 大崎·锦系町·龟户副都心。这三个副都心均在1982年被指定,
其目的是促进东京的平衡发展。

TYPE 02-3: 临海副都心。以职住平衡为目标, 于1995年被指定的东京滨水开发
(棕地Brownfield再开发) 核心。

TYPE 03

城市功能更新型核心

随着办公商务功能不断地向东京集中, 从政策上来说, 城市功能更新型核心被作为传统
CBD与副都心的补充, 其地理位置也被选定在传统CBD与副都心的中间带上。
在这样的地区, 民间与公共联手进行城市功能的更新与再开发。这一类型又可以被划分
为已建成地区的更新和临海部工业区的再开发两个次类型。

TYPE 03-1: 六本木, 品川, 汐留地区等已建成地区和铁道货列车编组场站的再开发。
这些地区在作为办公商务活动的载体的同时, 也积极推进都心居住, 正在
成为东京新的成长点。

TYPE 03-2: 丰洲, 晴海, 月岛等临海区域的物流·工业地区的再开发(棕地Brownfie
-ld再开发)。以 "构建职住平衡的开发" 为目标, 为东京市中心的居住人
口恢复做出了贡献。

城市核心通过自身有机的功能集聚和政策上的促进而形成

东京的城市结构并非从一开始就以多核心型作为其目标。新宿，涩谷，池袋这三个地区作为城市规划中的副都心的定位是1960年代确定的。这三个地区作为郊外通勤线路的私铁枢纽站点，本来就拥有大量的通勤人口作为其背后人口。同时它们还作为与环状铁道山手线的交汇点，承载着大量的换乘客流，是商业，娱乐功能集聚的良好位置。在办公商务功能不断向传统CBD集中而导致其无法再容纳其他功能的同时，这三个地区被选定为副都心以求分担一部分的城市中心功能。在具备交通节点这一条件的基础上，沿线居住的促进与枢纽站点的生活核心化这两者之间的相互催化，以及城市本身有机的组织形成共同促进了这些地区的发展；在此基础上推进以枢纽站点为中心的办公商务功能集聚规划（例如行政主导的新宿副都心整备规划），并推出政策性的诱导（比如容积率的增大），共同促成了这些副都心向CBD的发展。

在此基础上再度追加的四个副都心中的三个地区中，上野·浅草，大崎副都心都位于环状轨道交通线上，锦系町·龟户副都心也位于东京最为重要的轨道交通线路之一总武线沿线，由此可见以有利的交通条件为基础的城市功能集聚潜力是确定副都心的决策过程中非常重要的依据。而作为棕地再开发的临海副都心的情况则不同，它自身实施了新铁道线路的整备。

类型03的城市功能更新型核心的发展具有以下的特征：

· 位于传统CBD与副都心的中间地带，
  具有较高的开发潜力

· 环状铁道，地铁，LRT等轨道交通服务带来
  较高的便利性

· 工厂·物流设施，铁道货运编组场的废弃以及
  政府机关迁址等造成的大规模闲置用地成为促
  使官民双方共同推进再开发的驱动力

· 各地区固有的活动和城市意象成为该地区的特色

· 在商业，办公功能的基础上，重视都心居住功能，
  构成了与传统CBD和副都心相比复合程度更高的
  城市区域

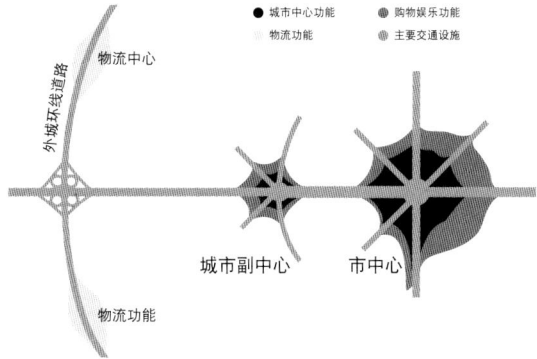

图表7-2 东京的副都心概念图

东京的多核心型城市结构可以被视为
[TOD COMPLEX（公共交通指向型开发综合体）]

至此，关于城市核心可以总结出以下要点：

· 东京的城市核心可以分为几个不同的类型，但各类型都具有轨道交通的便利性这一共同点
· 各核心可以利用的轨道交通服务状态不同，因而各核心的性格也迥然不同
· 由于以轨道交通站点为中心进行了公共交通指向型开发（TOD）的规划和实施，
  这些区域并未诱发大量的机动车交通

也就是说，东京的多核心型城市结构实际上是一个集聚了多个公共交通指向型开发（TOD）的综合体，这些公共交通指向型开发的支配范围，核心规模，活动集聚度以及活动种类等各不相同。

在世界的多个大都市之中，东京无论在人口的绝对数量上还是人口密度上都位居高位，与其他都市相比，东京克服了交通堵塞问题，为人们的移动确保了良好的定时性。下表列举了造就了东京这方面成功的原因。其中最为重要的一点，应当就是其重视公共交通的流线模式与活动的集聚并行下所产生的有机的多核心型城市结构。

东京克服了交通堵塞的主要原因（内部讨论的总结）

· 重视公共交通的有机的多核心型城市结构
· 发达的公共交通系统（轨道交通，公交）与不进行进一步整备的道路
· 限制机动车通勤的企业行动（禁止机动车通勤，通勤费用的另行发放）
· 利用者对于公共交通的优先选择
· 可能以最短距离移动的道路布局，信号系统
· 针对交通流量的交通管制系统
· 通过整备过境用道路排除物流等过境交通的影响
· 物流体系的改革（由城市外围进入城市内部的消费地）
· 停车场整备的义务化
· 路边停车的取缔
· 迅速的交通事故处理

　　有关城市应当采用单一中心结构还是拥有多个核心这一问题，人们曾从城市的多样性，城市发展的机制等多个角度进行过探讨。从城市经济学的角度来看，在单一中心集聚的不利点多于有利点的情况下，则可以以简单的逻辑得出多中心结构更为合理这一结论。但是，由于集聚的有利点尚未得到定性或定量的明确，这一理论在实际当中的应用可能性尚不可知，因此即使其理论上是有效的，在实际当中也只能作为一种辅助性的探讨。相对地，集聚的不利点包括了生活环境的恶化，交通堵塞，以及伴随着交通堵塞的机会损失等等，但仅靠人口密度和交通设施的整备率这样的统计数字是无法充分说明交通堵塞发生的原因。因此，针对这个难题，对于现存的各大都市的长期的观察和比较对于人们的启发将更为重要。
　　从上述角度来再次观察东京的城市结构，可以获得以下看法：

· 东京以轨道交通的节点为依托，发展出了多个核心。这种多核心的城市结构是解决了东京的交通堵塞问题的重要原因之一。
· 这些核心的发展时期各不相同，在功能上也具有各自固有的特征。这一情况使得东京得到了具有活力的动态发展。
· 总的来说，核心的发展是官民联合推进的成果。在城市规划机构的财源具有较大制约的情况下，东京在城市结构的变换当中通过还付开发利益等手段积极地利用了民间的活力。
· 除针对物质环境实施的策略之外，保证利用者在意识上不逃避公共交通，促进公共交通利用的企业行动等针对意识环境的建设也是非常重要的。
· 极端直观地看，在日本的大都市中约200万至300万人口对应一个城市核心，这样的比例可以说是平衡的，恰当的。

　　希望以本书的出版为契机，以公共交通指向型开发（TOD）为切入点，针对大都市的城市结构所进行的长期的观察和比较能够更加活跃，获得更多成果。
　　最后，对为本书的制作和出版提供了宝贵资料和建议的相关各单位朋友表示诚挚的谢意。特别要提到的是，东京急行电铁株式会社为本书提供了大量的照片，图纸以及文献，对此再次表示深深的感谢。

资料来源

标有＊的插图为日建设计根据资料来源提供的数据绘制

1-2
P. Newman and J. Kenworthy, Sustainability and Cities. Island Press, 1999.＊

1-7
大手町・丸の内・有楽町地区まちづくり懇談会「大手町・丸の内・有楽町地区まちづくりガイドライン2012」

1-10
運輸政策研究機構　「平成21年度版　都市交通年報」

1-13
日本自動車工業会

1-14
メルセデス・ベンツ日本株式会社

1-15
M1・F1総研

1-16
土井勉「第7章 鉄道駅とまちづくり」 関西鉄道協会都市交通研究所・鉄道駅とまち委員会編「鉄道駅とまちの実証的研究」2008年＊

1-19
中谷幸司「超高層マンション・超高層ビル」　http://bluestyle.livedoor.biz/

1-22
「携帯なる投資家」
http://keitainarutoushika.net/article/185462742.html

1-43
国土地理院　電子国土Webシステム配信空中写真

2-2
生田誠　「100年前の日本　絵葉書に綴られた風景　明治・大正・昭和」生活情報センター　2006年

2-3/11
北海道ジェイ・アール・エージェンシー「札幌駅 116年の軌跡」1996年

2-5/59/68/86
国土地理院　電子国土Webシステム配信空中写真

2-28
ミラノ中央駅Web Site

2-46
西日本鉄道株式会社「天神ソラリア計画の記録　1986-1999」

2-47/48/50
西日本鉄道株式会社「天神ソラリア計画の記録　1986-1999」＊

2-51
横浜市都市整備局 「新横浜駅・北口地区総合再整備事業イメージ図」Web Site http://www.city.yokohama.lg.jp/toshi/toshiko/shinyokosta/jigyo.html＊

2-54/55
社団法人日本交通計画協会「都市と交通」75号　＊

2-56/57/58
横浜市都市整備局・道路局「新横浜駅・北口周辺地区総合整備事業」パンフレット　＊

2-58/59
横浜市都市整備局・道路局「新横浜駅・北口周辺地区総合整備事業」パンフレット

2-60
「@新横浜」http://www.geocities.jp/shinyokokun/teiten2.html

2-63/65/67
国土地理院　電子国土Webシステム配信2万5千分1地形図＊

2-69
「新建築」2003年1月号　新建築社＊

2-85/88/92/93
横浜市都市整備局，港湾局・一般社団法人横浜みなとみらい21 「YOKOHAMA MINATOMIRAI 21 Information」vol.842013年＊

2-92/95/96/98/100
横浜市都市整備局・港湾局・一般社団法人横浜みなとみらい21 「YOKOHAMA MINATOMIRAI21 Information」vol.84 2013年＊

2-87
三菱重工業株式会社「三菱重工業横浜製作所百年史」1992年

2-99
田村明「都市ヨコハマ物語」　時事通信社・1989年

2-103
国土地理院　電子国土Webシステム配信空中写真

2-104
東京都第二区画整理事務所「汐留土地区画整理事業」パンフレット

2-105
汐留地区街づくり連合協議会「汐留シオサイト」　Web Site: http://www.sio-site.or.jp/map/map.html

2-108
東京都建設局区画整理部管理課「汐留第四街区保留地の売却ご案内」パンフレット

2-110
国土交通省都市局市街地整備課 Web Site: 「第2回今後の市街地整備のあり方に関する検討会」資料「市街地の集約化に向けた計画及びエリアマネジメントの事例」 http://www.mlit.go.jp/crd/city/sigaiti/information/council/arikata/02/data/2-sankou2.pdf＊

2-118/137
東京急行電鉄株式会社 Web Site・ニュースリリース「渋谷駅周辺地区における都市計画の提案について」2013年1月23日＊

2-119
東京急行電鉄株式会社 Web Site・ニュースリリース「渋谷駅地区　駅街区開発計画に関する都市計画の提案について」2013年1月23日

2-120
東京急行電鉄株式会社 Web Site・ニュースリリース「渋谷駅地区　道玄坂街区開発計画に関する都市計画の提案について」2013年1月23日

2-121/135
東京急行電鉄株式会社 Web Site・ニュースリリース「渋谷駅南街区プロジェクト（渋谷三丁目21地区）に関する都市計画の提案について」2013年1月23日

2-135
東京急行電鉄株式会社 Web Site・ニュースリリース「渋谷駅南街区プロジェクト（渋谷三丁目21地区）に関する都市計画の決定について」2013年6月17日

2-123/124/129/133/136
渋谷区「渋谷駅中心地区まちづくり指針2010」

2-125/126
SHIBUYA FUTURE　渋谷区土地区画整理事業Web Site: http://re-shibuya.jp/

2-127/128/139
渋谷区・2012年「渋谷駅中心地区基盤整備方針」

2-138
東洋経済新報社「週刊東洋経済 全国大型小売店舗総覧2007年版」＊

2-140/141
韓国鉄道公社 Web Site: http://info.korail.com/2007/jpn/jpn_index.jsp ＊

2-145/146
韓国「I'PARK mall」Web Site Mall Map: http://www.iparkmall.co.kr

3-6
東京急行電鉄株式会社「平成23年3月期決算短信」

3-7/8/12/13/14/19
東京急行電鉄株式会社「多摩田園都市開発35年の記録」1988年

3-16/31
国土地理院 電子国土Webシステム配信 2万5千分1地形図＊

3-23/24/29/35
東京急行電鉄株式会社「多摩田園都市 良好な街づくりをめざして」工文社 1988年

3-28
東京急行電鉄株式会社「東京急行電鉄50年史」1973年

3-38
国土地理院 電子国土Webシステム配信 空中写真

3-46/50
「新建築」新建築社,2011年3月号

3-52
「日経アーキテクチュア」日経BP社,2010年12月13日号

3-58
内閣府「平成23年版 高齢社会白書」

3-60/61
国土交通省住宅局・一般社団法人すまいづくりまちづくりセンター連合会 Web Site

3-64
国土地理院 電子国土Webシステム配信 2万5千分1地形図＊

3-66
国土交通省 報道発表資料「平成23年度の三大都市圏における鉄道混雑率について」2012年10月1日

4-5
橿原市Web Site「土地区画整理事業とは」

4-21
東京都 都市計画図

4-22
千葉県 都市計画図

4-22
柏の葉国際キャンパスタウン構想検討委員会 「柏の葉国際キャンパスタウン構想」2008年

4-25
千葉県企業庁「千葉ニュータウン土地利用計画図」2012年

4-31
東京都中央区「東京駅前地域のまちづくりガイドライン 2009」＊

5-1
P. Newman and J. Kenworthy, Sustainability and Cities. Island Press, 1999.※

5-2
公益財団法人交通エコロジー・モビリティ財団「運輸・交通と環境 2013年版」＊

5-3
総務省「国勢調査」 ＊

5-4
総務省「住民基本台帳人口移動報告年報」

5-7
渋谷区「渋谷駅中心地区まちづくり指針2010」

5-8
東京都建設局区画整理部管理課「汐留第四街区保留地の売却ご案内」パンフレット

6-1
「平成21年版 都市交通年報」 運輸政策研究機構＊

6-2
「陸運統計要覧 平成12年版」国土交通省 他＊

6-3
「交通関係統計資料集」国土交通省＊

6-4
「交通関係統計資料集」国土交通省、「平成21年版 都市交通年報」運輸政策研究機構＊

6-6
蓑沼慶正「国鉄の通勤輸送力増強投資の事後評価 −東京 の五方面作 について−」「運輸政策研究」Vol.1 , No.2, p.26. 1998年＊

6-7/8
東京都交通局Web Site「地下鉄路線図」＊

7-1
国土地理院 電子国土Webシステム配信 空中写真

照片・插图提供

1-5/24
筱泽建筑摄影事务所

P.16-17/P.126/P.273
铃木研一

P.25/2-37/P.90/P.132/
P.162/P.229/P.286-287
SS东京

1-20
东京国道事所所
东日本旅客铁道株式会社

1-20/23
东京急行电铁株式会社

1-23
川澄・小林研二摄影事务所

P.40/P.49/P.77/P.209/P.236-237
新建筑社

1-31～42/44～46/48/49/2-7
阪急电铁株式会社

2-8/44/130/131/132/P.147
东京急行电铁株式会社

2-4/12
铁道博物馆

2-24
东京国道事所所・
东日本旅客铁道株式会社

2-36/P.84
PHOTO WORKS
（藤本健八・藤本彦）

2-42/79/P.120
筱泽建筑摄影事务所

2-60
东海旅客铁道株式会社

P.102/2-70
川澄・小林研二摄影事务所

P.108/2-82/85
三轮晃久摄影研究所

2-83
小川泰佑摄影事务所

2-113/114/116
东日本旅客铁道株式会社・
三井不动产株式会社・
鹿岛八重洲开发株式会社・
株式会社三菱地所财产管理

2-122
涩谷HIKARIE ©Shibuya Hikarie

3-36/37/48/49/56/57/62/P.158/
P.172-173/P.192/P.203/P.216-217
东京急行电铁株式会社

4-8
筱泽建筑摄影事务所

4-29
东京建物株式会社

5-9
东京急行电铁株式会社

作者简介

铃木 博明

1951年生于爱知县/1975年进入海外经济协力基金任职/1986年世界银行入行/2014年政策研究大学院大学及法政大学研究生院讲师

中分 毅

1954年生于东京都/1979年日建设计入社/现任 日建设计常务执行董事

陆 钟骁

1966年生于上海/1994年日建设计入社/现任 日建设计部门代表 兼 日建设计（上海）咨询有限公司董事长

奥森 清喜

1967年生于奈良县/1992年日建设计入社/现任 城市开发部 部长

横尾 茂

1961年生于东京都/2008年日建设计入社/现任 项目开发部门 城市开发部 主持规划师

牧野 晓辉

1962年生于上海/1995年日建设计入社/现任 项目开发部门 主管 兼 日建设计（上海）规划设计总监

第一章

福田 太郎
1978年生/2003年日建设计入职/
现 城市开发部主管

Le Huy Vu Nam
1980年生/2007年日建设计入职/
原社员

平林 直
1980年生/2008年日建设计入职/
原社员

仓田 遥
1982年生/2009年日建设计入职/
现 规划部所属

第二章

正垣 隆祥
1962年生/1982年日建设计土木工务所入职/
现 日建设计Civil Engineering规划主管

内山 隆史
1981年生/2006年日建设计入职/
现 项目开发部门所属

浦田 裕彦
1982年生/2008年日建设计入职/
现 日建设计综合研究所所属

竹山 奈未
1981年生/2008年日建设计入职/
现 规划部所属

南城 友美
1983年生/2008年日建设计入职/
现日建设计综合研究所所属

野内 美菜
1984年生/2009年北海道日建设计入职/
现 城市设计部所属

姜 忍耐
1984年生/2010年日建设计入职/
现 规划部所属

村松 健儿
1985年生/2010年日建设计入职/原社员

村山 健二
1984年生/2011年日建设计入职/
现 城市开发部所属

若林 可奈
1986年生/2011年日建设计入职/
现 规划部所属

第三章

小岛 良辉
1986年生/2011年日建设计入职/
现 规划部所属

杉田 想
1984年生/2011年日建设计入职/
现 设计部所属

马场 由佳
1986年生/2011年日建设计入职/
现 城市设计部所属

第四章

松田 南
1986年生/2010年日建设计入职/
现 日建设计综合研究所所属

凑 太郎
1985年生/2010年日建设计入职/
现 城市开发部所属

第六章

安藤 章
1965年生/1991年日建设计入职/
现 日建设计综合研究所主任研究员

西田 佳佑
1984年生/2009年日建设计入职/
现 规划部所属

藤原 研哉
1984年生/2009年日建设计入职/
现 规划部所属

编辑者

伊藤 雅人 城市设计部所属

藤本 慧悟 规划部所属

水屿 辉元 城市设计部所属

吉田 雅史 城市开发部所属

青木 雅哉 宣传部所属

渡边 爱美 管理部所属

李 璠 城市设计部所属

西宇 美奈子 城市开发部所属

参与翻译校核等

倪 丹凤，何 佳琴，华 晔，段 晓崑，
娜 日沙，储 奂章 日建设计（上海）所属

装帧设计

ujidesign（前田 丰·佐藤 志保）

译者简介

傅 舒兰

东京大学 先端科学技术研究中心 都市保全系统
西村研 客座研究员 （原 特任研究员）
浙江大学 建筑工程学院 区域与城市规划系 讲师

田 乃鲁

东京大学工学系研究科
城市设计研究室 博士课程在读